"十四五"职业教育国家规划教材

名校名师**精品**系列教材

U0177355

the Principle and Application of
MySQL Database

MySQL
数据库原理及应用

微课版 | 第 4 版

武洪萍　孟秀锦　杨叶芬 ◎ 主编
孙灿　王国强　于东磊　亓琳　韩烨 ◎ 副主编
余云峰 ◎ 主审

人 民 邮 电 出 版 社
北　京

图书在版编目（CIP）数据

MySQL 数据库原理及应用：微课版 / 武洪萍，孟秀锦，杨叶芬主编. -- 4 版. -- 北京：人民邮电出版社，2024. 9. --（名校名师精品系列教材）. -- ISBN 978-7-115-64706-1

Ⅰ. TP311.138

中国国家版本馆 CIP 数据核字第 2024XJ3716 号

内 容 提 要

本书基于 MySQL 介绍数据库的基本概念、基本原理和基本设计方法，以面向工作过程的教学方法为导向，合理安排各项目的内容。本书突出实用性，减少理论知识的介绍，并设计大量的项目实训和课外拓展内容，符合职业教育教学要求。

本书共 3 篇，包括 8 个项目。第一篇知识储备（项目 1 和项目 2）讲解从理论层次设计数据库的方法；第二篇基础应用（项目 3～项目 5）讲解基于 MySQL 创建数据库的方法和数据库的基本应用；第三篇高级应用（项目 6～项目 8）讲解数据库的高级应用和维护 MySQL 数据库安全。

本书可作为普通高等学校、职业院校数据库原理及应用课程的教材，也可供参加自学考试的人员、数据库应用系统开发设计人员、工程技术人员及其他相关人员参阅。

◆ 主　　编　武洪萍　孟秀锦　杨叶芬
　　副主编　孙　灿　王国强　于东磊　亓　琳　韩　烨
　　责任编辑　马小霞
　　责任印制　王　郁　焦志炜
◆ 人民邮电出版社出版发行　　北京市丰台区成寿寺路 11 号
　　邮编　100164　　电子邮件　315@ptpress.com.cn
　　网址　https://www.ptpress.com.cn
　　保定市中画美凯印刷有限公司印刷
◆ 开本：787×1092　1/16
　　印张：16.5　　　　　　　　　　2024 年 9 月第 4 版
　　字数：442 千字　　　　　　　　2024 年 12 月河北第 2 次印刷

定价：59.80 元

读者服务热线：(010)81055256　印装质量热线：(010)81055316
反盗版热线：(010)81055315
广告经营许可证：京东市监广登字 20170147 号

第 4 版前言

数据库技术是目前计算机领域发展很快、应用很广泛的技术，它的应用遍及各行各业，大到企业级应用程序，如全国联网的飞机票、火车票订票系统，银行业务系统；小到个人的信息管理系统，如家庭理财系统。在互联网流行的动态网站中，数据库的应用也非常广泛。掌握数据库的基础知识和基本功能，以及利用数据库系统进行数据处理是大学生应具备的基本能力。

党的二十大报告提出："全面贯彻党的教育方针，落实立德树人根本任务，培养德智体美劳全面发展的社会主义建设者和接班人。"本书将社会主义核心价值观、中华优秀传统文化、工匠精神、数据安全意识、团队合作意识、大数据思维、创新意识、责任担当意识等素养要点合理融入，使内容更好地体现时代性、把握规律性、富有创造性，为建设社会主义文化强国添砖加瓦。

本书第 4 版的编写特色如下。

（1）真实的项目驱动。在真实的数据库管理项目的基础上，将数据库的设计、建立、应用等贯穿到整本书中，使读者在学习过程中体验数据库应用系统的开发过程。

（2）提供微课视频。第 4 版提供重要知识点的微课视频，读者在学习过程中，可随时扫描书中的二维码进行自主学习，学习过程更加方便、快捷。

（3）对知识结构进行合理整合。本书共 3 篇：第一篇知识储备（项目 1 和项目 2）、第二篇基础应用（项目 3～项目 5）和第三篇高级应用（项目 6～项目 8）。其中，知识储备包括理解数据库和设计数据库两部分，将数据库概念、数据模型、关系代数、数据库设计和规范化等内容整合在一起。基础应用包括创建与维护 MySQL 数据库、创建与维护数据表以及查询与维护数据表 3 个部分。高级应用包括优化查询数据库、以程序方式处理数据表和维护数据库的安全性 3 个部分，主要涉及索引、视图、SQL 编程基础、存储过程和存储函数、触发器、事务、锁、用户权限、备份和恢复数据库等内容。整合以后，知识点更加紧凑。

（4）理论与实践一体化。本书将知识讲解和技能训练设计在同一项目中，融"教、学、做"于一体。对每一个项目均进行情景导入，每个任务采用"任务提出""知识储备""任务实施"的顺序，提出课堂任务，然后由教师演示任务完成过程，再让学生模仿完成类似的任务，体现"做中学，学中做，学以致用"的教学理念。每个项目都设置了项目实训和课外拓展内容，以及有针对性的习题，使本书非常适合教学。

（5）提供素养要点提示及知识点思维导图。本书因势利导，结合数据库专业课程的特点，提供素养要点提示，同时为每个项目提供知识点思维导图，更好地帮助师生进行总结。

（6）提供丰富的教学资源。为方便各类高校使用本书进行教学，本书免费提供完备的教学资源，包括完整的教学课件、电子教案、示例数据库、习题答案、考试题库和微课视频等，登录www.ryjiaoyu.com 可进行下载。

本书学时安排建议如表 1 所示。

表 1　学时安排建议

项目	名称	学时	知识要点与教学重点	合计学时
项目 1	理解数据库	2	数据及数据模型	6
		2	关系代数	
		2	数据库系统的组成	
项目 2	设计学生信息管理数据库	2	需求分析、概念设计	6
		2	逻辑设计、物理设计	
		2	课堂实践：数据库的设计	
项目 3	创建与维护 MySQL 数据库	2	安装与配置 MySQL 8.0、数据库的创建与维护	4
		2	课堂实践：数据库的创建与维护	
项目 4	创建与维护学生信息管理数据表	2	创建与维护表	4
		2	课堂实践：创建与维护表	
项目 5	查询与维护学生信息管理数据表	2	单表无条件查询和有条件查询	16
		2	聚集函数、分组、排序	
		2	多表连接查询、嵌套查询	
		2	数据更新	
		2	课堂实践：简单查询（1）	
		2	课堂实践：简单查询（2）	
		2	课堂实践：多表连接查询、嵌套查询	
		2	课堂实践：数据更新	
项目 6	优化查询学生信息管理数据库	2	索引和视图	4
		2	课堂实践：索引和视图的创建与管理	
项目 7	以程序方式处理学生信息管理数据表	2	SQL 编程基础	16
		2	存储过程和存储函数	
		2	触发器	
		2	事务、锁	
		2	课堂实践：SQL 编程基础	
		2	课堂实践：存储过程和存储函数	
		2	课堂实践：触发器的使用	
		2	课堂实践：游标及事务的使用	
项目 8	维护学生信息管理数据库的安全性	2	数据库的用户管理	8
		2	备份与恢复数据库、MySQL 日志的使用	
		2	课堂实践：用户管理与权限管理	
		2	课堂实践：数据库的备份与恢复、MySQL 日志的综合管理	
学时总计				64

本书自 2014 年 9 月第 1 版出版以来，受到各类高职高专院校广大师生的青睐，经过 3 次修订，印刷多次。

本书由山东信息职业技术学院的武洪萍、孟秀锦和广东科学技术职业学院的杨叶芬担任主编，山东信息职业技术学院的孙灿、王国强，青岛地铁集团青铁环保科技有限公司的于东磊以及山东信息职业技术学院的亓琳和韩烨担任副主编，山东信息职业技术学院的蒲叶玮担任参编。武洪萍和孟秀锦负责整体结构设计，武洪萍负责全书统稿。本书的项目 1 和项目 2 由武洪萍和王国强编写，项目 3 由亓琳编写，项目 4 和项目 5 由孟秀锦和蒲叶玮编写，项目 6 由于东磊和杨叶芬编写，项目 7 和项目 8 由孙灿和韩烨编写。南京第五十五所技术开发有限公司的余云峰提供了大量的案例，并对本书的框架结构和内容提出了建议，同时担任本书的主审，在此表示感谢。

特别提示，订购本书后欢迎加入 MySQL 数据库交流学习群（教师 QQ 群），群号码为 316090398。

由于编者水平有限，书中难免有疏漏之处，敬请广大读者提出宝贵意见。

编者联系方式：wuhongp@126.com（武洪萍）、mengxj1216@sina.com（孟秀锦）。

编　者
2024 年 3 月

目录

第三篇 高级应用

第一篇

知识储备

项目1
理解数据库

01

情景导入

　　刚刚踏入大学校门的王宁对大学生活充满了向往与憧憬，但也有些许不安，毕竟踏入一个新环境，一切都得自己去适应和学习。热心的学长告诉他，学校已经建成智慧校园系统，大家可以随时通过网络了解很多信息。比如，想查看今天的课程表，可以登录学校的"教务管理系统"，查看课程名称、上课地点、任课教师、课程实训安排等信息。想去图书馆，可以登录学校的"网上服务大厅"，找到"图书馆"，查看图书馆的藏书情况，还可以实现已借图书的网上续借等。想去超市购物，"超市自助结算系统"会根据条形码自动识别商品名称、价格、重量并计算结算金额。放假时，可以通过网络购票软件，查询要乘坐的车次、时间、票价、剩余票数等信息，还可以轻松完成订票、改签、退票等操作。这些课程信息、图书信息、超市商品信息、车票信息的管理都是借助数据库技术实现的。

　　由此可见，数据库的应用非常广泛，已经遍及我们生活的方方面面。掌握数据库的基础知识、基本功能和利用数据库系统进行数据处理非常重要，是后续学习动态网页设计、Java Web 应用开发技术等专业核心课程的基础。

职业能力目标（含素养要点）

- 理解数据处理
- 理解数据描述
- 掌握数据模型和关系代数

- 明确数据库系统的组成和结构
- 认识常见的数据库管理系统
  （文化自信、爱国情怀）

任务 1-1　理解数据处理

【任务提出】

　　王宁选择了大数据技术专业，通过学校网站，他了解到要学习大数据导论、信息技术、数据可视化技术等课程，那么，信息和数据有什么关系？怎么把数据转换为信息呢？这成了摆在王宁面前的问题。本任务将为王宁答疑解惑。

微课 1-1：信息
与数据

【知识储备】

（一）信息与数据

1. 信息

计算机技术的发展使人类进入信息时代，同时也将人类淹没在信息的海洋中。

什么是信息？信息（Information）就是对各种事物的存在方式、运动状态和相互联系等特征的描述，是自然界、人类社会和人类思维活动中普遍存在的一切事物的属性，它存在于人们的周围。

2. 数据

数据（Data）是用来记录信息的可识别符号，是信息的具体表现形式。

数据用型和值来表示，数据的型是指数据内容存储在媒体上的具体形式；值是指所描述的客观事物的具体特性。可以用不同的数据形式表示同一信息，信息不随数据形式的改变而改变。例如，一个人的身高可以表示为"1.80 米"或"一米八"，其中"1.80 米"和"一米八"是值，但这两个值的型是不一样的，一个用数字来描述，而另一个用字符来描述。

数据不仅包括数字、文字，还包括图形、图像、声音、动画等多媒体数据。

（二）数据处理

数据处理是指将数据转换成信息的过程，也称信息处理。

数据处理主要包括数据的收集、组织、整理、存储、加工、维护、查询和传播等一系列活动。数据处理的目的是从大量的数据中，根据数据自身的规律和它们之间固有的联系，通过分析、归纳、推理等科学手段，提取出有效的信息资源。

数据处理主要分为以下 3 个方面。

1. 数据管理

数据管理的主要任务是收集信息，将信息用数据表示并按类别组织、保存。数据管理的目的是快速、准确地提供必要的、可以被使用和处理的数据。

2. 数据加工

数据加工的主要任务是对数据进行变换、抽取和运算。通过数据加工可以得到更加有用的数据，以指导或控制人的行为或事物的变化趋势。

3. 数据传播

通过数据传播，信息在空间或时间上可以各种形式传递。在数据传播过程中，数据的结构、性质和内容不发生改变。数据传播会使更多的人得到信息，并且可以使人们更加理解信息的含义，从而使信息的作用充分发挥出来。

【任务实施】

通过本任务的学习，王宁的疑问得到了解答，数据是记录信息的可识别符号，将数据转换成信息需要经过数据的收集、组织、整理、存储、加工、维护、查询和传播等一系列活动。

任务 1-2 理解数据描述

【任务提出】

面对大量要处理的学生信息，王宁发现手动处理太麻烦。用计算机处理数据需要先将学生信息转换为计算机能够处理的数据。要怎么做呢？学生和课程之间有什么联系呢？

【知识储备】

把客观存在的事物以数据的形式存储到计算机中会涉及现实世界、信息世界和数据世界的相关知识。

（一）现实世界

现实世界是存在于人脑之外的客观世界。现实世界中存在各种事物，事物与事物之间存在联系，这种联系是由事物本身的性质决定的。例如，学校里有教师、学生、课程，教师为学生授课，学生选修课程并取得成绩；图书馆中有图书、管理员和读者，读者借阅图书，管理员对图书和读者进行管理等。

（二）信息世界

微课 1-2：信息
世界

信息世界是现实世界在人脑中的反映，人们把它用文字或符号记录下来。在信息世界中有以下与数据库技术相关的术语。

1. 实体

客观存在并且可以相互区别的事物称为实体（Entity）。实体可以是实际的事物，也可以是抽象的事件。例如，一个学生、一本书是实际事物；教师授课、借阅图书、比赛等活动是比较抽象的事件。

2. 属性

描述实体的特性称为属性（Attribute）。一个实体可以用若干个属性来描述，如学生实体包括学号、姓名、性别、出生日期等若干个属性。实体的属性用型（Type）和值（Value）来表示，例如，学生是一个实体，姓名、学号和性别等是属性的型，也称属性名；而具体的姓名如"张三""李四"，具体的学号如"2002010101"，描述性别的"男""女"等是属性的值。

3. 键

唯一标识实体的属性或属性的组合称为键（Key），也称为码。例如，学生的学号是学生实体的键。

4. 域

属性的取值范围称为该属性的域（Domain）。例如，学号的域为 10 位数字字符，姓名的域为字符串集合，年龄的域为小于 28 的整数，性别的域为"男""女"等。

5. 实体型

具有相同属性的实体必然具有共同的特征和性质，用实体名及其属性名的集合来抽象描述同类实体，该集合称为实体型（Entity Type）。例如，学生(学号,姓名,性别,出生日期,系,班级号)就是一个实体型。

6. 实体集

同类实体的集合称为实体集（Entity Set），如全体学生、一批图书等。

微课 1-3：联系

7. 联系

在现实世界中，事物内部及事物之间是有联系的，这些联系在信息世界中反映为实体（型）内部的联系（Relationship）和实体（型）之间的联系。实体内部的联系通常是指组成实体的各属性之间的联系，实体之间的联系通常是指不同实体集之间的联系。

两个实体集之间的联系可以分为 3 类。

（1）一对一联系（One to One Relationship）。如果对于实体集 A 中的每一个实体，实体集 B 中至多存在一个实体与之联系；反之亦然，即对于实体集 B 中的每一个实体，实体集 A 中也至多存在一个实体与之联系，则称实体集 A 与实体集 B 之间存在一对一联系，记作 1∶1 联系。

例如，学校中一个班级只有一个班长，而一个班长只在一个班中任职，则班级与班长之间存在一对一联系，如图 1.1（a）所示；电影院中观众与座位之间、乘车旅客与车票之间等都存在一对一联系。

（2）一对多联系（One to Many Relationship）。如果对于实体集 A 中的每一个实体，实体集 B 中存在多个实体与之联系；对于实体集 B 中的每一个实体，实体集 A 中至多存在一个实体与之联系，则称实体集 A 与实体集 B 之间存在一对多联系，记作 $1:n$ 联系。

例如，一个班里有很多学生，但一个学生只能在一个班里注册，则班级与学生之间存在一对多联系；一个部门有许多职工，而一个职工只能在一个部门就职（不存在兼职情况），部门和职工之间存在一对多联系，如图 1.1（b）所示。

（3）多对多联系（Many to Many Relationship）。如果对于实体集 A 中的每一个实体，实体集 B 中存在多个实体与之联系；对于实体集 B 中的每一个实体，实体集 A 中也存在多个实体与之联系，则称实体集 A 与实体集 B 之间存在多对多联系，记作 $m:n$ 联系。

例如，一个药厂可生产多种药品，一种药品可由多个药厂生产，则药厂和药品之间存在多对多联系，如图 1.1（c）所示。

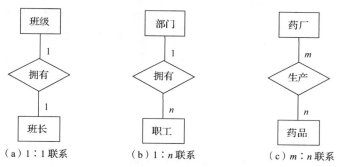

（a）$1:1$ 联系　　　（b）$1:n$ 联系　　　（c）$m:n$ 联系

图 1.1　两个实体集之间的 3 类联系

两个以上的实体集之间也存在一对一、一对多、多对多联系。

例如，对于课程、教师和参考书 3 个实体集，如果一门课程可以由若干位教师讲授，使用若干本参考书，而每一位教师只讲授一门课程，每一本参考书只供一门课程使用，则课程与教师、参考书之间的联系是一对多，如图 1.2（a）所示。

在两个以上的多实体集之间，当一个实体集与其他实体集之间均存在多对多联系，而其他实体集之间没有联系时，这种联系称为多实体集间的多对多联系。

例如，有 3 个实体集：供应商、项目、零件。一个供应商可以供给多个项目多种零件，每个项目可以使用多个供应商供应的零件，每种零件可由不同的供应商供给，可以看出供应商、项目、零件三者之间存在多对多联系，如图 1.2（b）所示。

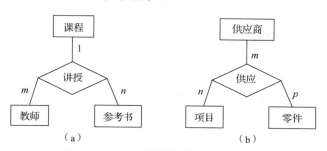

（a）　　　　　　　　（b）

图 1.2　多实体集之间的联系

同一实体集内的各实体间也可以存在一对一、一对多、多对多联系。

例如，职工实体集内部具有领导与被领导的联系，即某一个职工（干部）领导若干个职工，而一个职工仅被另一个职工直接领导，因此这是一对多联系，如图 1.3 所示。

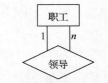

图 1.3　同一实体集内实体的一对多联系

（三）数据世界

数据世界又称机器世界。信息世界的信息在数据世界中以数据的形式存储。在这里，每一个实体都用记录表示，实体的属性用数据项（又称字段）来表示，现实世界中的事物及其联系用数据模型来表示。

由此可以看出，客观事物及其联系是信息之源，是组织和管理数据的出发点。为了把现实世界中的具体事物抽象、组织为某一数据库管理系统（Database Management System，DBMS）支持的数据模型，人们常常先将现实世界抽象为信息世界，然后将信息世界转换为数据世界。也就是说，先把现实世界中的客观对象抽象为某一种信息结构，这种信息结构不依赖于具体的计算机系统，不是某一个数据库管理系统支持的数据模型，而是概念模型，然后再把概念模型转换为计算机上某一数据库管理系统支持的数据模型，这一过程如图 1.4 所示。

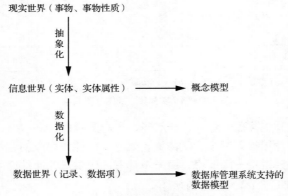

图 1.4　现实世界中客观对象的抽象过程

【任务实施】

通过本任务的学习，王宁了解到，要将学生信息转换为计算机能够处理的数据，需要经过现实世界、信息世界、数据世界这 3 个领域，而且通过对联系类型的学习，他分析得出学生和课程之间存在多对多联系。

任务 1-3　掌握数据模型

【任务提出】

在任务 1-2 中，王宁已经明确了学生和课程之间的联系类型，那么，这些数据在计算机中要选择哪种组织模式才能保证数据的正确性和一致性呢？

【知识储备】

模型是对现实世界特征的模拟和抽象，数据模型也是一种模型。数据库技术使用数据模型对现实世界的数据特征进行抽象，从而描述数据库的结构与语义。

（一）数据模型分类

目前广泛使用的数据模型有两种：概念数据模型和结构数据模型。

1. 概念数据模型

概念数据模型简称概念模型，它表示实体类型及实体间的联系，是独立于计算机系统的模型。概念模型用于建立信息世界的数据模型，强调语义表达功能，要求概念简单、清晰，易于用户理解，它是现实世界的第 1 层抽象，是用户和数据库设计人员之间进行交流的工具。

2. 结构数据模型

结构数据模型是直接面向数据库的逻辑结构，是现实世界的第 2 层抽象。结构数据模型涉及计算机系统和数据库管理系统，其中的层次数据模型、网状数据模型、关系数据模型等都属于结构数据模型。结构数据模型有严格的形式化定义，便于在计算机系统中实现。

（二）概念模型

概念模型是对信息世界的建模，它应当能够全面、准确地描述信息世界，是信息世界的基本概念。概念模型的表示方法很多，其中较为著名和使用较为广泛的是陈品山（P. P. Chen）于 1976 年提出的实体–联系（Entity-Relationship，E-R）模型。

E-R 模型直接从现实世界中抽象出实体类型与实体间的联系，它的主要组成元素是实体、联系和属性。E-R 模型的图形表示称为 E-R 图。设计 E-R 图的方法称为 E-R 方法。利用 E-R 模型进行数据库的概念设计分为 3 步：首先设计局部 E-R 模型，然后把各个局部 E-R 模型综合成一个全局 E-R 模型，最后对全局 E-R 模型进行优化，得到最终的 E-R 模型。

E-R 图通用的表示方式如下。

（1）用矩形框表示实体，在矩形框内写上实体名。

（2）用椭圆形框表示实体的属性，并用无向边把实体和属性连接起来。

（3）用菱形框表示实体间的联系，在菱形框内写上联系名，用无向边分别把菱形框与有关矩形框连接起来，在无向边旁注明联系的类型。如果实体间的联系也有属性，则把椭圆形框和菱形框也用无向边连接起来。

例如，班级与学生的 E-R 图如图 1.5 所示。

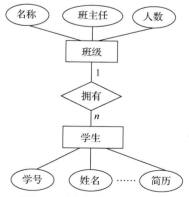

图 1.5　班级与学生的 E-R 图

E-R 模型有两个明显的优点：接近人的思维，用户容易理解；与计算机无关，用户容易接受。

E-R 图是抽象和描述现实世界的有力工具。用 E-R 图表示的概念模型与数据模型相互独立，是各种数据模型的共同基础，因而比数据模型更具一般性、更抽象、更接近现实世界。

（三）结构数据模型的要素和种类

结构数据模型是有严格定义的一组概念的集合，这些概念精确地描述了系统的静态特征（数据结构）、动态特征（数据操作）和数据约束条件，它们也是结构数据模型的三要素。

1. 结构数据模型的三要素

（1）数据结构。数据结构用于描述系统的静态特征，是所研究对象的集合，这些对象是数据库的组成部分，包括两个方面。

① 数据本身：数据的类型、内容和性质等，如关系数据模型中的域、属性、关系等。

② 数据之间的联系：数据之间是相互关联的，如关系数据模型中的主键、外键联系等。

（2）数据操作。数据操作是对数据库中各种对象（型）的实例（值）允许执行的操作的集合。数据操作包括操作对象及有关的操作规则，主要有检索和更新（包括插入、删除和修改）两类。

（3）数据约束条件。数据约束条件是一组完整性规则的集合。完整性规则是给定结构数据模型中的数据及其联系所具有的制约和依存规则，用于限定符合结构数据模型的数据库状态及其状态的变化，以保证数据的正确、有效和相容。

2. 常见的结构数据模型

结构数据模型是数据库管理系统的一个关键概念，结构数据模型不同，相应的数据库管理系统就完全不同，任何一个数据库管理系统都基于某种结构数据模型。数据库管理系统支持的结构数据模型分为 4 种：层次数据模型、网状数据模型、关系数据模型和对象关系数据模型。

层次数据模型用"树"结构来表示数据之间的关系，网状数据模型用"图"结构来表示数据之间的关系，关系数据模型用"表"结构（或称为关系）来表示数据之间的关系。

在层次数据模型、网状数据模型、关系数据模型这 3 种结构数据模型中，关系数据模型结构简单，数据之间的关系也容易实现，因此关系数据模型是目前广泛使用的结构数据模型，并且关系数据库也是目前流行的数据库。

对象关系数据模型一方面对数据结构方面的关系结构进行了改进，如 Oracle 8 就提供了对象关系数据模型的数据结构描述；另一方面，人们对数据操作引入了对象操作的概念和手段，目前的数据库管理系统基本上都提供了这方面的功能。

（四）关系数据模型

关系数据模型是目前非常重要的一种数据模型，关系数据库系统采用关系数据模型作为数据的组织方式。

关系数据模型是在 20 世纪 70 年代初由美国 IBM 公司的埃德加·弗兰克·科德（Edgar Frank Codd，简称 E. F. Codd）提出的，为数据库技术的发展奠定了理论基础。由于埃德加的杰出贡献，他于 1981 年获得图灵奖。

1. 关系数据模型的数据结构

关系数据模型与以往的模型不同，它建立在严格的数据概念基础上。关系数据模型中数据的逻辑结构是一张二维表，它由行和列组成。下面介绍关系数据模型的相关术语。

（1）关系（Relation）。一个关系就是一张二维表，如表 1.1 所示。

表 1.1 学生学籍表示例

学号	姓名	年龄	性别	所在系
2020011201	李小双	18	女	信息系
2020021204	张小玉	20	女	电子系
2020031206	王大鹏	19	男	计算机系

（2）元组（Tuple）。元组也称记录，表中的每行对应一个元组，组成元组的元素称为分量。数据库中的一个实体或实体之间的一个联系均使用一个元组来表示。例如，表 1.1 中有多个元组，分别对应多个学生，(2020011201,李小双,18,女,信息系)是一个元组，由 5 个分量组成。

（3）属性（Attribute）。表中的一列即一个属性，给每个属性取一个名字作为属性名，表 1.1 中有 5 个属性：学号、姓名、年龄、性别、所在系。

属性具有型和值两层含义：属性的型是指属性名和属性值域，属性的值是指属性具体的取值。

因为关系中的属性名具有标识列的作用，所以同一个关系中的属性名（列名）不能相同。一个关系通常有多个属性，属性用于表示实体的特征。

（4）域（Domain）。域是指属性的取值范围，如表 1.1 中"性别"属性的域是"男""女"，学生的"年龄"属性的域可以设置为 10～30。

（5）分量（Component）。分量表示元组中的一个属性值，如表 1.1 中的"李小双""男"等都是分量。

（6）候选键（Candidate Key）。若关系中的某一属性或属性组的值能唯一标识一个元组，且去除该属性或从这个属性组中去除任何一个属性，其都不再具有这样的性质，则称该属性或属性组为候选键，候选键简称为键。

（7）主键（Primary Key）。若一个关系中有多个候选键，则选定其中一个为主键。例如，表 1.1 中的候选键之一是"学号"属性；假设表 1.1 中没有重名的学生，则学生的"姓名"属性也是该关系的候选键；在当前关系中，应当选择"学号"属性作为主键。

（8）全键（All Key）。在最简单的情况下，候选键只包含一个属性；在最极端的情况下，关系模式的所有属性都是这个关系模式的候选键，称为全键。全键是候选键的特例。

例如，设有以下关系。

学生选课(学号,课程)

其中的"学号"和"课程"属性相互独立，属性间不存在依赖关系，这个关系的键就是全键。

（9）主属性（Prime Attribute）和非主属性（Non-prime Attribute）。在关系中，候选键中的属性称为主属性，不包含在任何候选键中的属性称为非主属性。

（10）关系模式（Relation Schema）。关系的描述称为关系模式，它可以形式化地表示为 $R(U, D, Dom, F)$。

其中，R 为关系名，U 为组成该关系的属性集合，D 为属性组 U 中的属性来自的域，Dom 为属性向域的映像集合，F 为属性间数据依赖关系的集合。

关系模式通常可以简记为 $R(U)$ 或 $R(A_1, A_2, \cdots, A_n)$。

其中 R 为关系名，$A_1, A_2, \cdots, A_n$ 为属性名。而域名及属性向域的映像通常直接称为属性的类型及长度。例如，学生学籍表的关系模式可以表示为：学生学籍表(学号,姓名,年龄,性别,所在系)。

关系是关系模式在某一时刻的状态或内容。关系模式是静态的、稳定的，而关系是动态的、随时间不断变化的，因为关系操作在不断地更新着数据库中的数据。

2. 关系的性质

（1）同一属性的数据具有同质性，即每一列中的分量是同一类型的数据，它们来自同一个域。

（2）同一关系的属性名具有不可重复性，即同一关系中不同属性的数据可来自同一个域，但不同属性的名称不能相同。

（3）关系中列的位置具有顺序无关性，即列的次序可以任意交换、重新组织。

（4）关系具有元组无冗余性，即关系中的任意两个元组不能完全相同。

（5）关系中元组的位置具有顺序无关性，即元组的位置可以任意交换。

（6）关系中每个分量都必须取原子值，即每个分量都必须是不可分的字段。

关系数据模型要求关系必须是规范化的，即要求关系模式必须满足一定的规范条件，这些规范条件中非常基本的一条就是关系的每个分量必须是一个不可分割的字段。规范化的关系简称范式（Normal Form）。例如，表 1.2 中的"成绩"分为 C 语言和 VB 语言两门课的成绩，这种组合字段不符合关系规范化的要求，这样的关系在数据库中是不允许存在的，表 1.2 正确的设计格式如表 1.3 所示。

表 1.2　非规范化的关系结构

姓名	所在系	成绩	
		C 语言	VB 语言
李斌	计算机系	95	90
马鸣	信息系	85	92

表 1.3　修改后的关系结构

姓名	所在系	C 语言成绩	VB 语言成绩
李斌	计算机系	95	90
马鸣	信息系	85	92

（五）关系数据模型的完整性

关系数据模型的完整性规则是对关系的某种约束条件。在关系数据模型中允许定义 3 类完整性约束：实体完整性、参照完整性和用户自定义的完整性。其中实体完整性和参照完整性是关系数据模型必须满足的完整性约束条件，称为两个不变性，应该由关系系统自动支持；用户自定义的完整性是具体应用领域需要遵循的完整性约束条件，体现了具体应用领域中的语义约束。

1. 实体完整性

规则 1.1　实体完整性（Entity Integrity）规则：若属性 A 是基本关系 R 的主属性，则属性 A 不能取空值。

例如，在学生关系"学生(学号,姓名,性别,专业号,年龄)"中，"学号"属性为主键，则"学号"属性不能取空值。

实体完整性规则规定基本关系的所有主属性都不能取空值，而不仅是指主键不能取空值。

例如，在学生选课关系"选修(学号,课程号,成绩)"中，"学号"和"课程号"属性为主键，则"学号"和"课程号"两个属性都不能取空值。

对于实体完整性规则的说明如下。

（1）实体完整性规则是针对基本关系而言的。一个基本表通常对应信息世界的一个实体集，例如，学生关系对应学生的集合。

（2）信息世界中的实体是可区分的，即它们具有某种唯一性标识。

（3）在关系数据模型中以主键作为唯一性标识。

（4）主属性不能取空值。所谓空值，就是"不知道"或"不确定"的值。如果主属性取空值，就说明存在某个不可标识的实体，即存在不可区分的实体，这与第（2）点相矛盾，因此这个规则称为实体完整性规则。

2. 参照完整性

在信息世界中，实体之间往往存在某种联系；在关系数据模型中，实体及实体间的联系都是用关系来描述的，这样就自然存在关系与关系间的引用。先来看下面两个例子。

【例 1.1】学生关系和专业关系表示如下，其中主键用下画线标识。

学生(<u>学号</u>,姓名,性别,专业号,年龄)

专业(<u>专业号</u>,专业名)

这两个关系之间存在属性的引用，即学生关系引用了专业关系的主键"专业号"属性。显然，学生关系中"专业号"属性的值必须是确实存在的专业的专业号，即专业关系中有该专业的记录，也就是说，学生关系中的某个属性需要参照专业关系中的属性来取值。

不仅两个或两个以上的关系间可以存在引用关系，同一关系内部的属性间也可能存在引用关系。

【例 1.2】在关系"学生(<u>学号</u>,姓名,性别,专业号,年龄,班长)"中，"学号"属性是主键，"班长"属性表示该学生所在班级的班长的学号，它引用了本关系中的"学号"属性，即"班长"属性的值必须是确实存在的学生的学号。

设 F 是基本关系 R 的一个或一组属性，但不是基本关系 R 的主键。如果 F 与基本关系 S 的主键 K_S 相对应，则称 F 是基本关系 R 的外键（Foreign Key），并称基本关系 R 为参照关系（Referencing Relation），基本关系 S 为被参照关系（Referenced Relation）或目标关系（Target Relation）。基本关系 R 和基本关系 S 有可能是同一关系。

显然，被参照关系 S 的主键 K_S 和参照关系 R 的外键 F 必须定义在同一个（或一组）域上。

在例 1.1 中，学生关系的"专业号"属性与专业关系的主键"专业号"属性相对应，因此"专业号"属性是学生关系的外键。这里专业关系是被参照关系，学生关系为参照关系。

在例 1.2 中，"班长"属性与本关系的主键"学号"属性相对应，因此"班长"属性是外键。学生关系既是参照关系，也是被参照关系。

需要指出的是，外键并不一定要与相应的主键同名。但在实际应用中，为了便于识别，当外键与相应的主键属于不同关系时，应给它们取相同的名字。

参照完整性（Referential Integrity）规则定义了外键与主键之间的引用规则。

规则 1.2　参照完整性规则：若属性（或属性组）F 是基本关系 R 的外键，且与基本关系 S 的主键 K_S 相对应（基本关系 R 和基本关系 S 有可能是同一关系），则基本关系 R 的每个元组中属性 F 的值必须为以下值之一。

（1）空值（属性 F 的每个属性值均为空值）。

（2）基本关系 S 中某个元组的主键值。

在例 1.1 的学生关系中，每个元组的"专业号"属性只能取下面两类值。

（1）空值，表示尚未给该学生分配专业。

（2）非空值，这时该值必须是专业关系中某个元组的"专业号"属性的值，表示该学生不可能被分配到一个不存在的专业中，即被参照关系（专业关系）中一定存在一个元组，它的主键值等于该参照关系（学生关系）的外键值。

在参照完整性规则中，基本关系 R 与基本关系 S 可以是同一个关系。在例 1.2 中，按照参照完整性规则，"班长"属性可以取以下两类值。

（1）空值，表示该学生所在班级尚未选出班长。

（2）非空值，该值必须是本关系中某个元组的"学号"属性的值。

3. 用户自定义的完整性

用户自定义的完整性（User-defined Integrity）就是针对某一具体关系数据库的约束条件，它反映某一具体应用涉及的数据必须满足的语义要求。例如，某个属性必须取唯一值，属性值之间应满足一定的函数关系，某属性的取值范围为 0～100 等。

例如，性别只能取"男"或"女"，学生的成绩必须为 0～100 分。

【任务实施】

在信息世界中，学生和课程及它们之间的联系用 E-R 图表示，如图 1.6 所示。在数据世界中，目前常用的是采用关系数据模型来表示，学生和课程及它们之间的联系表示如下。

学生(学号,姓名,年龄,性别,专业,所在系,简历)

课程(课程号,课程名,学期)

学习(学号,课程号,成绩)

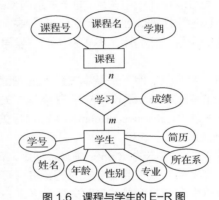

图 1.6　课程与学生的 E-R 图

任务 1-4　掌握关系代数

【任务提出】

王宁选择好数据的组织形式后，李老师给王宁布置了一个新任务：从你的数据中找出没有选修"高等数学"课程的学生的学号和姓名。在本任务中，王宁需要借助关系代数的相关知识来完成李老师布置的任务。

【知识储备】

关系代数是一种抽象的查询语言，是关系数据操纵语言的一种传统表达方式，它用关系的运算来进行查询，是关系数据库系统查询语言的理论基础。

运算对象、运算符、运算结果是运算的三大要素。关系代数的运算对象是关系，运算结果亦为关系。关系代数中使用的运算符包括 4 类：集合运算符、专门的关系运算符、比较运算符和逻辑运算符，如表 1.4 所示。

关系代数的运算按运算符的不同可分为传统的集合运算和专门的关系运算两类。

其中，传统的集合运算将关系看作元组的集合，其运算是从关系的"水平"方向（行的角度）进行的；而专门的关系运算不仅涉及行，还涉及列。比较运算符和逻辑运算符用来辅助进行专门的关系运算。

表 1.4　关系代数运算符

运算符		含义	运算符		含义
集合运算符	∪	并	比较运算符	>	大于
	−	差		≥	大于等于
	∩	交		<	小于
	×	广义笛卡儿积		≤	小于等于
				=	等于
				≠	不等于
专门的关系运算符	σ	选择	逻辑运算符	¬	非
	π	投影		∧	与
	∞	连接		∨	或
	÷	除			

（一）传统的集合运算

传统的集合运算是二目运算，包括并、差、交、广义笛卡儿积这 4 种运算。

设关系 R 和关系 S 具有相同的目 n（两个关系都具有 n 个属性），且相应的属性取自同一个域，则可以定义如下的并、差、交、广义笛卡儿积运算。

1．并

关系 R 与关系 S 的并（Union）运算如下（t 是元组变量，下同）。

$$R \cup S = \{t \mid t \in R \lor t \in S\}$$

其结果关系仍为 n 目关系，由属于关系 R 或属于关系 S 的元组组成。

2．差

关系 R 与关系 S 的差（Difference）运算如下。

$$R - S = \{t \mid t \in R \land t \notin S\}$$

其结果关系仍为 n 目关系，由属于关系 R 而不属于关系 S 的所有元组组成。

3．交

关系 R 与关系 S 的交（Intersection）运算如下。

$$R \cap S = \{t \mid t \in R \land t \in S\}$$

其结果关系仍为 n 目关系，由既属于关系 R 又属于关系 S 的元组组成。关系的交运算也可以用差运算来表示，如下。

$$R \cap S = R - (R - S)$$

4．广义笛卡儿积

两个分别为 n 目和 m 目的关系 R 和关系 S 的广义笛卡儿积（Extended Cartesian Product）是一个 $n+m$ 列的元组的集合。元组的前 n 列是关系 R 的一个元组，后 m 列是关系 S 的一个元组。若关系 R 有 k_1 个元组，关系 S 有 k_2 个元组，则关系 R 和关系 S 的广义笛卡儿积有 $k_1 \times k_2$ 个元组，如下。

$$R \times S = \{\widehat{t_r t_s} \mid t_r \in R \land t_s \in S\}$$

例如，关系 R 和关系 S 分别如表 1.5（a）、表 1.5（b）所示，则 $R \cup S$、$R \cap S$、$R - S$、$R \times S$ 分别如表 1.5（c）～表 1.5（f）所示。

表 1.5　传统的集合运算

（a）R

A	B	C
a_1	b_1	c_1
a_1	b_2	c_2
a_2	b_2	c_1

（b）S

A	B	C
a_1	b_2	c_2
a_1	b_3	c_2
a_2	b_2	c_1

（c）$R \cup S$

A	B	C
a_1	b_1	c_1
a_1	b_2	c_2
a_2	b_2	c_1
a_1	b_3	c_2

（d）$R \cap S$

A	B	C
a_1	b_2	c_2
a_2	b_2	c_1

（e）$R - S$

A	B	C
a_1	b_1	c_1

（f）$R \times S$

R.A	R.B	R.C	S.A	S.B	S.C
a_1	b_1	c_1	a_1	b_2	c_2
a_1	b_1	c_1	a_1	b_3	c_2
a_1	b_1	c_1	a_2	b_2	c_1
a_1	b_2	c_2	a_1	b_2	c_2
a_1	b_2	c_2	a_1	b_3	c_2
a_1	b_2	c_2	a_2	b_2	c_1
a_2	b_2	c_1	a_1	b_2	c_2
a_2	b_2	c_1	a_1	b_3	c_2
a_2	b_2	c_1	a_2	b_2	c_1

（二）专门的关系运算

专门的关系运算包括选择、投影、连接、除等。

为了叙述方便，先引入几个记号。

- 设关系模式为 $R(A_1, A_2, \cdots, A_n)$，它的一个关系为 R，$t \in R$ 表示元组 t 是关系 R 的一个元组，$t[A_i]$ 表示元组 t 中属性 A_i 的一个分量。

- 若 $A = \{A_{i1}, A_{i2}, \cdots, A_{ik}\}$，其中 $A_{i1}, A_{i2}, \cdots, A_{ik}$ 是 $A_1, A_2, \cdots, A_n$ 中的一部分，则 A 称为属性列或域列。$t[A] = (t[A_{i1}], t[A_{i2}], \cdots, t[A_{ik}])$ 表示元组 t 在属性列 A 上多个分量的集合。$\bar{A}$ 表示 $\{A_1, A_2, \cdots, A_n\}$ 中去掉 $\{A_{i1}, A_{i2}, \cdots, A_{ik}\}$ 后剩余的属性组。

- R 为 n 目关系，S 为 m 目关系。$t_r \in R$，$t_s \in S$，$\widehat{t_r t_s}$ 称为元组的连接，它是一个 $n+m$ 列的元组，前 n 个分量为关系 R 中的一个 n 元组，后 m 个分量为关系 S 中的一个 m 元组。

给定一个关系 $R(X, Z)$，X 和 Z 为属性组。定义当 $t[X] = x$ 时，x 在关系 R 中的象集如下。

$$Z_x = \{t[Z] | t \in R, t[X] = x\}$$

它表示关系 R 中属性组 X 内值为 x 的多个元组在属性组 Z 中的分量集合。

1. 选择

选择（Select）又称为限制（Restrict），它是指在关系 R 中选择满足给定条件的多个元组，如下。

$$\sigma_F(R) = \{t | t \in R \wedge F(t) = '真'\}$$

其中，F 表示选择条件，它是一个逻辑表达式，取逻辑值为"真"或"假"。逻辑表达式 F 的基本形式如下。

$$X_1 \theta Y_1 [\Phi X_2 \theta Y_2 \cdots]$$

其中，θ 表示比较运算符，它可以是 >、≥、<、≤、=或≠；X_1、Y_1 是属性名、常量或简单函数，属性名也可以用它的序号（如 1,2,…）来代替；Φ 表示逻辑运算符，它可以是 ¬、∧或∨；[ ]表示任选项，即[ ]中的部分可要可不要；…表示上述格式可以重复下去。

选择运算实际上是从关系 R 中选取使逻辑表达式 F 为真的元组，这是从行的角度进行的运算。

设有一个学生-课程关系数据库如表 1.6 所示，它包括以下内容。

学生关系 Student（说明：sno 表示学号，sname 表示姓名，ssex 表示性别，sage 表示年龄，sdept 表示所在系）。

课程关系 Course（说明：cno 表示课程号，cname 表示课程名）。

选修关系 Score（说明：sno 表示学号，cno 表示课程号，degree 表示成绩）。

其关系模式如下。

```
Student(sno,sname,ssex,sage,sdept)
Course(cno,cname)
Score(sno,cno,degree)
```

表 1.6   学生-课程关系数据库

（a）Student

sno	sname	ssex	sage	sdept
000101	李晨	男	18	信息系
000102	王博	女	19	数学系
010101	刘思思	女	18	信息系
010102	王国美	女	20	物理系
020101	范伟	男	19	数学系

（b）Course

cno	cname
C_1	数学
C_2	英语
C_3	计算机
C_4	制图

（c）Score

sno	cno	degree
000101	C_1	90
000101	C_2	87
000101	C_3	72
010101	C_1	85
010101	C_2	42
020101	C_3	70

【例 1.3】查询数学系学生的信息。

$\sigma_{sdept='数学系'}(Student)$

或

$\sigma_{5='数学系'}(Student)$

结果如表 1.7 所示。

表 1.7   查询数学系学生的信息结果

sno	sname	ssex	sage	sdept
000102	王博	女	19	数学系
020101	范伟	男	19	数学系

【例 1.4】查询年龄小于 20 岁的学生的信息。

$\sigma_{sage<20}(Student)$

或

$\sigma_{4<20}(Student)$

结果如表 1.8 所示。

表 1.8　查询年龄小于 20 岁的学生的信息结果

sno	sname	ssex	sage	sdept
000101	李晨	男	18	信息系
000102	王博	女	19	数学系
010101	刘思思	女	18	信息系
020101	范伟	男	19	数学系

2. 投影

关系 R 的投影（Project）是指从关系 R 中选择出若干属性列组成新的关系，如下。

$$\pi_A(R)=\{t[A]|t\in R\}$$

其中，A 为关系 R 中的属性列。

投影是从列的角度进行的运算。投影之后不仅取消了原关系中的某些列，还可能取消某些元组，因为取消某些列后可能出现重复元组，投影运算将自动取消相同的元组。

【例 1.5】查询学生的学号和姓名。

$\pi_{\text{sno,sname}}(\text{Student})$
或
$\pi_{1,2}(\text{Student})$
结果如表 1.9 所示。

【例 1.6】查询学生关系 Student 中都有哪些系，即查询学生关系 Student 在 sdept 属性上的投影。

$\pi_{\text{sdept}}(\text{Student})$
或
$\pi_5(\text{Student})$
结果如表 1.10 所示。

表 1.9　查询学生的学号和姓名结果

sno	sname	sno	sname
000101	李晨	010102	王国美
000102	王博	020101	范伟
010101	刘思思		

表 1.10　查询学生所在系结果

sdept
信息系
数学系
物理系

3. 连接

连接（Join）也称为 θ 连接，它是从两个关系的笛卡儿积中选取满足一定条件的元组，如下。

$$R\underset{A\theta B}{\infty}S=\left\{\widehat{t_r t_s}\,|\,t_r\in R\land t_s\in S\land t_r[A]\theta t_s[B]\right\}$$

其中，A 和 B 分别为关系 R 和关系 S 中数目相等且可比的属性组，θ 是比较运算符。连接运算是从关系 R 和关系 S 的笛卡儿积 $R\times S$ 中选取（关系 R）在属性组 A 上的值与（关系 S）在属性组 B 上的值满足比较关系 θ 的元组。

连接运算中有两种很重要也很常用的连接：一种是等值连接，另一种是自然连接。

（1）等值连接

θ 为 "=" 的连接运算称为等值连接，它是从关系 R 与关系 S 的笛卡儿积中选取属性组 A、B 的属性值相等的那些元组，等值连接的表达式如下。

$$R\underset{A=B}{\infty}S=\left\{\widehat{t_r t_s}\,|\,t_r\in R\wedge t_s\in S\wedge t_r\,[A]=t_s\,[B]\right\}$$

（2）自然连接

自然连接是一种特殊的等值连接，它要求在两个关系中进行比较的分量必须是相同的属性组，并且在结果中把重复的属性列去掉，即若关系 R 和关系 S 具有相同的属性组 B，则自然连接可记作如下形式。

$$R\infty S=\left\{\widehat{t_r t_s}\,|\,t_r\in R\wedge t_s\in S\wedge t_r\,[B]=t_s\,[B]\right\}$$

一般的连接操作是从行的角度进行运算的，但因为自然连接还需要取消重复列，所以自然连接是同时从行和列的角度进行运算的。

【例 1.7】设关系 R、S 分别如表 1.11（a）和表 1.11（b）所示，一般连接 C<E 的结果如表 1.11（c）所示，等值连接 R.B=S.B 的结果如表 1.11（d）所示，自然连接的结果如表 1.11（e）所示。

表 1.11 连接运算举例

（a）R

A	B	C
a_1	b_1	5
a_1	b_2	6
a_2	b_3	8
a_2	b_4	12

（b）S

B	E
b_1	3
b_2	7
b_3	10
b_3	2
b_5	2

（c）$R\underset{C<E}{\infty}S$（一般连接）

A	R.B	C	S.B	E
a_1	b_1	5	b_2	7
a_1	b_1	5	b_3	10
a_1	b_2	6	b_2	7
a_1	b_2	6	b_3	10
a_2	b_3	8	b_3	10

（d）$R\underset{R.B=S.B}{\infty}S$（等值连接）

A	R.B	C	S.B	E
a_1	b_1	5	b_1	3
a_1	b_2	6	b_2	7
a_2	b_3	8	b_3	10
a_2	b_3	8	b_3	2

（e）$R\infty S$（自然连接）

A	B	C	E
a_1	b_1	5	3
a_1	b_2	6	7
a_2	b_3	8	10
a_2	b_3	8	2

4. 除

给定一个关系 R(X,Z)，X 和 Z 为属性组。定义当 t[X]=x 时，x 在关系 R 中的象集如下。

$$Z_x=\{t\,[Z]|t\in R, t\,[X]=x\}$$

它表示关系 R 中属性组 X 内值为 x 的多个元组在属性组 Z 中的分量集合。

给定关系 R(X,Y) 和 S(Y,Z)，其中 X、Y、Z 可以为单个属性或属性组，关系 R 中的 Y 与关系 S 中的 Y 可以有不同的属性名，但必须出自相同的域。关系 R 与关系 S 进行除（Divide）运算后会得到一个新的关系 P(X)，关系 P 是关系 R 中满足下列条件的元组在 X 上的投影：关系 R 中的元组在属性 X 上的分量值 x 的象集 Y_x 包含关系 S 在属性 Y 上的投影的集合，记作如下形式。

$$R\div S=\{t_r[X]|t_r\in R\wedge\pi_y(S)\subseteq Y_x\}$$

其中，Y_x 为 x 在关系 R 中的象集，$x=t_r[X]$。

除是同时从行和列的角度进行的运算。除运算适用于包含"对于所有的/全部的"语句的查询操作。

【例 1.8】设关系 R、S 分别如表 1.12（a）、表 1.12（b）所示，$R \div S$ 的结果如表 1.12（c）所示。在关系 R 中，A 可以取 4 个值 $\{a_1, a_2, a_3, a_4\}$。其中：

a_1 的象集为 $\{(b_1, c_2), (b_2, c_3), (b_2, c_1)\}$；

a_2 的象集为 $\{(b_3, c_5), (b_2, c_3)\}$；

a_3 的象集为 $\{(b_4, c_4)\}$；

a_4 的象集为 $\{(b_6, c_4)\}$。

关系 S 在 (B, C) 上的投影为 $\{(b_1, c_2), (b_2, c_3), (b_2, c_1)\}$。

显然只有 a_1 的象集 $(B, C)_{a_1}$ 包含关系 S 在 (B, C) 属性组上的投影，因此 $R \div S = \{a_1\}$。

表 1.12　除运算举例

（a）R

A	B	C
a_1	b_1	c_2
a_2	b_3	c_5
a_3	b_4	c_4
a_1	b_2	c_3
a_4	b_6	c_4
a_2	b_2	c_3
a_1	b_2	c_1

（b）S

B	C	D
b_1	c_2	d_1
b_2	c_1	d_1
b_2	c_3	d_2

（c）$R \div S$

A
a_1

在关系代数中，关系代数运算经过有限次复合后形成的式子称为关系代数表达式。对关系数据库中数据的查询操作可以写成一个关系代数表达式。

【**任务实施**】

学习了关系代数的各种运算之后，王宁得到了任务的解决方法，查询没有选修"高等数学"课程的学生的学号和姓名，相应的关系代数表达式如下。

$\pi_{\text{学号,姓名}}(\text{学生}) - \pi_{\text{学号,姓名}}(\sigma_{\text{课程名='高等数学'}}(\text{学生} \bowtie \text{学习} \bowtie \text{课程}))$

【**强化训练 1-1**】

设学生-课程关系数据库中有 3 个关系。

学生关系：S(sno,sname,ssex,sage)。各字段分别表示学生的学号、姓名、性别、年龄。

课程关系：C(cno,cname,teacher)。各字段分别表示课程的课程号、课程名、任课教师。

学习关系：SC(sno,cno,degree)。各字段分别表示学号、课程号、考试成绩。

请写出完成如下查询所需的关系代数表达式。

（1）查询学习课程号为"C3"的课程的学生学号和成绩。

（2）查询学习课程号为"C4"的课程的学生学号和姓名。

（3）查询学习课程名为"math"的课程的学生学号和姓名。

（4）查询学习课程号为"C1"或"C3"的课程的学生学号。

（5）查询不学习课程号为"C2"的课程的学生姓名和年龄。

（6）查询学习全部课程的学生姓名。

（7）查询所学课程包括学号为"000101"的学生所学课程的学生学号。

任务 1-5　明确数据库系统的组成和结构

【任务提出】

随着前面几个任务的顺利完成，王宁的知识储备与日俱增。今天，他又有了一个新的问题：数据模型是如何在计算机上实现，进而进行数据管理的呢？本任务将带领王宁进行探索，并揭晓答案。

【知识储备】

（一）数据库相关概念

1. 数据库

数据库（Database，DB）是长期存放在计算机内、有组织、可共享的相关数据的集合，它将数据按一定的数据模型组织、描述和存储，具有较小的冗余度、较高的数据独立性和易扩展性、可被各类用户共享等特点。

2. 数据库管理系统

数据库管理系统（Database Management System，DBMS）是位于用户与操作系统（Operating System，OS）之间的一层数据管理软件，它为用户或应用程序提供访问数据库的方法，包括数据库的创建、查询、更新及各种数据控制，它是数据库系统的核心。数据库管理系统一般由计算机软件公司提供，目前比较流行的国外数据库管理系统有 Oracle、SQL Server、MySQL、PostgreSQL 等，国内的数据库管理系统有 GaussDB、DM、GBase、HighGo DB 等，具体介绍参见任务 1-6。

数据库管理系统的主要功能包括以下几个方面。

（1）数据定义。数据库管理系统提供数据定义语言（Data Definition Language，DDL），用户通过它可以方便地对数据库中的数据对象进行定义。

（2）数据操纵。数据库管理系统还提供数据操纵语言（Data Manipulation Language，DML），用户可以使用数据操纵语言操纵数据，从而实现对数据库的基本操作，如查询、插入、删除和修改等。

（3）数据库的运行管理。数据库在创建、运用和维护时，由数据库管理系统统一管理、统一控制，以保证数据的安全性、完整性，多用户对数据的并发使用及发生故障后的系统恢复也由数据库管理系统负责。

（4）数据库的创建和维护。数据库的创建和维护包括数据库初始数据的输入、转换，数据库的转储、恢复，数据库的组织和性能监视、分析等。这些功能通常是由一些实用程序完成的。

3. 数据库应用系统

凡使用数据库技术管理其数据的系统都称为数据库应用系统（Database Application System，DBAS）。数据库应用系统的应用非常广泛，它可以用于事务管理、计算机辅助设计、计算机图形分析和处理及人工智能等系统。

4. 数据库系统

数据库系统（Database System，DBS）是指在计算机系统中引入数据库后的系统，它由计算机硬件、数据库、数据库管理系统（及其开发工具）、数据库应用系统、数据库用户构成。

数据库用户包括数据库管理员、系统分析员、数据库设计人员及应用程序开发人员和最终用户。

数据库管理员（Database Administrator，DBA）是高级用户，他的任务是对使用中的数据库进行整体维护和改进，负责数据库系统的正常运行，是数据库系统的专职管理和维护人员。

系统分析员负责应用系统的需求分析和规范说明，要和用户及数据库管理员沟通，确定系统的硬件与软件配置，并参与数据库系统的概要设计。数据库设计人员负责数据库中数据的确定、数据库各级模式的设计。应用程序开发人员负责设计和编写应用程序的程序模块，并进行调试和安装。

最终用户是数据库的使用者，主要使用数据，并对数据进行增加、删除、修改、查询、统计等操作。操作方式有两种：使用系统提供的操作命令和使用应用程序开发人员提供的应用程序。在数据库系统中，各组成部分的层次关系如图 1.7 所示。

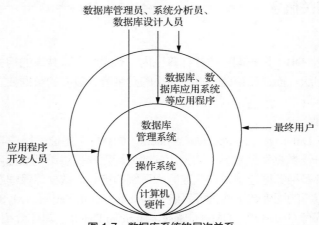

图 1.7　数据库系统的层次关系

（二）数据库系统的体系结构

数据库系统的体系结构分为三级模式和两级映像，如图 1.8 所示。

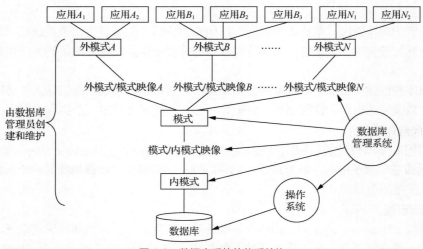

图 1.8　数据库系统的体系结构

数据库的三级模式是指数据的 3 个抽象级别，它把数据的具体组织方式留给数据库管理系统去处理，用户只需抽象地处理数据，而不必关心数据在计算机中的表示和存储方式，这样就减轻了用户使用系统的负担。

三级模式之间的差别往往很大，为了实现这 3 个抽象级别的联系和转换，数据库管理系统在三级模式之间提供了两级映像（Map）：外模式/模式映像、模式/内模式映像。

正是这两级映像保证了数据库系统中的数据能够具有较高的逻辑独立性和物理独立性。

1. 模式

模式（Schema）也称概念模式（Conceptual Schema）或逻辑模式，是对数据库中全部数据的逻辑结构和特征的描述，是所有用户的公共数据视图。它是数据库系统模式结构的中间层，既不涉及数据的物理存储细节和硬件环境，也不涉及具体的应用程序及使用的应用开发工具和高级程序设计语言。

模式实际上是数据库数据在概念级上的视图，一个数据库只有一个模式。模式通常以某种数据模型为基础，综合考虑了所有用户的需求，并将这些需求有机结合成一个逻辑整体。定义模式时不仅要定义数据的逻辑结构，如记录由哪些字段构成，字段的名称、类型、取值范围等，而且要定义字段之间的联系、不同记录之间的联系，以及与数据有关的完整性、安全性等要求。

完整性包括数据的正确性、有效性和相容性。数据库系统应提供有效的措施，以保证数据处于约束范围内。

安全性主要是指保密性。不是每个人都可以在数据库中进行数据的存取，也不是每个合法用户可以存取的数据范围都相同，一般采用口令和密码的方式对用户进行验证。

数据库管理系统提供模式数据定义语言（Schema Data Definition Language，SDDL）来定义模式。

2. 外模式

外模式（External Schema）也称子模式（Subschema）或用户模式，它是对数据库用户（包括应用程序开发人员和最终用户）能够看见和使用的局部数据的逻辑结构和特征的描述，即个别用户涉及的数据的逻辑结构。

外模式通常是模式的子集，一个数据库可以有多个外模式。外模式是根据用户自己对数据的需要，从局部的角度设计的，因此如果不同的用户在应用需求、看待数据的方式、对数据保密的要求等方面存在差异，则其外模式描述也不同。一方面，即使是模式中的同一数据，在外模式中的结构、类型、长度、保密级别等也可以不同；另一方面，同一外模式也可以为某一用户的多个应用程序所使用，但一个应用程序只能使用一个外模式。

外模式是保证数据库安全性的一个有效措施，每个用户只能访问对应外模式中的数据，无法访问数据库中的其余数据。

数据库管理系统提供外模式数据定义语言来定义外模式。

3. 内模式

内模式（Internal Schema）也称存储模式（Storage Schema）或物理模式，一个数据库只有一个内模式。内模式是对数据的物理结构和存储方式的描述，是数据在数据库内部的表示方式。例如，记录的存储方式是顺序存储、按照 B 树结构存储还是按哈希（Hash）方法存储；索引按照什么方式组织；数据是否压缩存储，是否加密；数据的存储记录结构有何规定等。

内模式的设计目标是将系统的模式（全局逻辑结构）组织成最优的物理存储结构，以提高数据的存取效率，改善系统的性能指标。

数据库管理系统提供内模式数据定义语言来定义内模式。

4. 外模式/模式映像

模式描述的是数据的全局逻辑结构，外模式描述的是数据的局部逻辑结构，同一个模式可以有任意多个外模式。对于每个外模式，数据库系统都有一个外模式/模式映像，它定义了该外模式与模式之间的对应关系。这些映像的定义通常包含在对应外模式的描述中。

5. 模式/内模式映像

因为数据库中只有一个模式，也只有一个内模式，所以模式/内模式映像是唯一的，它定义了数据库全局逻辑结构与存储结构之间的对应关系。例如，说明逻辑记录和字段在内部是如何表示的。该映像的定义通常包含在模式的描述中。

6. 两级数据独立性

数据独立性（Data Independence）是指应用程序和数据库的数据结构之间相互独立，彼此不受影响。

（1）逻辑数据独立性。当模式改变时（如增加新的关系、新的属性，或改变属性的数据类型等），由数据库管理员对各个外模式/模式映像做相应修改，以使外模式保持不变。应用程序是依据数据的外模式编写的，因而应用程序不必修改，这样可以保证数据与应用程序的逻辑独立性，简称逻辑数据独立性。

（2）物理数据独立性。当数据库的存储结构改变时（如选用了另一种存储结构），由数据库管理员对模式/内模式映像做相应修改，以保证模式保持不变，因而应用程序也不必修改，这样可以保证数据与程序的物理独立性，简称物理数据独立性。

特定的应用程序是在外模式描述的数据结构上编制的，它依赖于特定的外模式，与数据库的模式和存储结构相独立。不同的应用程序可以共用同一外模式。数据库的两级映像保证了数据库外模式的稳定性，从而从底层保证了应用程序的稳定性，除非应用需求本身发生变化，否则应用程序一般不需要修改。

数据与应用程序之间的独立性，使数据的定义和描述可以从应用程序中分离出去。另外，数据的存取由数据库管理系统管理，用户不必考虑存取路径等细节，从而简化了应用程序的编写，大大简化了对应用程序的维护及修改工作。

【任务实施】

数据库系统的体系结构分为三级模式和两级映像，可以保证数据的两级数据独立性，即逻辑数据独立性和物理数据独立性。

任务 1-6　认识常见的数据库管理系统

【任务提出】

在学习了数据库、数据库管理系统、数据库系统等概念后，善于学习与探索的王宁又有了新的疑问，现在常用的数据库管理系统有哪些？又有哪些是我国的自主品牌呢？

【知识储备】

（一）常见的国外数据库管理系统

1. Oracle

Oracle 是一款商用的关系数据库管理系统，不仅具有完善的数据管理功能，还是一个分布式管理系统，支持各种分布式功能。

作为应用开发环境，Oracle 提供了一套界面友好、功能齐全的数据库开发工具，它使用 PL/SQL 执行各种操作，具有可开放性、可移植性、可伸缩性等特点。

2. SQL Server

SQL Server 也是一款典型的关系数据库管理系统，被广泛应用于电子商务、银行、电力、教育等行业。与 Oracle 不同的是，它采用 Transact-SQL 完成数据库操作。随着 SQL Server 版本的不断升级，它具有了可靠性、可伸缩性、可用性、可管理性等特点，可为用户提供完整的数据库解决方案。

3. MySQL

MySQL 是目前最流行的开放源代码的小型关系数据库管理系统之一，开发者为瑞典的 MySQL 公司，其在 2008 年 1 月 16 日被美国 Sun 公司收购。

MySQL 由于体积小、运行速度快、总体拥有成本低，尤其是开放源码这一特点，受到了众多公司的青睐，如雅虎、谷歌、新浪、网易、百度等公司都纷纷选择将其应用在中小型的网站上。

MySQL 数据库可以称得上是目前运行速度最快的 SQL 数据库。除了具有许多其他数据库不具备的功能之外，MySQL 数据库还是一款完全免费的产品，用户可以直接从网上下载。本书就以 MySQL 为平台，进行相关知识的介绍。

4. PostgreSQL

PostgreSQL 是一款功能非常强大、源代码开放的关系数据库管理系统，它以美国加利福尼亚大学计算机系开发的 POSTGRES 4.2 为基础。

PostgreSQL 支持大部分的 SQL 标准并且具有很多其他现代特性，如复杂查询、外键、触发器、视图、事务完整性、多版本并发控制等。同样，PostgreSQL 也可以用许多方法扩展，如增加新的数据类型、函数、操作符、聚集函数、索引方法、过程语言等。

另外，由于 PostgreSQL 代码逻辑清晰、许可证灵活，所以，很多公司都在该数据库管理系统上进行二次开发，以拥有具有自身特色的数据库管理系统。

（二）常见的国内数据库管理系统

1. 华为高斯数据库

华为高斯数据库（GaussDB）是华为技术有限公司（简称华为公司）自 2007 年开始，基于不同的底层数据库自主研发的分布式数据库管理系统。为了向德国数学家高斯（Gauss）致敬，华为公司将自己的数据库命名为 GaussDB。该数据库于 2019 年 5 月发布，目前包括两个品牌：GaussDB 和 OpenGauss。

（1）GaussDB

GaussDB 系列数据库包括 GaussDB T 和 GaussDB A 数据库，同时支持 x86 处理器和鲲鹏处理器。

GaussDB T 是华为公司基于 GMDB（GMDB 是华为公司最早自主研发的内存数据库，主要应用于电信相关领域）与招商银行合作开发的分布式数据库管理系统，主要面向联机事务处理（Online Transaction Processing，OLTP），目前已经在招商银行的若干系统中上线，如"掌上生活"。

GaussDB A 是华为公司基于 PostgreSQL 9.2 与工商银行合作研发的纯联机分析处理（Online Analytical Processing，OLAP）类数据库，是一款分布式大规模并行处理（Massively Parallel Processing，MPP）数据库，主要应用于在线 OLAP，目前已经在工商银行大规模应用。

（2）OpenGauss

OpenGauss 也是基于 PostgreSQL 进行的二次开发，融合了华为公司多年来在数据库领域的核心开发经验，是一款具有高性能、高安全性、高可靠性的企业级开源关系数据库。它优化了体系结构、事务、存储引擎、优化器和 ARM 体系结构，具有多核高性能、智能运维等特色。

2020 年 7 月，OpenGauss 正式开源，作为一个全球性的数据库开源社区，它积极推动了 PostgreSQL 在全球的发展，进一步推动了数据库软硬件应用生态系统的发展。

2. 达梦数据库管理系统

达梦数据库管理系统是达梦公司研发的具有完全自主知识产权的高性能数据库管理系统，简称 DM，目前最新的版本是 DM8。

DM8 采用了全新的体系架构。在保证其产品大型通用的基础上，达梦公司针对可靠性、性能、数据处理和安全性等方面做了大量的研发和改进工作，极大提升了 DM 产品的性能、可靠性、可扩展性，使 DM8 能兼顾 OLTP 和 OLAP 请求。

达梦公司的产品已成功应用于金融、电力、航空、通信、电子政务等 50 多个行业和领域，装机量超过 10 万台，打破了国外数据库产品在我国"一统天下"的局面。

3. 南大通用数据库

南大通用数据库（GBase）是南大通用数据技术有限公司推出的自主品牌的数据库产品，在国内数据库市场具有较高的品牌知名度。

GBase 系列产品包括新型分析型数据库 GBase 8a、分布式并行数据库集群 GBase 8a Cluster、高端事务型数据库 GBase 8t、高速内存数据库 GBase 8m/AltiBase、可视化商业智能数据库 GBase BI、大型目录服务体系 GBase 8d、硬加密安全数据库 GBase 8s。

4. 瀚高数据库

瀚高数据库（HighGo DB）是瀚高基础软件股份公司基于 PG 内核，融合多年的数据库开发经验及在企业级应用方面探索的积累，为企业级客户精心打造的一款拥有完全国产自主知识产权、面向核心交易型业务处理的企业级关系数据库。

目前最新的版本是 HighGo DB V9.0，它具有丰富的企业级功能，在业务处理性能、可用性、安全性及易用性方面均有大幅提升，主要功能包括备份恢复管理、流复制集群管理、定时任务管理、闪回查询、内核诊断、数据库性能采集分析与监控、在线 DDL 增强、全库加解密、中文分词与检索等。

该版本主要面向政府和金融行业，已与国内整机厂商、CPU 厂商、操作系统厂商、中间件厂商等生态合作伙伴完成了兼容适配。

【任务实施】

目前国外常用的数据库管理系统有 Oracle、SQL Server、MySQL、PostGreSQL 等，国内常用的数据库管理系统有 GaussDB、DM、GBase、HighGo DB 等。只有了解了常见数据库管理系统的特点，才能在实际开发中选择合适的数据库管理系统为软件系统做数据支撑。

【素养小贴士】

数据经济的发展建立在完善的数据基础设施之上。2019 年，基础软件自主可控被提上议程，数据库作为基础设施中重要的一部分，需要长期的投入和"真刀真枪"的历练。近几年国产数据库得到了飞速的发展，云数据库、分布式数据库产品越来越多。

常见的国内数据库大多是面向需求、基于 PG 内核的二次开发产品。因此，我们只有了解原有产品的架构，掌握基础知识，具备创新意识和创新能力，才能研发出受用户欢迎的产品。打铁还需自身硬，无须扬鞭自奋蹄！

项目小结

通过学习本项目，王宁了解了数据模型、数据库管理系统等概念，掌握了查询数据的方法，提升了科学组织和管理数据的能力。王宁针对本项目的知识点，整理出了图 1.9 所示的思维导图。

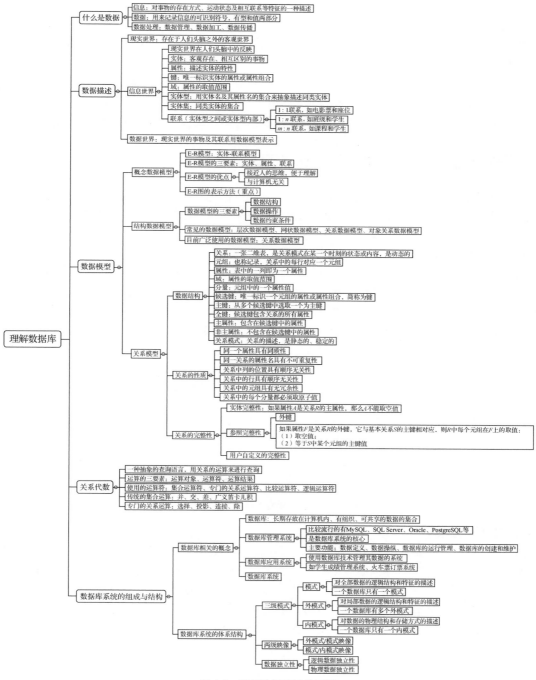

图 1.9　理解数据库思维导图

项目实训 1：理解数据库

1. 实训目的
（1）理解学习、生活、工作中常用的网站涉及的数据库概念。
（2）体会数据库技术带来的便利。

2. 实训内容
登录本校"教务管理系统"，查询个人信息、选课信息、上课地点信息、教师基本信息、教师代课信息等。

3. 实训要求
（1）分析学生选课信息关系的键和非主属性。
（2）思考"教务管理系统"是属于数据库、数据库管理系统、数据库应用系统还是数据库系统。

课外拓展：了解数据管理技术的发展历程

数据管理技术的发展与计算机硬件（主要是辅助存储器）、系统软件及计算机应用的范围有着密切的联系。作为数据库设计人员，要了解数据管理技术的发展历程，加深对数据库相关概念的理解。

1. 人工管理阶段
20 世纪 50 年代前期，计算机主要用于科学计算，数据处理都是通过手动方式进行的。当时的计算机上没有专门管理数据的软件，也没有像磁盘这样可以随时存取数据的外部存储设备。数据由计算或处理它的应用程序自行携带，数据和应用程序一一对应。因此，这一时期计算机数据管理的特点是数据的独立性差，数据不能长期保存，数据的冗余度高等。

人工管理阶段应用程序与数据之间的关系如图 1.10 所示。

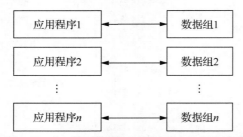

图 1.10　人工管理阶段应用程序与数据之间的关系

2. 文件系统阶段
20 世纪 50 年代后期至 20 世纪 60 年代中后期，磁盘成为计算机的主要辅助存储器。在软件方面，出现了高级语言和操作系统。在此阶段，数据以文件的形式组织，并能长期保留在辅助存储器中，用户能对数据文件进行查询、修改、插入和删除等操作。应用程序与数据有了一定的独立性，应用程序和数据分开存储，然而依旧存在数据的冗余度高及数据不一致等缺点。

文件系统阶段应用程序与数据之间的关系如图 1.11 所示。

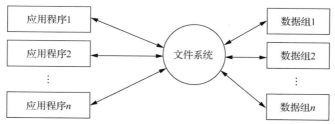

图 1.11　文件系统阶段应用程序与数据之间的关系

3. 数据库系统阶段

20 世纪 60 年代后期，计算机的硬件和软件都有了进一步的发展，信息量的爆炸式增长带来了数据量的急剧增长。为了解决日益增长的数据量带来的数据管理上的严重问题，数据库技术逐渐发展和成熟起来。

数据库技术使数据有了统一的结构，便于对所有的数据进行统一、集中、独立的管理，以实现数据共享，保证了数据的完整和安全，提高了数据管理效率。在应用程序和数据库之间有数据库管理系统。数据库管理系统对数据的处理方式与文件系统不同，它把所有应用程序使用的数据汇集在一起，并以记录为单位存储起来，便于应用程序使用。

数据库系统阶段应用程序与数据之间的关系如图 1.12 所示。

图 1.12　数据库系统阶段应用程序与数据之间的关系

目前世界上已有数百万个数据库系统在运行，其应用已经深入人类社会生活的各个领域，从企业管理、银行业务、资源分配、经济预测到信息检索、档案管理、普查统计等。此外在通信网络的基础上，人们建立了许多国际性的联机检索系统。

4. 分布式数据库系统

随着地理上分散的用户对数据共享的要求日益提高，以及计算机网络技术的发展，在传统的集中式数据库系统的基础上产生了分布式数据库系统。

分布式数据库系统（Distributed Database System，DDBS）并不是简单地把集中式数据库安装在不同场地，用网络连接起来实现的数据库系统（这是分散的数据库系统），它具有独特的性质。集中式数据库系统中的许多概念和技术，如数据独立性的概念、数据共享和减少冗余的控制策略、并发控制和事务恢复的概念及实现技术等，在分布式数据库系统中有了不同的、更加丰富的内容。

分布式数据库系统包含分布式数据库管理系统（Distributed Database Management System，DDBMS）和分布式数据库（Distributed Database，DDB）。在分布式数据库系统中，一个应用程序可以对数据库进行透明操作，数据库中的数据分别在不同的局部数据库中存储，由不同的数据库管理系统进行管理，在不同的机器上运行，由不同的操作系统支持，被不同的通信网络连接在一起。

分布式数据库应具有以下特点。

（1）数据的物理分布性。数据库中的数据不是集中存储在一个场地的一台计算机上，而是分布在不同场地的多台计算机上。分布式数据库不同于通过计算机网络共享资源的集中式数据库系统。

（2）数据的逻辑整体性。数据库虽然在物理上是分布的，但其中的数据并不是不相关的，它们在逻辑上是相互联系的整体。分布式数据库不同于通过计算机网络互连的多个独立的数据库系统。

（3）数据的分布独立性（也称分布透明性）。分布式数据库除了具有物理独立性和数据的逻辑独立性外，还具有数据的分布独立性。在用户看来，整个数据库仍然是一个集中的数据库，用户不必关心数据的分片，不必关心数据物理位置分布的细节，也不必关心数据副本的一致性，分布的实现完全由分布式数据库管理系统来完成。

（4）场地自治和协调。系统中的每个节点都具有独立性，能执行局部的应用请求；每个节点又是整个系统的一部分，可通过网络处理全局的应用请求。

（5）数据的冗余及冗余透明性。与集中式数据库不同，分布式数据库中应存在适当冗余，以适应分布处理的特点，从而提高系统的处理效率和可靠性。因此，数据复制技术是分布式数据库的重要技术。但分布式数据库中的这种数据冗余对用户是透明的，即用户不必知道冗余数据的存在，维护各副本一致性的工作也由系统来负责。

5. 面向对象数据库系统

面向对象数据库系统（Object-Oriented Database System，OODBS）是面向对象的程序设计技术与数据库技术相结合的产物。面向对象数据库系统的主要特点是具有面向对象技术的封装性和继承性，可提高软件的可重用性。

因为面向对象程序语言操纵的是对象，所以面向对象数据库（Object-Oriented Database，OODB）的一个优势是面向对象语言程序员在编写程序时，可直接以对象的形式存储数据。

6. 数据仓库

数据库技术经过几十年的发展和广泛应用，以及社会各行各业大量信息和数据的多年积累，使数据量在不断膨胀。从"数据海洋"中提取、检索出有用的信息——能够支持决策的信息，进而对企业的管理决策提供支持成为数据库的发展趋势。因此，数据仓库技术（包括数据挖掘技术）成为数据库技术发展的热门技术。

随着客户-服务器技术的成熟和并行数据库的发展，信息处理技术的发展趋势是从大量的事务型数据库中抽取数据，然后将其清理、转换为新的存储格式，即为决策目标把数据聚合在一种特殊的格式中。随着该过程的发展和不断完善，这种支持决策的、特殊的数据存储即称为数据仓库（Data Warehouse，DW）。

数据仓库之父比尔·恩门（Bill Inmon）在 1991 年出版的 *Building the Data Warehouse*（《建立数据仓库》）一书中对数据仓库的定义为：数据仓库是面向主题的、集成的、随时间变化的、非易失性数据的集合，用于支持管理层的决策。

从上面的定义中可以发现，数据仓库具有面向主题性、数据集成性、数据的时变性、数据的非易失性、数据的集合性等特点。

数据仓库包含大量的历史数据，经集成后进入数据仓库的数据是极少更新的。数据仓库内的数据时限为 5～10 年，主要用于进行时间趋势分析。数据仓库的数据量很大，一般为 10GB 左右，它约是一般数据库数据量（100MB）的 100 倍，大型数据仓库的数据量可达到 TB 级。

7. 数据挖掘

（1）数据挖掘的定义

数据挖掘（Data Mining）又译为资料探勘、数据采矿。它是从数据中发现知识（Knowledge

Discovery from Data，KDD）的一个步骤。数据挖掘一般是指从大量数据中通过算法搜索隐藏于其中的信息的过程。数据挖掘通常与计算机科学有关，并通过统计、在线分析处理、情报检索、机器学习、专家系统（依靠过去的经验法则）和模式识别等诸多方法来实现上述目标。

（2）数据挖掘的常用方法

利用数据挖掘进行数据分析常用的方法主要有分类、回归分析、聚类分析、关联规则、特征分析、变化和偏差分析、Web 挖掘等，它们分别从不同的角度对数据进行挖掘。

① 分类。分类是指找出数据库中一组数据对象的共同特点并按照分类模式将它们划分为不同的类别，其目的是通过分类模型，将数据库中的字段映射到某个给定的类别。它可以应用于客户的分类、客户的属性和特征分析、客户满意度分析、客户的购买趋势预测等方面。例如，一个汽车零售商将客户按照对汽车的喜好划分成不同的类别，这样营销人员就可以将新型汽车的广告手册直接邮寄到有对应喜好的客户手中，从而大大增加商业机会。

② 回归分析。回归分析反映的是事务数据库中属性值在时间上的特征，产生一个将字段映射到一个实值预测变量的函数，从而发现变量或属性间的依赖关系，其主要研究的问题包括数据序列的趋势特征、数据序列的预测及数据间的相关关系等。它可以应用到市场营销的各个方面，如客户寻求和保持、预防客户流失活动、产品生命周期分析、销售趋势预测及有针对性的促销活动等。

③ 聚类分析。聚类分析是指把一组数据按照相似性和差异性分为几个类别，其目的是使同一类别中数据间的相似性尽可能大，不同类别中数据间的相似性尽可能小。它可以应用到客户群体的分类、客户背景分析、客户购买趋势预测、市场的细分等方面。

④ 关联规则。关联规则是描述数据库中字段之间存在的关系的规则，根据一个事务中出现的某些项可导出在同一事务中也出现的另一些项，即发现隐藏在数据间的关联或相互关系。在客户关系管理中，通过对企业的客户数据库中的大量数据进行挖掘，可从大量的记录中发现有趣的关联关系，找出影响市场营销效果的关键因素，为产品定位、定价与定制客户群，客户寻求、细分与保持，市场营销与推销，营销风险评估和诈骗预测等提供参考依据。

⑤ 特征分析。特征分析是指从数据库的一组数据中提取出关于这些数据的特征式，这些特征式表达了该组数据的总体特征。例如，营销人员提取客户流失因素的特征，可以得到导致客户流失的一系列原因和主要特征，利用这些特征可以有效预防客户流失。

⑥ 变化和偏差分析。变化和偏差分析涉及很大一类潜在的有趣知识，如分类中的反常实例、模式的例外、观察结果与期望之间的偏差等，其目的是寻找观察结果与参照量之间有意义的差别。在企业危机管理及预警中，管理者更感兴趣的是那些意外规则。意外规则的挖掘可以应用到各种异常信息的发现、分析、识别、评价和预警等方面。

⑦ Web 挖掘。互联网的迅速发展及 Web 的普及，使得 Web 中的信息无比丰富。通过对 Web 进行挖掘，用户可以利用 Web 中的海量数据进行分析，收集政治、经济、政策、科技、金融、市场、竞争对手、客户等方面的信息，以便集中精力分析和处理那些对企业有重大或潜在重大影响的外部环境信息和内部经营信息，并根据分析和处理结果找出企业在管理过程中出现的各种问题和可能引起危机的先兆，再对这些信息进行分析和处理，从而有效地识别、分析、评价和管理危机。

8. 云计算与大数据

（1）云计算

云计算（Cloud Computing）是基于互联网相关服务的增加、使用和交付模式，通常涉及通过互联网来提供动态易扩展且经常是虚拟化的资源。云计算使计算分布在大量的分布式计算机上，而非本地计算机或远程服务器中，企业数据中心的运行将与互联网更相似。这使得企业能够将资源切换到需要的应用上，根据需求访问计算机和存储系统。

云计算具有超大规模、虚拟化、高可靠性、高通用性、高可扩展性、按需服务、极其廉价和潜在危险性等特点。

（2）大数据

大数据是指需要新处理模式才能具有更强的决策力、洞察力和流程优化能力来适应海量、高增长率和多样化的信息资产。

大数据技术的战略意义不在于掌握庞大的数据信息，而在于对这些有意义的数据进行专业化处理。换言之，如果把大数据比作一种产业，那么这种产业实现盈利的关键在于提高对数据的"加工能力"，通过"加工"实现数据的"增值"。

IBM 公司提出的大数据的 5V 特点是大量（Volume）、高速（Velocity）、多样（Variety）、低价值密度（Value）、真实性（Veracity）。

（3）云计算与大数据的关系

从定义上看，云计算注重资源分配，是硬件资源的虚拟化；而大数据注重海量数据的高效处理。大数据与云计算并非独立的概念，无论是在资源的需求上，还是在资源的再处理上，都需要二者协作。

从技术上看，大数据与云计算的关系就像一枚硬币的正反面一样密不可分。大数据必然无法用单台的计算机进行处理，而必须采用分布式架构。它的特色在于对海量数据进行分布式数据挖掘。但它必须依托云计算的分布式处理、分布式数据库和云存储、虚拟化技术。

云计算和大数据的共同点是它们都用于处理海量资源。云计算与大数据相辅相成。首先，云计算将计算资源作为服务支撑大数据的挖掘，而大数据的发展趋势是为实时交互的海量数据查询、分析提供需要的信息。其次，大数据挖掘处理需要云计算作为平台，而大数据涵盖的价值和规律则能够使云计算更好地与行业应用结合并发挥更大的作用；大数据的信息隐私保护是云计算能够快速发展和运用的关键，而云计算与大数据相结合将可能成为人类认识事物的新工具。

习题

1. 选择题

（1）现实世界中客观存在并能相互区别的事物称为（　　）。

    A. 实体 　　　　　　　　 B. 实体集 　　　　　　　 C. 字段 　　　　　　　 D. 记录

（2）下列实体类型的联系中，属于一对一联系的是（　　）。

    A. 教研室对教师的所属联系 　　　　　　 B. 父亲对孩子的亲生联系

    C. 省对省会的所属联系 　　　　　　　　 D. 供应商与工程项目的供货联系

（3）采用二维表结构表达实体类型及实体间联系的数据模型是（　　）。

    A. 层次数据模型 　　 B. 网状数据模型 　　 C. 关系数据模型 　　 D. E-R 模型

（4）数据库、数据库管理系统、数据库系统三者之间的关系是（　　）。

    A. 数据库包括数据库管理系统和数据库系统

    B. 数据库系统包括数据库和数据库管理系统

    C. 数据库管理系统包括数据库和数据库系统

    D. 数据库系统与数据库和数据库管理系统无关

（5）在数据库系统中，用（　　　）描述全部数据的整体逻辑结构。

    A．外模式   B．存储模式   C．内模式   D．模式

（6）逻辑数据独立性是指（　　　）。

    A．模式改变，外模式和应用程序不变   B．模式改变，内模式不变

    C．内模式改变，模式不变   D．内模式改变，外模式和应用程序不变

（7）物理数据独立性是指（　　　）。

    A．模式改变，外模式和应用程序不变   B．模式改变，内模式不变

    C．内模式改变，模式不变   D．内模式改变，外模式和应用程序不变

（8）设关系 R 和关系 S 的元组个数分别为 100 和 300，关系 T 是关系 R 与关系 S 的笛卡儿积，则关系 T 的元组个数为（　　　）。

    A．400   B．10000   C．30000   D．90000

（9）设关系 R 和关系 S 具有相同的目，且它们相对应的属性的值取自同一个域，则 $R-(R-S)$ 等于（　　　）。

    A．$R \cup S$ B．$R \cap S$ C．$R \times S$ D．$R \div S$

（10）在关系代数中，（　　　）操作称为从两个关系的笛卡儿积中选取它们属性间满足一定条件的元组。

    A．投影   B．选择   C．自然连接   D．θ 连接

（11）关系数据模型的 3 个要素是（　　　）。

    A．关系数据结构、关系操作集合和关系规范化理论

    B．关系数据结构、关系规范化理论和关系的完整性约束

    C．关系规范化理论、关系操作集合和关系的完整性约束

    D．关系数据结构、关系操作集合和关系的完整性约束

（12）在关系代数的连接操作中，哪一种连接操作需要取消重复列？（　　　）。

    A．自然连接   B．笛卡儿积   C．等值连接   D．θ 连接

（13）设属性 A 是关系 R 的主属性，则属性 A 不能取空值，这是（　　　）。

    A．实体完整性规则   B．参照完整性规则

    C．用户定义完整性规则   D．域完整性规则

（14）如果在一个关系中，存在多个属性（或属性组）都能用来唯一标识该关系的元组，且其任何子集都不具有这一特性，则这些属性（或属性组）被称为该关系的（　　　）。

    A．候选键   B．主键   C．外键   D．连接键

2．填空题

（1）_____是指在数据库的物理结构改变时，尽量不影响整体逻辑结构、用户的逻辑结构及应用程序。

（2）用户与操作系统之间的数据管理软件是_____。

（3）将客观存在的事物以数据形式存储到计算机中，这一过程要涉及 3 个领域的知识，依次是_____、_____和_____。

（4）能唯一标识实体的属性或属性的组合称为_____。

（5）两个不同实体集的实体间有_____、_____和_____ 3 种联系。

（6）表示实体类型和实体间联系的模型称为_____，较著名且常用的概念模型是_____。

（7）数据独立性分成_____独立性和_____独立性两级。

（8）数据库系统中最重要的软件是_____，最重要的用户是_____。

（9）设有关系模式 $R(A,B,C)$ 和 $S(E,A,F)$，若 $R.A$ 是 R 的主键，$S.A$ 是 S 的外键，则 $S.A$ 的值等于 R 中某个元组的主键值，或者为空值，这是_____完整性规则。

（10）在关系代数中，从两个关系的笛卡儿积中选取它们的属性或属性组间满足一定条件的元组的操作称为_____连接。

3. 简答题

（1）什么是数据模型？数据模型的作用及三要素是什么？

（2）什么是数据库的逻辑数据独立性？什么是数据库的物理数据独立性？为什么数据库系统具有数据与程序的独立性？

（3）数据库系统由哪几部分组成？

（4）数据管理员的职责是什么？系统分析员、数据库设计人员、应用程序开发人员的职责是什么？

（5）数据管理技术经历了哪几个阶段？

（6）常见的国内外数据库管理系统有哪些？

项目2
设计学生信息管理数据库

情景导入

通过项目 1 的学习，王宁对数据库的基本概念、数据描述、数据模型有了初步认识。于是，李老师给王宁布置了一个新的任务，设计一个学生信息管理数据库，用于对学生的基本信息、成绩信息、住宿信息等进行管理。

通过查阅资料，王宁了解到，数据库设计是指对于给定的应用环境构造最优的数据库模式，建立数据库及其应用系统，使之能够有效地存储数据，满足各类用户的应用需求（信息要求和处理要求）。具体如何实现呢？王宁带着这个问题开始了本项目的学习。

职业能力目标（含素养要点）

- 掌握数据库设计的步骤和方法（规范化意识）
- 了解怎样收集数据
- 掌握设计 E-R 图的方法

- 掌握将 E-R 图转换为关系模式的方法
- 了解关系模式可能存在的问题及关系模式的规范化（遵纪守法）

任务 2-1　了解数据库设计

【任务提出】

王宁要设计一个学生信息管理数据库，对学生的所有信息进行科学、有效的管理，可是，从哪里入手，要做哪些工作呢？这些都是摆在王宁面前的问题。本任务将带领王宁一起了解数据库设计的基本步骤。

微课 2-1：数据库
设计流程

【知识储备】

按照规范化设计的方法，考虑数据库及其应用系统开发的全过程，将数据库的设计分为 6 个设计阶段：需求分析阶段、概念设计阶段、逻辑设计阶段、物理设计阶段、数据库实施阶段、数据库运行和维护阶段，如图 2.1 所示。

在数据库设计中，前两个阶段面向用户的应用需求及具体的问题，中间两个阶段面向数据库管理系统，最后两个阶段面向具体的实现方法。前 4 个阶段可统称为"分析和设计阶段"，后面两个阶段统称为"实现和运行阶段"。

在设计数据库之前，首先必须选择参与设计的人员，包括系统分析人员、数据库设计人员、程序员、用户和数据库管理员。系统分析人员和数据库设计人员是数据库设计的核心人员，他们将全程参与数据库的设计，他们的水平决定了数据库的质量。用户和数据库管理员在数据库设计中也是举足轻重的人物，他们主要参与需求分析及数据库的运行和维护阶段，他们的积极参与不但能加快数据库的设计进程，还能提高数据库的设计质量。程序员则在数据库实施阶段参与进来，负责编写程序和配置软硬件环境。

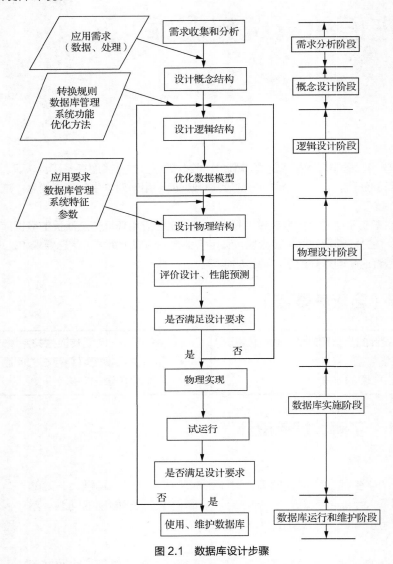

图 2.1　数据库设计步骤

如果所设计的数据库比较复杂，则还应该考虑是否需要使用数据库设计工具和 CASE 工具，以提高数据库设计质量并减少设计工作量。

数据库设计的 6 个阶段具体说明如下。

1. 需求分析阶段

需求分析就是根据用户的需求收集数据，是设计数据库的起点。需求分析的结果是否准确反映用户的实际需求，将直接影响后面各个阶段的设计，并影响最终设计结果。

2. 概念设计阶段

概念设计是整个数据库设计的关键，它通过对用户的需求进行综合、归纳与抽象，形成一个独立于具体数据库管理系统的概念结构（概念模型）。

3. 逻辑设计阶段

逻辑设计是指将概念设计结构转换成某个数据库管理系统支持的结构数据模型，并对其进行优化。

4. 物理设计阶段

物理设计是指为逻辑设计阶段得到的结构数据模型选取一个最适合应用环境的物理结构（包括存储结构和存取方法）。

5. 数据库实施阶段

在数据库实施阶段，数据库设计人员运用数据库管理系统提供的数据语言及其宿主语言，根据逻辑设计和物理设计的结果创建数据库（此项工作在项目 3 中具体讲解），编写与调试应用程序，组织数据入库，并进行试运行。

6. 数据库运行和维护阶段

数据库运行和维护是指数据库应用系统正式投入运行后，在数据库系统运行过程中必须不断地对数据库进行评价、调整与修改。

【任务实施】

随着学习的深入，王宁的问题有了答案，设计学生信息管理数据库要经过需求分析、概念设计、逻辑设计、物理设计、数据库实施、数据库运行和维护这 6 个阶段。数据库的设计过程不是一蹴而就的，有时可能需要不断修改。

【素养小贴士】

在实际应用中，利用规范化设计方法得到数据库，可以避免在业务系统投入运行后，由于数据异常而导致系统宕机。要设计出一个成熟、完善的数据库应用系统，需要我们从需求分析开始打好基础。

随着软件系统的规模越来越大和复杂度越来越高，规范化的软件开发方法被越来越多的行业"巨头"所采用。只有不断培养规范化意识，树立规范化的软件设计理念，才能不断提升专业技能，逐渐具备优秀的软件开发者所需的各种能力。

任务 2-2　需求分析

【任务提出】

王宁即将开始学生信息管理数据库设计的第 1 步——收集数据以进行需求分析，那么要收集哪些数据呢，收集的步骤及方法是什么？

【知识储备】

（一）需求分析的任务及目标

在创建数据库前，首先要明确数据库系统中必须保存的信息，以及应当如何保存这些信息（如信息的长度、用数字或文本的形式保存等）。要完成这一任务，需要收集数据。收集数据时，可以与系统所有者（客户）和系统的用户进行交谈。

需求分析的任务就是收集数据，要尽可能多地收集关于数据库要存储的数据的信息，以及将来如何使用这些数据的信息。

通过对客户和最终用户的详尽调查，以及本人的亲自体验，数据库设计人员可以充分了解原系统或手动处理工作中存在的问题，正确理解用户在数据管理中的数据需求和完整性要求，例如，数据库需要存储哪些数据、用户如何使用这些数据、这些数据有哪些约束等。因此客户和最终用户必须参与到对数据和业务的调查、分析和反馈工作中，客户和最终用户必须确认数据库设计人员是否考虑了业务的所有需求，以及由业务需求转换的数据库需求是否正确。

在收集数据的初始阶段，应尽可能多地收集数据，包括各种单据、凭证、表格、工作记录、工作任务描述、会议记录、组织结构及其职能、经营目标等。在收集到的大量信息中，有一些信息对设计工作是有用的，而有一些可能没有用处。数据库设计人员只有与用户进行多次交流和沟通后，才能最终确定用户的实际需求。在与用户进行讨论和沟通时，要详细记录。明确以下问题有助于实现数据库设计目标。

（1）有多少数据，数据的来源在哪里，是否有已存在的数据资源？

（2）必须保存哪些数据，数据的类型是字符、数字还是日期？

（3）谁使用数据，如何使用？

（4）数据是否经常修改，如何修改和什么时候修改？

（5）某个数据是否依赖于另一个数据或被其他数据引用？

（6）某个信息是否要唯一？

（7）哪些是组织内部的数据，哪些是外部数据？

（8）哪些业务活动与数据有关，数据如何支持业务活动？

（9）数据访问的频率和增长的幅度如何？

（10）谁可以访问数据，如何保护数据？

（二）用户需求分析

需求分析其实就是调查清楚用户的实际需求，与用户达成共识，然后分析与表达这些需求。

1. 调查用户需求的步骤

调查用户需求的具体步骤如下。

（1）调查组织机构情况。包括了解该组织的部门组成情况、各部门的职责等，为分析信息流程做准备。

（2）调查各部门的业务活动情况。包括了解各个部门输入和使用什么数据，如何加工、处理这些数据，输出什么信息，输出到什么部门，输出结果的格式是什么，这是调查的重点。

（3）在熟悉业务的基础上，协助用户明确对新系统的各种要求，包括信息要求、处理要求、安全性与完整性要求，这是调查的另一个重点。

（4）确定新系统的边界。对前面调查的结果进行初步分析，确定哪些功能由计算机完成或将来准备让计算机完成，哪些功能由人完成。由计算机完成的功能就是新系统应该实现的功能。

2. 常用的调查方法

在调查过程中，根据不同的问题和条件可以使用不同的调查方法，常用的调查方法如下。

（1）跟班作业。通过亲身参加业务工作来了解业务活动的情况。通过这种方法可以比较准确地了解用户的需求，但比较耗费时间。

（2）开调查会。通过与用户座谈来了解业务活动情况及用户需求。座谈时，参加者和用户可以相互启发。

（3）请专人介绍。

（4）询问。可以向专人询问调查中的某些问题。

（5）问卷调查。设计调查问卷请用户填写。如果调查问卷设计得合理，这种方法是很有效的，也容易被用户接受。

（6）查阅记录。查阅与原系统有关的数据记录。

【任务实施】

为了收集全部信息，王宁通过与学生管理人员和系统的操作者进行交谈、发放调查问卷等方法，记录了如下要点。

（1）数据库要存储每位学生的基本信息、各系别的基本信息、各班级的基本信息、教师基本信息、教师授课基本信息和学生宿舍基本信息。

（2）管理人员可以通过数据库管理各系别、各班、各教师、全院学生的基本信息。

（3）能查询数据，如浏览某系、某班级、某年级、某专业等学生的基本信息。

（4）根据要求实现对各种数据的统计，如学生人数，应届毕业生人数，某系、某专业、某班级男女生人数，各系别教师人数，退、休学人数等。

（5）能实现对学生学习成绩的管理，如输入、修改、查询、统计、输出成绩等。

（6）能实现对学生住宿信息的管理，如查询某学生的宿舍楼号、房间号及床位号等。

（7）能实现历届毕业生的信息管理，如查询某毕业生的详细信息。

（8）数据库系统的操作人员可以查询数据，管理人员可以修改数据。

（9）使用关系数据库模型。

以上收集到的信息没有固定顺序，并且有些信息可能重复，或者遗漏了某些重要信息。在后面的设计工作中要将收集到的信息与用户反复查对，以确保收集到完整和准确的信息。

任务 2-3 概念设计

【任务提出】

面对收集到的大量复杂数据，怎么找出它们之间的联系，用哪种数据模型表示呢？本任务将带领王宁一起学习概念设计，揭晓问题的答案。

【知识储备】

概念设计是指将需求分析阶段得到的用户需求抽象为概念结构的过程，它是整个数据库设计的关键。只有将需求分析阶段得到的系统应用需求准确地抽象为信息世界中的结构，才能更好、更准确地将其转换为机器世界中的数据模型，并用适当的数据库管理系统实现这些需求。

（一）概念设计的方法和步骤

1. 概念设计的方法

概念设计的方法通常有以下 4 种。

（1）自顶向下。首先定义全局概念结构的框架，然后逐步细化。

（2）自底向上。首先定义各局部应用的概念结构，然后将它们集成起来，得到全局概念结构。

（3）逐步扩张。首先定义最重要的核心概念结构，然后向外扩充，以"滚雪球"的方式逐步生成其他概念结构，直至生成总体概念结构。

（4）混合策略。将自顶向下和自底向上的方法结合，用自顶向下的策略设计一个全局概念结构，以它为框架自底向上设计各局部概念结构。

其中最常采用的是混合策略，即自顶向下进行需求分析，再自底向上设计局部概念结构，其方法如图 2.2 所示。

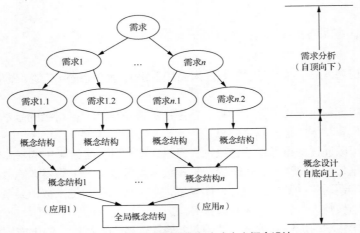

图 2.2　自顶向下需求分析与自底向上概念设计

2. 概念设计的步骤

按照图 2.2 所示的自顶向下需求分析与自底向上概念设计的方法，概念设计可分为以下两步。

（1）进行数据抽象，设计局部 E-R 图。

（2）集成各局部 E-R 图，形成全局 E-R 图，其步骤如图 2.3 所示。

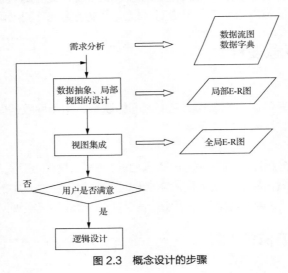

图 2.3　概念设计的步骤

（二）局部 E-R 图设计

微课 2-2：局部
E-R 模型设计

设计局部 E-R 图前需要根据系统的具体情况，在多层的数据流图中选择一组适当层次的数据流图，让这组图中的每一个部分分别对应一个局部应用，然后以这一层次的数据流图为出发点，设计局部 E-R 图。将各局部应用涉及的数据分别从数据字典中抽取出来，参照数据流图，确定各局部应用中的实体、实体的属性、标识实体的键、实体之间的联系（一对一联系、一对多联系、多对多联系）。

实际上实体和属性是相对而言的。同一事物在一种应用环境中作为"属性"，在另一种应用环境中就有可能作为"实体"。

例如，如图 2.4 所示，大学中的"系"在某种应用环境中，只是作为"学生"实体的一个属性，表明一个学生属于哪个系；而在另一种应用环境中，由于需要记录一个系的系主任、教师人数、学生人数、办公地点等，所以它需要作为实体。

图 2.4 "系"由属性上升为实体的示例

因此，为了解决这个问题，应当遵循以下两条基本准则。

（1）属性不能再具有需要描述的性质，即属性必须是不可分的字段，不能再由另一些属性组成。

（2）属性不能与其他实体具有联系。联系只发生在实体之间。

符合上述两条基本准则的事物一般作为属性对待。为了简化 E-R 图，现实世界中的事物凡是能够作为属性对待的，都应该尽量作为属性对待。

【例 2.1】设有如下实体。

学生：学号、系名、姓名、性别、年龄、选修课程名、平均成绩。

课程：课程号、课程名、开课单位、任课教师号。

教师：教师号、姓名、性别、职称、讲授课程编号。

单位：单位名称、电话号码、教师号、教师姓名。

上述实体中存在如下联系。

① 一个学生可选修多门课程，一门课程可被多个学生选修。

② 一个教师可讲授多门课程，一门课程可由多个教师讲授。

③ 一个系可有多位教师，一位教师只能属于一个系。

根据上述约定，可以得到学生选课局部 E-R 图（见图 2.5）和教师授课局部 E-R 图（见图 2.6）。

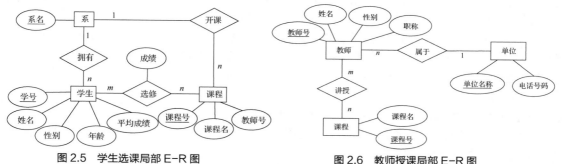

图 2.5 学生选课局部 E-R 图　　　　图 2.6 教师授课局部 E-R 图

（三）全局 E-R 图设计

1. 局部 E-R 图的集成方法

各个局部 E-R 图建立好后，还需要将它们合并，集成为一个整体的概念结构，即全局 E-R 图。局部 E-R 图的集成有两种方法。

（1）多元集成法，也叫作一次集成法，是指一次性将多幅局部 E-R 图合并为一幅全局 E-R 图，如图 2.7（a）所示。

（2）二元集成法，也叫作逐步集成法，首先集成两幅重要的局部 E-R 图，然后用累加的方法逐步将其他 E-R 图集成进来，最后得到全局 E-R 图，如图 2.7（b）所示。

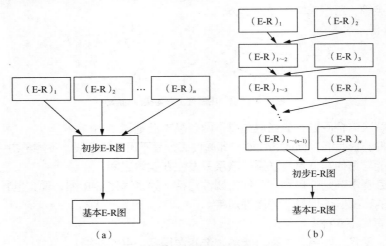

图 2.7　局部 E-R 图集成的两种方法

2. 局部 E-R 图的集成步骤

在实际应用中，可以根据系统复杂度选择合适的方法。如果局部 E-R 图比较简单，则可以采用一次集成法。一般情况下，采用逐步集成法，即每步只合并两个局部 E-R 图，直到全部的局部 E-R 图合并完成，这样可降低难度。无论使用哪一种方法，局部 E-R 图的集成均分为两个步骤：第 1 步为合并，消除各局部 E-R 图之间的冲突，生成初步 E-R 图；第 2 步为优化，消除不必要的冗余，生成基本 E-R 图。

（1）合并局部 E-R 图，生成初步 E-R 图。

这个步骤将所有局部 E-R 图合成为全局概念结构。全局概念结构不仅要包含所有的局部 E-R 图，而且必须合理地表示一个完整、一致的数据库概念结构。

由于各个局部应用面向的问题不同，并且通常由不同的数据库设计人员设计不同的局部 E-R 图，因此，各局部 E-R 图不可避免地会有许多不一致的地方，通常把这种现象称为冲突。

E-R 图中的冲突有 3 种：属性冲突、命名冲突和结构冲突。

① 属性冲突。

属性冲突又分为属性值域冲突和属性的取值单位冲突。

a. 属性值域冲突，即属性值的类型、取值范围或取值集合不同。例如，有些部门将学生的学号定义为数值型，而有些部门将其定义为字符型。

b. 属性的取值单位冲突。比如零件的重量，有的以千克为单位，有的以公斤为单位，有的则以克为单位。

属性冲突涉及用户业务上的约定，必须与用户协商后解决。

② 命名冲突。

命名冲突可能发生在实体名、属性名或联系名之间，其中属性的命名冲突较为常见，一般表现为同名异义或异名同义。

a. 同名异义，即同一名字的对象在不同的局部应用中具有不同的意义。例如，"单位"在某些部门表示人员所在的部门，而在某些部门可能表示物品的重量、长度等属性。

b. 异名同义，即同一意义的对象在不同的局部应用中具有不同的名称。例如，对于"房间"这个名称，在教务管理部门中对应教室，而在后勤管理部门中对应学生宿舍。

命名冲突的解决方法与属性冲突相同，需要与各部门协商、讨论后解决。

③ 结构冲突。

a. 同一对象在不同应用中有不同的抽象意义，可能为实体，也可能为属性。例如，教师的职称在某一局部应用中被当作实体，而在另一局部应用中被当作属性。

在解决这类冲突时，要使同一对象在不同应用中具有相同的抽象意义，或把实体转换为属性，或把属性转换为实体。

b. 同一实体在不同局部应用中的属性组成不同，可能是属性个数或属性的排列次序不同。

解决办法是，使合并后的实体属性组成为各局部 E-R 图中同名实体属性的并集，再适当调整属性的排列次序。

c. 实体之间的联系在不同局部应用中呈现不同的类型。例如，在局部应用 X 中，E_1 与 E_2 之间可能存在一对一联系，而在另一局部应用 Y 中可能存在一对多或多对多联系，也可能在 E_1、E_2、E_3 三者之间存在联系。

因此在合并局部 E-R 图时，并不是简单地将各个 E-R 图画到一起，而是必须消除各个局部 E-R 图之间的冲突，使合并后的全局概念结构不仅包含所有的局部 E-R 图，而且必须是一个能为全系统中所有用户理解和接受的统一的概念结构。成功合并局部 E-R 图的关键就是合理消除各局部 E-R 图中的冲突。

解决方法：根据应用语义对实体联系的类型进行综合或调整。

下面以例 2.1 中已画出的两幅局部 E-R 图（见图 2.5、图 2.6）为例，说明如何消除各局部 E-R 图之间的冲突，并合并局部 E-R 图，从而生成初步 E-R 图。

首先，这两个局部 E-R 图中存在命名冲突，学生选课局部 E-R 图中的实体"系"与教师授课局部 E-R 图中的实体"单位"都是指系，即所谓的异名同义，合并后统一改为"系"，这样属性"系名"和"单位名称"即可统一为"系名"。

其次，这两个局部 E-R 图中还存在结构冲突，实体"系"和实体"单位"在两幅局部 E-R 图中的属性组成不同，合并后的实体的属性组成为各局部 E-R 图中同名实体属性的并集。解决上述冲突后，合并两幅局部 E-R 图就能生成初步 E-R 图。

（2）消除不必要的冗余，生成基本 E-R 图。

在初步 E-R 图中，可能存在冗余的数据和冗余的联系。冗余的数据是指可由基本数据导出的数据，冗余的联系是指可由其他的联系导出的联系。冗余的存在容易破坏数据库的完整性，给数据库的维护增加困难，应该消除。当然，不是所有的冗余数据和冗余联系都必须消除，有时为了提高某些应用的效率，不得不以冗余信息作为代价。设计数据库概念结构时，哪些冗余信息必须消除，哪些冗余信息允许存在，需要根据用户的整体需求确定。消除了冗余的初步 E-R 图就是基本 E-R 图。

通常采用分析的方法消除冗余。数据字典是分析冗余数据的依据，还可以通过数据流图分析出冗余的联系。

在根据图 2.5 和图 2.6 得到的初步 E-R 图中，因为"课程"实体中的"教师号"属性可由"讲授"这个"教师"与"课程"实体之间的联系导出，而学生的平均成绩可由"选修"联系中的"成绩"属性计算出来，所以"课程"实体中的"教师号"属性与"学生"实体中的"平均成绩"属性均属于冗余数据。

另外，因为"系"实体和"课程"实体之间的"开课"联系，可以由"系"实体和"教师"实体之间的"属于"联系与"教师"实体和"课程"实体之间的"讲授"联系推导出来，所以"开课"联系属于冗余联系。

消除冗余数据和冗余联系后，便可得到基本 E-R 图，如图 2.8 所示。

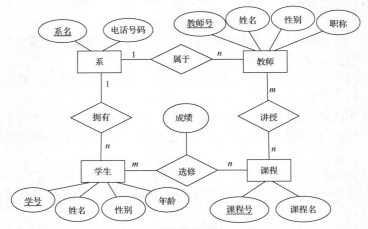

图 2.8　优化后的基本 E-R 图

最终得到的基本 E-R 图是概念模型，代表了用户的数据要求，是沟通"要求"和"设计"的桥梁。它决定数据库的总体逻辑结构，是成功创建数据库的关键。E-R 图设计得不好，就不能充分发挥数据库的作用，无法满足用户处理数据的要求。

> **提示**　用户和数据库设计人员必须反复讨论这一 E-R 图，只有用户确认该 E-R 图已准确无误地反映了他们的要求之后，才能进行下一阶段的设计工作。

【任务实施】

王宁根据本任务学习的概念设计步骤和方法，决定将学生信息管理数据库的概念设计按照如下两个步骤进行。

（1）进行数据抽象，设计局部 E-R 图。

王宁对收集到的大量信息进行分析、整理后，确定了数据库系统中应该存储如下信息：学生基本信息、系别基本信息、班级基本信息、课程基本信息、教师基本信息、学生学习成绩信息、学生综合素质成绩信息、毕业生基本信息、宿舍基本信息与系统用户信息。

根据这些信息抽象出系统要使用的实体：学生、系别、班级、课程、教师、宿舍。定义实体之间的联系及描述这些实体的属性，最后用 E-R 图表示这些实体和实体之间的联系。

学生实体的属性：学号、姓名、性别、出生日期、身份证号、家庭住址、电话号码、邮政编码、政治面貌、简历、是否退学、是否休学。键是学号。

系别实体的属性：系号、系名、系主任、办公室、电话号码。键是系号。

班级实体的属性：班级号、班级名称、专业、班级人数、入学年份、教室、班主任、班长。键是班级号。

课程实体的属性：课程号、课程名、学期。键是课程号+学期。

教师实体的属性：教师号、姓名、性别、出生日期、所在系别、职称。键是教师号。

宿舍实体的属性：楼号、房间号、住宿性别、床位数。键是楼号+房间号。

实体与实体之间的联系为：一个系拥有多个学生，每个学生只能属于一个系；一个班级拥有多个学生，每个学生只能属于一个班级；一个系拥有多位教师，一位教师只能属于一个系；一个学生只在一个宿舍里住宿，一个宿舍可容纳多个学生；一个学生可学习多门课程，一门课程可由多个学生学习；一位教师可承担多门课程的讲授任务，一门课程可由多位教师讲授。因此，系别实体和学生实体之间的联系是一对多联系，系别实体和教师实体之间的联系是一对多联系，班级实体和学生实体之间的联系是一对多联系，学生实体和课程实体之间的联系是多对多联系，课程实体和教师实体之间的联系是多对多联系，宿舍实体和学生实体之间的联系是一对多联系。

根据上述抽象结果，可以得到学生选课、教师授课、学生住宿、学生班级等的局部 E-R 图，如图 2.9～图 2.12 所示。

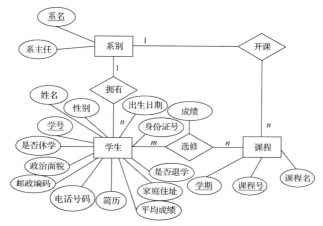

图 2.9　学生选课局部 E-R 图

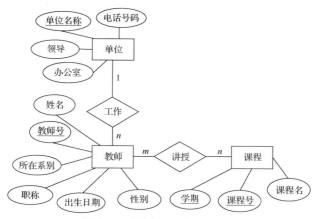

图 2.10　教师授课局部 E-R 图

图 2.11　学生住宿局部 E-R 图

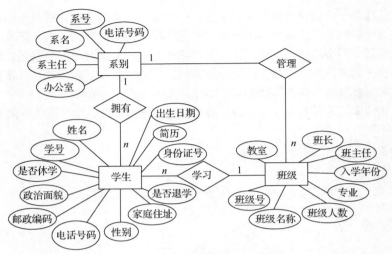

图 2.12　学生班级局部 E-R 图

（2）消除数据冲突和数据冗余，设计全局 E-R 图。

各个局部 E-R 图建立好后，接下来的工作是对它们进行合并，消除各局部 E-R 图之间的冲突，消除冗余，将局部 E-R 图集成为该数据库的全局 E-R 图，如图 2.13 所示。

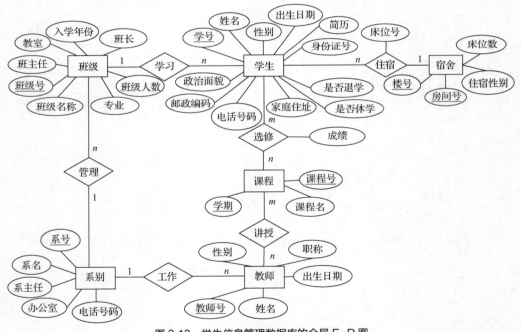

图 2.13　学生信息管理数据库的全局 E-R 图

任务 2-4　逻辑设计

【任务提出】

王宁分析得到的学生信息管理数据库的全局 E-R 图仍然不能直接在计算机上实现，怎么办呢？

李老师告诉王宁，需要将其转换为某个具体的数据库管理系统支持的数据模型才可以。接下来，王宁将学习如何将 E-R 图转换成关系模式，并进行规范化。

【知识储备】

概念设计阶段得到的概念结构是用户的模型，它独立于任何一种数据模型和任何一个具体的数据库管理系统。为了创建用户要求的数据库，需要把上述概念结构转换为某个具体的数据库管理系统支持的结构数据模型。数据库逻辑设计的过程是将概念结构转换成特定数据库管理系统支持的结构数据模型的过程。从此开始便进入了实现设计阶段，需要考虑具体的数据库管理系统的性能、具体的结构数据模型特点。

E-R 图表示的概念结构可以转换成任意一种具体的数据库管理系统支持的结构数据模型，如网状数据模型、层次数据模型和关系数据模型。因为这里只讨论关系数据库的逻辑设计问题，所以只介绍 E-R 图如何向关系模式转换。

逻辑设计一般分为以下 3 步，如图 2.14 所示。

（1）初始关系模式设计。

（2）关系模式的规范化。

（3）关系模式的评价与改进。

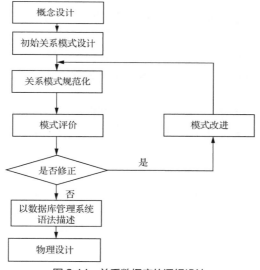

图 2.14　关系数据库的逻辑设计

（一）初始关系模式设计

概念设计中得到的 E-R 图是由实体、属性和联系组成的，而关系数据库逻辑设计的结果是一组关系模式的集合。因此将概念结构转换为关系数据模型，实际上就是将 E-R 图转换成关系模式。

微课 2-3：初始关系模式设计

1. 转换规则

规则 2.1　实体类型的转换：将每个实体类型转换成一个关系模式，实体的属性即关系模式的属性，实体的标识符即关系模式的键。

规则 2.2　联系类型的转换：根据不同的联系类型做不同的处理。

规则 2.2.1 若实体间的联系是 1∶1 联系，则可以在两个实体类型转换成的任意一个关系模式中加入另一个关系模式的键和联系类型的属性。

规则 2.2.2 若实体间的联系是 1∶n 联系，则在 n 端实体类型转换成的关系模式中加入 1 端实体类型的键和联系类型的属性。

规则 2.2.3 若实体间的联系是 $m∶n$ 联系，则将联系类型也转换成关系模式，其属性为两端实体类型的键加上联系类型的属性，而键为两端实体键的组合。

规则 2.2.4 若 3 个或 3 个以上实体间存在一个多元联系，则不管联系是何种类型，都将其转换成一个关系模式，其属性为与该联系相连的各实体的键及联系本身的属性，其键为各实体键的组合。

规则 2.2.5 具有相同键的关系可合并。

2. 实例

【例 2.2】将图 2.15 所示的含有 1∶1 联系的 E-R 图根据上述规则转换为关系模式。

该例包含两个实体，实体间存在 1∶1 联系，根据规则 2.1 和规则 2.2.1 可将该 E-R 图转换为如下关系模式（带下画线的属性为键）。

方案 1：将"负责"联系合并到"职工"关系模式中，转换后的关系模式如下。

职工(<u>职工号</u>,姓名,年龄,产品号)

产品(<u>产品号</u>,产品名,价格)

方案 2：将"负责"联系合并到"产品"关系模式中，转换后的关系模式如下。

职工(<u>职工号</u>,姓名,年龄)

产品(<u>产品号</u>,产品名,价格,职工号)

比较上面两个方案，在方案 1 中，由于不是每个职工都负责产品，可能出现"产品号"属性为空值的情况，所以方案 2 比较合理。

【例 2.3】将图 2.16 所示的含有 1∶n 联系的 E-R 图根据上述规则转换为关系模式。

该例包含两个实体，实体间存在 1∶n 联系，根据规则 2.1 和规则 2.2.2 可将该 E-R 图转换为如下关系模式（带下画线的属性为键）。

仓库(<u>仓库号</u>,地点,面积)

产品(<u>产品号</u>,产品名,价格,仓库号,数量)

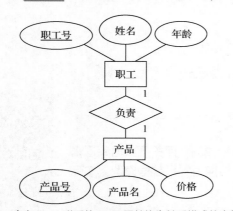

图 2.15　含有 1∶1 联系的 E-R 图转换为关系模式的实例

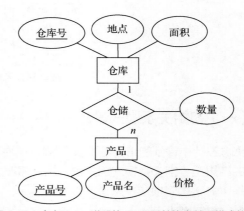

图 2.16　含有 1∶n 联系的 E-R 图转换为关系模式的实例

【例 2.4】将图 2.17 所示的实体集内部含有 1∶n 联系的 E-R 图根据上述规则转换为关系模式。

该例只有一个实体，实体集内部含有 1∶n 联系，根据规则 2.1 和规则 2.2.2 可将该 E-R 图转换为如下关系模式（带下画线的属性为键）。

职工(<u>职工号</u>,姓名,年龄,领导工号)

其中，"领导工号"就是领导的"职工号"，由于同一关系中不能有相同的属性名，所以将领导的"职工号"改为"领导工号"。

【例 2.5】将图 2.18 所示的含有 $m:n$ 联系的 E-R 图根据上述规则转换为关系模式。

该例包含两个实体，实体间存在 $m:n$ 联系，根据规则 2.1 和规则 2.2.3 可将该 E-R 图转换为如下关系模式（带下画线的属性为键）。

商店(<u>店号</u>,店名,店址,店经理)

商品(<u>商品号</u>,商品名,单价,产地)

经营(<u>店号</u>,<u>商品号</u>,月销售量)

【例 2.6】将图 2.19 所示的实体集内部含有 $m:n$ 联系的 E-R 图根据上述规则转换为关系模式。

该例只有一个实体，实体集内部存在 $m:n$ 联系，根据规则 2.1 和规则 2.2.3 可将该 E-R 图转换为如下关系模式（带下画线的属性为键）。

零件(<u>零件号</u>,名称,价格)

组装(<u>组装件号</u>,<u>零件号</u>,数量)

其中，"组装件号"为组装后的复杂零件号，由于同一个关系中不允许存在相同的属性名，因而将"零件号"改为"组装件号"。

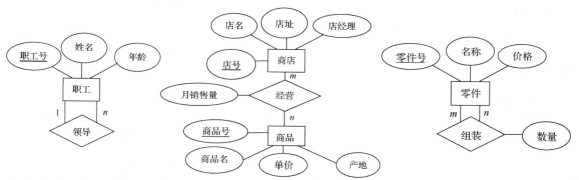

图 2.17　实体集内部含有 1：n 联系的 E-R 图转换为关系模式的实例　　图 2.18　含有 $m:n$ 联系的 E-R 图转换为关系模式的实例　　图 2.19　实体集内部含有 $m:n$ 联系的 E-R 图转换为关系模式的实例

【例 2.7】将图 2.20 所示的多实体间含有 $m:n$ 联系的 E-R 图根据上述规则转换为关系模式。

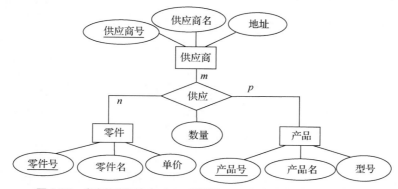

图 2.20　多实体集间含有 $m:n$ 联系的 E-R 图转换为关系模式的实例

该例包含 3 个实体，3 个实体间含有 $m:n$ 联系，根据规则 2.1 和规则 2.2.4 可将该 E-R 图转换为如下关系模式（带下画线的属性为键）。

供应商(<u>供应商号</u>,供应商名,地址)

零件(<u>零件号</u>,零件名,单价)

产品(<u>产品号</u>,产品名,型号)

供应(<u>供应商号</u>,<u>零件号</u>,<u>产品号</u>,数量)

【强化训练 2-1】

将图 2.8 所示的 E-R 图根据转换规则转换为关系模式。

（二）关系模式的规范化

数据库逻辑设计的结果不是唯一的。为了进一步提高数据库应用系统的性能，还应该根据应用需要适当修改、调整数据模型的结构，这就是数据模型的优化。关系数据模型的优化通常以规范化理论为指导。将关系模式规范化，使之达到较高的范式是设计好关系模式的唯一途径，否则，设计的关系数据库会产生一系列的问题。关系模式设计的好坏将直接影响到数据库设计的成败。

1. 存在的问题及解决方法

（1）存在的问题

下面以一个实例说明若一个关系模式没有经过规范化可能会出现的问题。

例如，要设计一个教学管理数据库，并希望从该数据库中得到学生学号、姓名、年龄、性别、所在系名及系主任名，学生学习的课程名和该课程的成绩等信息。若将此信息要求设计为一个关系，则关系模式如下。

S(sno,sname,sage,ssex,sdept,mname,cname,score)

该关系模式中各属性之间的关系为：一个系有若干个学生，但一个学生只属于一个系；一个系只能有一名系主任，但一名系主任可以同时兼任几个系的系主任；一个学生可以选修多门课程，每门课程可被若干个学生选修；每个学生学习的每门课程都有一个成绩。

可以看出，此关系模式的键为(sno,cname)。仅从关系模式上看，该关系模式已经包括需要的信息，但如果按此关系模式建立关系，并对它进行深入分析，就会发现其中的问题。关系模式 S 的实例如表 2.1 所示。

表 2.1 关系模式 S 的实例

sno	sname	sage	ssex	sdept	mname	cname	score
20200101	孙小强	20	男	计算机系	王中联	C 语言程序设计	78
20200101	孙小强	20	男	计算机系	王中联	数据结构	84
20200101	孙小强	20	男	计算机系	王中联	数据库原理及应用	68
20200101	孙小强	20	男	计算机系	王中联	数字电路	90
20200102	李红	19	女	计算机系	王中联	C 语言程序设计	92
20200102	李红	19	女	计算机系	王中联	数据结构	77
20200102	李红	19	女	计算机系	王中联	数据库原理及应用	83
20200102	李红	19	女	计算机系	王中联	数字电路	79
20200201	张利平	18	男	电子系	张超亮	高等数学	80
20200201	张利平	18	男	电子系	张超亮	机械制图	83
20200201	张利平	18	男	电子系	张超亮	自动控制	73
20200201	张利平	18	男	电子系	张超亮	电工基础	92

从表 2.1 中的数据可以看出，该关系模式存在以下问题。

① 数据冗余。每个系名和系主任名存储的次数等于该系学生人数乘每个学生选修的课程门数，系名和系主任名重复存储。

② 插入异常。在一个新系没有招生，或系里有学生但没有选修课程时，系名和系主任名无法插入数据库中。在这个关系模式中键是(sno,cname)，没有学生会使学号为空值，学生没有选课会使课程名为空值。但在一个关系模式中，键属性不能为空值，此时关系数据库无法操作，导致插入异常。

③ 删除异常。当某系的学生全部毕业而又没有招新生时，删除学生信息的同时，也删除了系名及系主任名的信息，但这个系依然存在，而在数据库中无法找到该系的信息，即出现了删除异常。

④ 更新异常。若某系更换了系主任，则数据库中该系的学生记录应该全部修改。如果稍有不慎，某些记录漏改了，就会造成数据不一致，即出现了更新异常。

为什么会发生插入异常和删除异常？原因是该关系模式中属性与属性之间存在不好的数据依赖。一个好的关系模式应当不会发生插入和删除异常，冗余要尽可能少。

（2）解决方法

对于存在问题的关系模式，可以通过模式分解的方法使之规范化。

例如，将上述关系模式分解成 3 个关系模式。

```
S(sno,sname,sage,ssex,sdept)
SC(sno,cname,score)
DEPT(sdept,mname)
```

这样分解后，3 个关系模式都不会发生插入异常和删除异常，数据冗余的问题得到了控制，数据的更新也变得简单。

所以，分解是解决冗余的主要方法，也是规范化的一条原则。记住，关系模式有冗余问题，就分解它。

 提示 上述关系模式的分解方案是否就是最佳的，这不是绝对的。如果要查询某位学生所在系的系主任名，就要对两个关系做连接操作，而连接的代价是很大的。一个关系模式的数据依赖会有哪些不好的性质，如何改造一个模式，这就是规范化理论所讨论的问题。

2. 函数依赖的基本概念

（1）规范化。规范化是指用形式更为简洁、结构更加规范的关系模式取代原有关系模式的过程。

（2）关系模式对数据的要求。关系模式必须满足一定的完整性约束条件，以达到现实世界对数据的要求。完整性约束条件主要包括以下两个方面。

① 对属性取值范围的限定。

② 属性值间的相互联系（主要体现在值相等与否），这种联系称为数据依赖。

（3）属性间的联系。项目 1 讲到客观世界的事物间存在着错综复杂的联系，实体间的联系有两类：一类是实体与实体之间的联系，另一类是实体内部各属性间的联系。这里主要讨论第二类联系。

实体内部各属性间的联系可分为 3 类。

① 一对一联系（1∶1 联系）。以学生关系模式 S(sno,sname,sage,ssex,sdept,mname,cname,score)为例，如果学生无重名，则属性 sno 和 sname 之间存在一对一联系，一个学号唯一地对应一个姓名，一个姓名也唯一地对应一个学号。

设 X、Y 是关系 R 的两个属性（组）。如果对于 X 中的任一具体值，Y 中至多有一个值与之对应，反之亦然，则称 X、Y 两属性（组）间存在一对一联系。

② 一对多联系（1∶n 联系）。在学生关系模式 S 中，属性 sdept 和 sno 之间存在一对多联系，

即一个系对应多个学号（如计算机系可对应 20200101、20200102 等），但一个学号只对应一个系（如 20200101 只能对应计算机系）。同样，mname 和 sno 之间也存在一对多联系。

设 X、Y 是关系 R 的两个属性（组）。如果对于 X 中的任一具体值，Y 中至多有一个值与之对应，而 Y 中的一个值却可以和 X 中的 n 个值（$n \geq 0$）相对应，则称 Y 与 X 属性（组）间存在一对多联系。

③ 多对多联系（$m:n$ 联系）。在学生关系模式 S 中，cname 和 score 两个属性间存在多对多联系。一门课程对应多个成绩，而一个成绩也可以在多门课程中出现。sno 和 cname、sno 和 score 之间也存在多对多联系。

设 X、Y 是关系 R 的两个属性（组）。如果对于 X 中的任一具体值，Y 中有 m（$m \geq 0$）个值与之对应，而 Y 中的一个值也可以和 X 中的 n 个值（$n \geq 0$）相对应，则称 X、Y 两属性（组）间存在多对多联系。

上述属性间的 3 种联系实际上是属性值之间相互依赖又相互制约的反映，称为属性间的数据依赖。

（4）数据依赖。数据依赖是指一个关系中属性间值的相等与否体现出来的数据间的相互关系，是现实世界属性间相互联系的抽象，是数据内在的性质。

数据依赖共有 3 种：函数依赖（Functional Dependency，FD）、多值依赖（Multivalue Dependency，MVD）和连接依赖（Join Dependency，JD）。其中较重要的是函数依赖和多值依赖。

（5）函数依赖。在数据依赖中，函数依赖是较基本、较重要的一种依赖，它是属性之间的一种联系，假设给定一个属性的值，就可以唯一确定（查找到）另一个属性的值。例如，知道某一学生的学号，可以唯一地查询到其对应的系别，如果这种情况成立，就可以说系别函数依赖于学号。这种唯一性并非指只有一个记录。

定义 1：设有关系模式 $R(U)$，X 和 Y 均为 $U=\{A_1,A_2,\cdots,A_n\}$ 的子集，r 是 R 的任一具体关系，r 中不可能存在两个元组在 X 上的属性值相等，而在 Y 上的属性值不等（也就是说，如果对于 r 中的任意两个元组 t 和 s，只要有 $t[X]=s[X]$，就有 $t[Y]=s[Y]$），则称 X 函数决定 Y，或称 Y 函数依赖于 X，记作 $X \rightarrow Y$，其中 X 叫作决定因素（Determinant），Y 叫作依赖因素（Dependent）。

这里的 $t[X]$ 表示元组 t 在属性组 X 上的值，$s[X]$ 表示元组 s 在属性组 X 上的值。函数依赖是对关系模式 R 中当前值 r 的一切可能的定义，而不是针对某个特定关系。通俗地说，在当前值 r 的两个不同元组中，如果在 X 上的值相同，就一定要求在 Y 上的值也相同；或者说，对于 X 的每个具体值，Y 中都有唯一的具体值与之对应。

下面介绍一些相关的术语与记号。

① $X \rightarrow Y$，但 $Y \not\subseteq X$，则称 $X \rightarrow Y$ 是非平凡的函数依赖。

② $X \rightarrow Y$，但 $Y \subseteq X$，则称 $X \rightarrow Y$ 是平凡的函数依赖。因为平凡的函数依赖总是成立的，所以若不特别声明，则本书后面提到的函数依赖都不包含平凡的函数依赖。

③ 若 $X \rightarrow Y$，$Y \rightarrow X$，则称 $X \leftrightarrow Y$。

④ 若 Y 不函数依赖于 X，则记作 $X \nrightarrow Y$。

定义 2：在关系模式 $R(U)$ 中，如果 $X \rightarrow Y$，并且对于 X 的任何一个真子集 X'，都有 $X' \nrightarrow Y$，则称 Y 对 X 完全函数依赖，记作 $X \xrightarrow{f} Y$。

若 $X \rightarrow Y$，如果存在 X 的某一真子集 X'（$X' \not\subseteq X$），使 $X' \rightarrow Y$，则称 Y 对 X 部分函数依赖，记作 $X \xrightarrow{p} Y$。

定义 3：在关系模式 $R(U)$ 中，X、Y、Z 是 R 的 3 个不同的属性或属性组，如果 $X \rightarrow Y$（$Y \not\subseteq X$，Y 不是 X 的子集），且 $Y \nrightarrow X$，$Y \rightarrow Z$，则称 Z 对 X 传递函数依赖，记作 $X \xrightarrow{传递} Z$。

加上条件 $Y \nrightarrow X$，是因为如果 $Y \rightarrow X$，则 $X \leftrightarrow Y$，那么 $Y \rightarrow Z$ 实际上是 $X \rightarrow Z$，是直接函数依赖而不是传递函数依赖。

（6）属性间的联系决定函数依赖。前面讨论的属性间的 3 种联系，并不是每种联系中都存在函数依赖。

① 一对一联系。如果两个属性组 X、Y 之间存在一对一联系，则存在函数依赖 $X \leftrightarrow Y$。例如，在学生关系模式 S 中，如果不允许学生重名，则有 sno↔sname。

② 一对多联系。如果两个属性组 X、Y 之间存在一对多联系，则存在函数依赖 $Y \rightarrow X$，如 sno→sdept、sno→sage、sno→mname 等。

③ 多对多联系。如果两个属性组 X、Y 之间存在多对多联系，则不存在函数依赖，如 sno 和 cname 之间、cname 和 score 之间就是如此。

【例 2.8】设有关系模式 S(sno,sname,sage,ssex,sdept,mname,cname,score)，判断以下函数依赖的对错。

① sno→sname，sno→ssex，(sno,cname)→score。

② cname→sno，sdept→cname，sno→cname。

在①中，因为 sname 和 sno 之间存在一对一或一对多联系，ssex 和 sno、score 和(sno,cname)之间存在一对多联系，所以这些函数依赖是存在的。

在②中，因为 sno 和 cname、sdept 和 cname 之间都存在多对多联系，所以它们之间是不存在函数依赖的。

【例 2.9】设有关系模式学生课程(学号,姓名,课程号,课程名称,成绩,教师,教师年龄)。因为在该关系模式中，成绩由学号和课程号共同确定，教师决定教师年龄，所以此关系模式中包含以下函数依赖关系。

学号→姓名（每个学号只能有一个学生姓名与之对应）

课程号→课程名称（每个课程号只能对应一个课程名称）

(学号,课程号)→成绩（每个学生学习一门课只能有一个成绩）

教师→教师年龄（每个教师只能有一个年龄）

> **注意** 属性间的函数依赖不是指关系模式 R 的某个或某些关系满足上述限定条件，而是指 R 的一切关系都要满足定义中的限定条件。只要有一个具体关系 r 违反了定义中的条件，就破坏了函数依赖，函数依赖不再成立。

识别函数依赖是理解数据语义的关键，依赖是关于现实世界的断言，它不能被证明，判断关系模式中函数依赖的唯一方法是仔细分析属性的含义。

3. 范式

范式是关系模式满足不同程度的规范化要求的标准，若关系模式满足不同程度的规范化要求，就称它属于不同的范式。用形式更为简洁、结构更加规范的关系模式取代原有关系模式的过程称为规范化。

关系按其规范化程度从低到高可分为 5 级范式（Normal Form），分别称为 1NF、2NF、3NF（BCNF）、4NF、5NF。规范化程度较高者必是较低者的子集，如下。

$$5NF \subseteq 4NF \subseteq BCNF \subseteq 3NF \subseteq 2NF \subseteq 1NF$$

一个低一级范式的关系模式，通过模式分解可以转换成若干个高一级范式的关系模式的集合，这个过程称为规范化。

（1）第一范式（1NF）

定义 4：如果关系模式 R 中不包含多值属性（每个属性必须是不可分的字段），则 R 满足第一范式（First Normal Form），记作 $R \in 1NF$。

1NF 是规范化的最低要求，是关系模式要遵循的最基本的范式，不满足 1NF 的关系是非规范化的关系。

关系模式如果仅仅满足 1NF 是不够的。尽管学生关系模式 S 满足 1NF，但它仍然会出现插入异常、删除异常、更新异常及数据冗余等问题，只有对关系模式继续进行规范化，使之满足更高的范式，才能得到高性能的关系模式。

（2）第二范式（2NF）

定义 5： 如果关系模式 $R(U,F) \in$ 1NF，且 R 中的每个非主属性完全函数依赖于 R 的某个候选键，则 R 满足第二范式（Second Normal Form），记作 $R \in$ 2NF。

（3）第三范式（3NF）

定义 6： 如果关系模式 $R(U,F) \in$ 2NF，且每个非主属性都不传递函数依赖于任何候选键，则 R 满足第三范式（Third Normal Form），记作 $R \in$ 3NF。

3NF 是一个可用的关系模式应满足的最低范式，也就是说，一个关系模式如果不满足 3NF，则实际上它是不能使用的。

（4）BCNF

BCNF（Boyce Codd Normal Form）是由博伊斯（Boyce）和科德（Codd）提出的，比上述的 3NF 又前进了一步，通常认为 BCNF 是修正的 3NF，有时也称 BCNF 为扩充的 3NF。

定义 7： 关系模式 $R(U,F) \in$ 1NF，$X \rightarrow Y$ 且 $Y \not\subseteq X$ 时，X 必含有键，则 $R(U,F) \in$ BCNF。

也就是说，在关系模式 $R(U,F)$ 中，若每个决定因素都包含键，则 $R(U,F) \in$ BCNF。

一个满足 BCNF 的关系模式有以下特点。

① 所有非主属性对每一个键都是完全函数依赖。

② 所有的主属性对每一个不包含它的键也是完全函数依赖。

③ 没有任何属性完全函数依赖于非键的任何一组属性。

（三）关系模式的评价与改进

数据库设计的最终目的是满足应用需求。因此，为了进一步提高数据库应用系统的性能，在对关系模式进行设计并规范化后，还要对关系模式进行评价、改进，最终得到最优的关系模式。

1. 关系模式的评价

关系模式评价的目的是检查所设计的关系模式是否满足用户的功能要求，从而确定需要加以改进的部分。关系模式的评价包括功能评价和性能评价。

功能评价是指对照需求分析的结果，检查规范化后的关系模式集是否满足用户所有的应用需求。性能评价主要对实际性能进行估计，包括逻辑记录的存取数、传送量等。

2. 关系模式的改进

根据关系模式评价的结果，对已生成的关系模式进行改进。如果因为需求分析、概念设计的疏漏导致某些应用得不到支持，则应该增加新的关系模式或增加新的属性。如果因为考虑性能而要求改进，则采用合并或分解的方法。

经过多次的关系模式评价和关系模式改进，最终的数据库关系模式得以确定。

【任务实施】

根据设计要求，王宁为学生信息管理数据库选用关系数据模型，按照转换规则将 E-R 图转换成关系模式并规范化后，王宁得到的逻辑设计结果如下。

学生 (<u>学号</u>,姓名,性别,出生日期,身份证号,家庭住址,电话号码,邮政编码,政治面貌,简历,是否退学,是否休学,楼号,房间号,床位号,班级号)

系 (<u>系号</u>,系名,系主任,办公室,电话号码)

班级 (<u>班级号</u>,班级名称,专业,班级人数,入学年份,教室,班主任,班长,系号)

课程 (<u>课程号</u>,课程名,<u>学期</u>)

教师 (<u>教师号</u>,姓名,性别,出生日期,职称,系号)

宿舍 (<u>楼号</u>,<u>房间号</u>,住宿性别,床位数)

选修 (<u>学号</u>,<u>课程号</u>,<u>学期</u>,成绩)

讲授 (<u>教师号</u>,<u>课程号</u>,<u>学期</u>)

【素养小贴士】

无论是将 E-R 图转换成关系模式,还是关系模式的规范化处理都必须遵循一定的规则。"不以规矩,不能成方圆",在日常生活中也存在各种行为约束,比如,我们要遵纪守法,遵守各种准则。守规矩是一种责任和义务,是一种境界和修养,是每个人立身处世的底线,是社会和谐有序的保障。

任务 2-5 数据库的物理设计

【任务提出】

王宁在得到学生信息管理数据库的关系模式后,下一步的工作是什么?李老师告诉王宁,接下来要明确数据库在存储设备中的存储方法及优化策略,要确定数据的存放位置、存储结构和系统配置等。

【知识储备】

数据库在物理设备上的存储结构与存取方法称为数据库的物理结构,它依赖于给定的计算机系统。为一个给定的结构数据模型选取一个最适合应用环境的物理结构的过程,称为数据库的物理设计。

数据库的物理设计的目的是有效地实现逻辑模式,确定所采取的存储策略。此阶段以逻辑设计阶段的结果为基础,并结合具体数据库管理系统的特点与存储设备的特性进行设计,选定数据库在物理设备上的存储结构和存取方法。

数据库的物理设计可分为以下两步。

(1)确定数据库的物理结构,在关系数据库中主要是指存储结构和存取方法。

(2)对物理结构进行评价,评价的重点是时间和空间效率。

如果评价结果满足原设计要求,则可进入数据库实施阶段,否则需要重新设计或修改物理结构,有时甚至要返回逻辑设计阶段修改数据模型。

(一)关系模式存取方法的选择

数据库系统是多用户共享的系统,对同一个关系要建立多条存取路径才能满足多用户的多种应用要求。物理设计的任务之一就是要确定选择哪些存取方法,即建立哪些存取路径。存取方法是快速存取数据库中数据的技术。数据库管理系统一般都提供多种存取方法,常用的存取方法有 3 类:索引方法、聚簇(Cluster)方法和哈希(Hash)方法。

1. 索引方法的选择

在关系数据库中,索引是为了加速对表中数据行的检索而创建的一种分散的存储结构。索引是针对表而建立的，由数据页面以外的索引页面组成，每个索引页面中的行都会含有逻辑指针，以便加速检索物理数据。

选择索引方法，就是根据应用要求确定对关系的哪些属性列建立索引、对哪些属性列建立组合索引、哪些索引要设计为唯一索引等。

（1）如果一个（或一组）属性经常在查询条件中出现，则考虑在这个（或这组）属性上建立索引（或组合索引）。

（2）如果一个属性经常作为最大值或最小值等聚集函数的参数，则考虑在这个属性上建立索引。

（3）如果一个（或一组）属性经常在连接操作的连接条件中出现，则考虑在这个（或这组）属性上建立索引。

在关系上定义的索引并不是越多越好，因为系统维护索引要付出代价，并且查找索引也要付出代价。例如，若一个关系的更新频率很高，这个关系上定义的索引就不能太多。因为更新一个关系时，必须对这个关系上有关的索引做相应的修改。

2. 聚簇方法的选择

为了提高某个属性或属性组的查询速度，把这个或这些属性（称为聚簇键）上具有相同值的元组集中存放在连续的物理块中就称为聚簇。

创建聚簇可以大大提高按聚簇键进行查询的效率。例如，要查询信息系的所有学生的信息，若信息系有 500 名学生，则在极端情况下，这 500 名学生对应的数据元组分布在 500 个不同的物理块上，尽管可以按系名建立索引，由索引找到信息系学生的元组标识，但由元组标识去访问学生元组时要存取 500 个物理块，执行 500 次输入/输出（Input/Output，I/O）操作，太过烦琐。如果在系名这个属性上建立聚簇，则同一系的学生元组将集中存放，这将显著减少访问磁盘的次数。

（1）设计聚簇的规则

① 凡符合下列条件之一，均可以考虑建立聚簇。

a. 对经常在一起进行连接操作的关系可以建立聚簇。

b. 如果一个关系的一组属性经常出现在相等比较条件中，则在该关系上可建立聚簇。

c. 如果一个关系的一个或一组属性上的值的重复率很高，即对应每个聚簇键值的平均元组不算太少，则在该关系上可以建立聚簇。如果元组太少，则聚簇的效果不明显。

② 凡存在下列条件之一，均应考虑不建立聚簇。

a. 需要经常对全表进行扫描的关系。

b. 在某属性列上的更新操作远多于查询和连接操作的关系。

（2）使用聚簇时需要注意的问题

① 在一个关系上最多只能建立一个聚簇。

② 聚簇对于某些特定应用可以明显提高性能，但建立聚簇和维护聚簇的开销很大。

③ 在一个关系上建立聚簇将移动关系中的元组的物理存储位置，并使此关系上的原有索引无效。

④ 当一个元组的聚簇键值改变时，该元组的存储也要做相应的变化，所以聚簇键值应相对稳定，以减少修改聚簇键值引起的维护开销。

因此，当通过聚簇键进行访问或连接是关系的主要应用，而与聚簇键无关的其他访问很少时，可以使用聚簇。当 SQL 语句中包含与聚簇键有关的 ORDER BY、GROUP BY、UNION、DISTINCT 等子句时，使用聚簇可以省去对结果集的排序操作。

3. 哈希方法的选择

有些数据库管理系统提供了哈希方法。选择哈希方法的规则如下。

如果一个关系的属性主要出现在等值连接条件中或相等比较条件中，并且满足下列两个条件之一，此关系可以选择哈希方法。

（1）一个关系的大小可预知，并且不变。

（2）关系的大小动态改变，并且所选用的数据库管理系统提供了动态哈希方法。

（二）确定数据库的存储结构

确定数据库的存储结构主要是指确定数据的存放位置、确定系统配置等，包括确定关系、索引、聚簇、日志、备份等的存储安排和存储结构。

>
> **提示** 确定数据的存储结构时要综合考虑存取时间、存储空间利用率和维护代价 3 个方面。这 3 个方面常常相互矛盾，因此在实际应用中需要全方位权衡，选择一个折中的方案。

1. 确定数据的存放位置

为了提高系统性能，应该根据实际应用情况将数据库中数据的易变部分与稳定部分、常存取的部分与存取频率较低的部分分开存放。有多个磁盘的计算机可以采用下面几种存取位置的分配方案。

（1）将表和该表的索引放在不同的磁盘上。在查询时，两个磁盘驱动器并行操作，提高了物理 I/O 的效率。

（2）将比较大的表分别放在两个磁盘上，以加快存取速度，这在多用户环境下特别有效。

（3）将日志文件与数据库的对象（如表、索引等）放在不同的磁盘上，以改进系统的性能。

（4）经常存取或对存取时间要求高的对象（如表、索引等），应放在高速存储设备（如硬盘）上；存取频率小或对存取时间要求低的对象（如数据库的数据备份和日志文件备份等，只在故障恢复时才使用），如果数据量很大，则可以存放在低速存储设备上。

2. 确定系统配置

数据库管理系统产品一般都提供了一些系统配置变量、存储分配参数，以供数据库设计人员和数据库管理员对数据库进行物理优化。在初始情况下，系统都为这些变量赋予了合理的默认值。这些默认值并不一定适合每种应用环境，在进行物理设计时，需要重新对这些变量赋值，以改善系统的性能。

系统配置变量有很多，例如，同时使用数据库的用户数、同时打开数据库的对象数、内存分配参数、缓冲区分配参数（使用的缓冲区长度、个数）、存储分配参数、物理块的大小、物理块装填因子、时间片大小、数据库的大小、锁的数目等。这些变量值会影响存取时间和存储空间的分配，因此在进行物理设计时，要根据应用环境确定这些变量值，以使系统性能最佳。

（三）评价物理结构

数据库物理设计过程中需要对时间效率、空间效率、维护代价和各种用户要求进行权衡，最终可能产生多种方案，数据库设计人员必须对这些方案进行细致的评价，从中选择一个较优的方案作为数据库的物理结构。

评价物理结构的方法完全依赖于所选用的数据库管理系统，主要从定量估算各种方案的存储空间、存取时间和维护代价入手。数据库设计人员需要对估算结果进行权衡、比较，从中选择出一个较优的合理的物理结构。如果该物理结构不符合用户需求，则需要修改设计。

【任务实施】

学生信息管理数据库的存储结构及存取方法详见项目 3、项目 4。

任务 2-6 数据库的实施、运行和维护

【任务提出】

在完成数据库的物理设计后，王宁要开始进行数据库的实施、运行与维护操作了。在这一阶段，王宁将主要完成数据的导入、应用程序的编写与调试、数据库试运行，以及数据库正式投入运行之后的维护等工作，以保证数据库正常运转。

【知识储备】

（一）数据库的实施

完成数据库的物理设计之后，数据库设计人员就要用关系数据库管理系统提供的数据定义语言和其他实用程序，将数据库逻辑设计和物理设计的结果严格地描述出来，使其成为数据库管理系统可以接受的代码，再对程序进行调试，最后组织数据入库，这就是数据库的实施阶段。

1. 数据的载入

数据库的实施阶段包括两项重要的工作：一项是数据载入，另一项是应用程序的编写和调试。

一般在数据库系统中，数据量都很大，而且数据来源于部门中的各个不同的小组，数据的组织方式、结构和格式都与新设计的数据库系统中数据的组织方式、结构和格式有相当大的差距。组织数据输入就是将各类源数据从各个局部应用中抽取出来，输入计算机，再分类转换，最后将其转换为符合新设计的数据库系统所规定的形式，并输入数据库。因此数据转换、组织入库的工作是相当费力费时的。

由于各个不同的应用环境之间的差异很大，因此不可能有通用的转换器，数据库管理系统产品也不提供通用的转换工具。为提高数据输入工作的效率和质量，应该针对具体的应用环境设计一个数据输入子系统，由计算机来完成数据入库的任务。

由于要入库的数据在原来系统中的格式、结构与新系统中的格式、结构不完全一样，不仅在向计算机输入数据时可能会发生错误，而且在转换过程中也有可能出错。因此在源数据入库之前要采用多种方法对它们进行检查，以防止不正确的数据入库，这部分工作在整个数据输入子系统的过程中是非常重要的。

数据库应用程序的设计应该与数据库的设计同时进行，因此在组织数据入库的同时，还要调试应用程序。应用程序的设计、编写和调试的方法、步骤在程序设计语言中有详细讲解，这里就不赘述了。

2. 数据库试运行

在部分数据输入数据库后，就可以开始对数据库系统进行联合调试，该阶段称为数据库试运行。

这一阶段要实际运行数据库应用程序，执行对数据库的各种操作，测试应用程序的功能是否满足设计要求。如果不满足，则要对应用程序进行修改、调整，直到其达到设计要求为止。

在数据库试运行时，还要测试系统的性能，分析其是否达到了设计目标。在对数据库进行物理设计时，已初步确定了系统配置变量的值，但在一般情况下，设计时在许多方面的考虑只是近似地估计，和实际系统运行总有一定的差距，因此必须在试运行阶段实际测量和评价系统性能。事实上，

有些系统配置变量的最佳值往往是经过运行、调试后找到的。如果测试的结果与设计的目标不符，则要返回物理设计阶段，重新调整物理结构，修改系统的配置变量，在某些情况下甚至要返回逻辑设计阶段，修改逻辑结构。

这里要特别强调两点。第一，由于数据入库的工作量实在太大，费时又费力，如果试运行后还要修改物理结构甚至逻辑结构，就需要将数据重新入库。因此应分期、分批地组织数据入库，先输入小批量数据供调试用，待试运行基本合格后，再大批量输入数据，逐步完成运行评价。第二，在数据库试运行阶段，由于系统还不稳定，硬、软件故障随时都可能发生，并且系统的操作人员对新系统还不熟悉，误操作也不可避免，因此必须先运行、调试数据库管理系统的恢复功能，做好数据库的转储和恢复工作。一旦发生故障，数据库便能尽快恢复。

（二）数据库的运行与维护

数据库试运行合格后，数据库开发工作就基本完成了，数据库即可正式投入运行。但是，由于应用环境在不断变化，在数据库运行过程中，物理存储结构也会不断变化，对数据库设计进行评价、调整、修改等维护工作是一项长期的任务。

在数据库运行和维护阶段，对数据库进行的经常性维护工作主要是由数据库管理员完成的，它包括以下几个方面。

（1）数据库的转储和恢复。数据库的转储和恢复是系统正式运行后最重要的维护工作之一。数据库管理员要针对不同的应用要求制定不同的转储计划，以保证一旦发生故障，能尽快将数据库恢复到某种一致的状态，并尽可能减少对数据库的破坏。

（2）数据库的安全性、完整性控制。在数据库运行过程中，由于应用环境的变化，对安全性的要求也会发生变化。比如有的数据原来是机密的，现在可以公开了，而新加入的数据又可能是机密的；系统中用户的级别也会改变。这些都需要数据库管理员根据实际情况修改原有的安全性控制。同样，数据库的完整性约束条件也会变化，也需要数据库管理员不断修改，以满足用户的要求。

（3）数据库性能的监督、分析和改进。在数据库运行过程中，监督系统运行、分析监测数据、找出改进系统性能的方法是数据库管理员的又一个重要任务。数据库管理员应仔细分析这些数据，判断当前系统的运行状况是否最佳，应当做哪些改进。例如，调整系统配置变量、对数据库的运行状况进行重组织或重构造等。

（4）数据库的重组织与重构造。数据库运行一段时间后，记录不断增、删、改，会使数据库的物理存储情况变坏，降低数据的存取效率，数据库性能下降，这时数据库管理员就要对数据库进行重组织或部分重组织（只对频繁增、删的表进行重组织）。数据库管理系统一般都提供用于数据重组织的实用程序。在重组织的过程中，数据库管理员应按原设计要求重新安排存储位置、回收垃圾、减少指针链等，以提高系统的性能。

数据库的重组织并不修改原设计的逻辑结构和物理结构，而数据库的重构造则不同，它是指部分修改数据库的模式和内模式。

【任务实施】

王宁设计完成的学生信息管理数据库包括学生信息浏览子系统、学生信息查询子系统和学生信息统计子系统这 3 部分。其中，学生信息浏览子系统可实现全院学生的信息浏览、某系学生的信息浏览、某系某年级某班级学生的信息浏览；学生信息查询子系统可实现学生信息的模糊查询；学生信息统计子系统可实现各类学生信息的统计，如学院总人数的统计、学院男女生人数的统计等。详见项目 5 中的相关任务。

项目小结

通过学习本项目，王宁掌握了数据库的设计流程及各个阶段的主要任务，并成功设计出学生信息管理数据库。王宁针对本项目的知识点，整理出图 2.21 所示的思维导图。

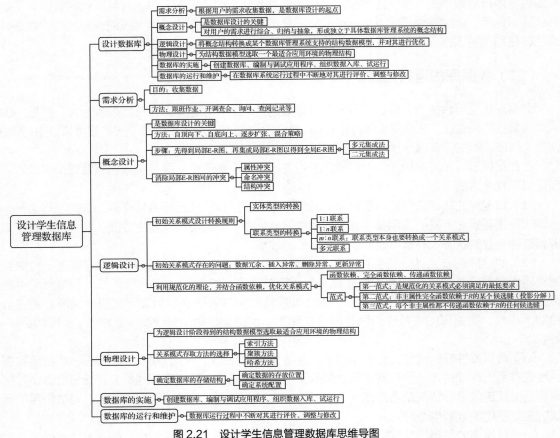

图 2.21　设计学生信息管理数据库思维导图

项目实训 2：设计数据库

1．实训目的

（1）熟悉数据库设计的步骤。

（2）掌握数据库设计的基本技术。

（3）独立设计一个小型关系数据库。

2．实训内容

（1）设计"医院病房管理系统"数据库

某医院病房管理系统中需要如下信息。

科室：科室名、科室地址、科室电话号码、医生姓名、科室主任。

病房：病房号、床位号、所属科室名。

医生：姓名、职称、所属科室名、年龄、工作证号。

病人：病历号、姓名、性别、诊断、主管医生、病房号。

其中，一个科室有若干个病房、多个医生，一个病房只能属于一个科室，一个医生只属于一个科室，但可负责多个病人的诊治，一个病人的主管医生只有一个。

（2）设计"订单管理系统"数据库

设某单位的订单管理系统所需管理的信息有订单号、客户号、客户名、客户地址、产品号、产品名、产品价格、订购数量、订购日期。一个客户可以有多个订单，一个订单可以订多种产品。

（3）设计"课程安排管理系统"数据库

课程安排管理系统需要对课程、学生、教师和教室进行协调。每个学生最多可以同时选修 5 门课程，每门课程必须安排一间教室以便学生可以去上课，一个教室在不同的时间可以被不同的班级使用；一个教师可以教授多个班级的课程，也可以教授同一班级的多门不同的课程，但教师不能在同一时间教授多个班级或多门课程；课程、学生、教师和教室必须匹配。

（4）设计"论坛管理系统"数据库

现有一个论坛，由论坛的用户管理各版块，用户可以在该论坛发新帖，也可以对已发帖进行跟帖。

其中，论坛用户的属性包括昵称、密码、性别、生日、电子邮件、状态、注册日期、用户等级、用户积分、备注信息。版块的属性包括版块名称、版主、本版留言、发帖数、点击率。发帖的属性包括帖子编号、标题、发帖人、所在版块、发帖时间、发帖表情、状态、正文、点击率、回复数量、最后回复时间。跟帖的属性包括帖子编号、标题、发帖人、所在版块、发帖时间、发帖表情、正文、点击率。

3. 实训要求

（1）分析实验内容包括的实体，画出 E-R 图。

（2）将 E-R 图转换为关系模式，并对关系模式进行规范化。

课外拓展：设计网络玩具销售系统

现有一个关于网络玩具销售系统的项目，需要开发数据库部分。系统所应具备的功能包括以下几个方面。

（1）客户注册功能。因为客户在购物之前必须先注册，所以要有客户表来存放客户信息，如客户编号、姓名、性别、年龄、电话号码、通信地址等。

（2）因为顾客可以浏览到玩具库存信息，所以要有一个玩具库存信息表，用来存放玩具编号、名称、类型、价格、所剩数量等信息。

（3）顾客可以订购自己喜欢的玩具，并可以在未付款之前修改自己的购买信息。商家确定顾客付款后，通过顾客提供的通信地址给顾客邮寄其订购的玩具。这样就需要有订单表，用来存放订单号、用户号、玩具号、订购数量等信息。

操作内容及要求如下。

（1）根据案例分析过程提取实体集和它们之间的联系，画出相应的 E-R 图。

（2）把 E-R 图转换为关系模式。

（3）将转换后的关系模式规范化为 3NF。

习题

1. 选择题

（1）E-R 图的三要素是（　　）。

    A. 实体、属性、实体集   B. 实体、键、联系

    C. 实体、属性、联系   D. 实体、域、候选键

（2）如果采用关系数据库实现应用，则在数据库的逻辑设计阶段需将（　　）转换为关系数据模型。

    A. 概念结构   B. 层次数据模型   C. 关系数据模型   D. 网状数据模型

（3）概念设计的结果是（　　）。

    A. 一个与数据库管理系统相关的模式   B. 一个与数据库管理系统无关的模式

    C. 数据库系统的公用视图   D. 数据库系统的数据词典

（4）如果采用关系数据库来实现应用，则应在数据库设计的（　　）阶段将关系模式进行规范化处理。

    A. 需求分析   B. 概念设计   C. 逻辑设计   D. 物理设计

（5）在数据库的物理结构中，将具有相同值的元组集中存放在连续的物理块中的方法为（　　）方法。

    A. 哈希   B. 索引   C. 聚簇   D. 其他

（6）在数据库设计中，当合并局部 E-R 图时，学生在某一局部应用中被当作实体，而在另一局部应用中被当作属性，那么这种冲突称为（　　）。

    A. 属性冲突   B. 命名冲突   C. 联系冲突   D. 结构冲突

（7）在数据库设计中，E-R 图是进行（　　）的一个主要工具。

    A. 需求分析   B. 概念设计   C. 逻辑设计   D. 物理设计

（8）在数据库设计中，学生的学号在某一局部应用中被定义为字符型，而在另一局部应用中被定义为整型，那么这种冲突称为（　　）。

    A. 属性冲突   B. 命名冲突   C. 联系冲突   D. 结构冲突

（9）下列关于数据库运行和维护的叙述中，（　　）是正确的。

    A. 只要数据库正式投入运行，就标志着数据库设计工作结束

    B. 数据库的维护工作就是维护数据库系统的正常运行

    C. 数据库的维护工作就是发现问题、修改问题

    D. 数据库正式投入运行标志着数据库运行和维护工作开始

（10）下面有关 E-R 图向关系模式转换的叙述中，不正确的是（　　）。

    A. 一个实体类型转换为一个关系模式

    B. 一个一对一联系可以转换为一个独立的关系模式合并的关系模式，也可以与联系的任意一端实体对应

    C. 一个一对多联系可以转换为一个独立的关系模式合并的关系模式，也可以与联系的任意一端实体对应

    D. 一个多对多联系转换为一个关系模式

（11）在数据库逻辑设计中，将 E-R 图转换为关系模式应遵循相应原则。对于 3 个不同实体集和它们之间的一个多对多联系，最少应转换为（　　）个关系模式。

    A. 2   B. 3   C. 4   D. 5

（12）存取方法设计是数据库设计的（　　　）阶段的任务。

    A．需求分析   B．概念设计   C．逻辑设计   D．物理设计

（13）下列关于 E-R 模型的叙述中，不正确的是（　　　）。

    A．在 E-R 图中，实体类型用矩形框表示，属性用椭圆形框表示，联系类型用菱形框表示

    B．实体类型之间的联系通常可以分为一对一联系、一对多联系和多对多联系这 3 类

    C．一对一联系是一对多联系的特例，一对多联系是多对多联系的特例

    D．联系只能存在于两个实体类型之间

（14）规范化理论是进行关系数据库逻辑设计的理论依据，根据这个理论，关系数据库中的关系必须满足：其每个属性都是（　　　）。

    A．互不相关的   B．不可分解的   C．长度可变的   D．互相关联的

（15）关系数据库规范化是为解决关系数据库中的（　　　）问题而引入的。

    A．插入、删除异常和数据冗余   B．提高查询速度

    C．减少数据操作的复杂性   D．保证数据的安全性和完整性

（16）规范化过程主要是为了克服数据库逻辑结构中的插入异常、删除异常，以及（　　　）的缺陷。

    A．数据的不一致性   B．结构不合理   C．数据冗余度高   D．数据丢失

（17）关系数据模型中的关系模式至少是（　　　）。

    A．1NF   B．2NF   C．3NF   D．BCNF

（18）以下哪一个属于关系数据库的规范化理论要解决的问题？（　　　）。

    A．如何构造合适的数据库逻辑结构   B．如何构造合适的数据库物理结构

    C．如何构造合适的应用程序界面   D．如何控制不同用户的数据操作权限

（19）下列哪一条不是由于关系模式设计不当引起的问题？（　　　）。

    A．数据冗余太大   B．插入异常   C．删除异常   D．增加操作复杂性

（20）下列关于部分函数依赖的叙述中，哪一个是正确的？（　　　）。

    A．若 $X \to Y$，且存在属性组 Z，$Z \cap Y \neq \phi$，$X \to Z$，则称 Y 对 X 部分函数依赖

    B．若 $X \to Y$，且存在属性组 Z，$Z \cap Y = \phi$，$X \to Z$，则称 Y 对 X 部分函数依赖

    C．若 $X \to Y$，且存在 X 的真子集 X'，$X' \nrightarrow Y$，则称 Y 对 X 部分函数依赖

    D．若 $X \to Y$，且存在 X 的真子集 X'，$X' \to Y$，则称 Y 对 X 部分函数依赖

（21）下列关于关系模式的键的叙述中，哪一项是不正确的？（　　　）。

    A．当候选键多于一个时，选定其中一个作为主键

    B．主键可以是单个属性，也可以是属性组

    C．不包含在主键中的属性称为非主属性

    D．若一个关系模式中的所有属性构成键，则称为全键

（22）在关系模式中，如果属性 A 和 B 存在一对一联系，则（　　　）。

    A．$A \to B$ B．$B \to A$ C．$A \leftrightarrow B$ D．以上都不是

（23）候选键中的属性称为（　　　）。

    A．非主属性   B．主属性   C．复合属性   D．关键属性

（24）由关系模式设计不当引起的插入异常指的是（　　　）。

    A．两个事务并发地对同一关系进行插入而造成数据库不一致

    B．由于键值的一部分为空值而不能将有用的信息作为一个元组插入关系中

    C．未经授权的用户对关系进行了插入

    D．插入操作因为违反完整性约束条件而遭到拒绝

（25）任何一个满足 2NF 但不满足 3NF 的关系模式都存在（   ）。

    A．主属性对候选键的部分依赖   B．非主属性对候选键的部分依赖

    C．主属性对候选键的传递依赖   D．非主属性对候选键的传递依赖

（26）在关系模式 R 中，若其函数依赖集中的所有候选键都是决定因素，则 R 的最高范式是（   ）。

    A．1NF   B．2NF   C．3NF   D．BCNF

（27）关系模式中，满足 2NF 的模式（   ）。

    A．可能满足 1NF   B．必定满足 1NF   C．必定满足 3NF   D．必定满足 BCNF

2．填空题

（1）数据库设计的 6 个主要阶段是＿＿＿＿＿＿、＿＿＿＿＿＿、＿＿＿＿＿＿、＿＿＿＿＿＿、＿＿＿＿＿＿、＿＿＿＿＿＿。

（2）数据库系统的逻辑设计主要是将＿＿＿＿＿＿＿＿＿转换成数据库管理系统支持的数据模型。

（3）如果采用关系数据库来实现应用，则在数据库的逻辑设计阶段需将＿＿＿＿＿＿＿＿＿转换为关系模式。

（4）当将局部 E-R 图集成为全局 E-R 图时，如果同一对象在一幅局部 E-R 图中作为实体，而在另一幅局部 E-R 图中作为属性，则这种现象称为＿＿＿＿＿＿＿＿＿冲突。

（5）在关系模式 R 中，如果 $X{\rightarrow}Y$，且对于 X 的任意真子集 X'，都有 $X'{\nrightarrow}Y$，则称 Y 对 X ＿＿＿＿＿＿＿＿＿函数依赖。

（6）在关系 $A(S,SN,D)$ 和 $B(D,CN,NM)$ 中，A 的主键是 S，B 的主键是 D，则 D 在 A 中称为＿＿＿＿＿＿＿＿＿。

（7）在一个关系 R 中，若每个字段都是不可分割的，那么 R 一定属于＿＿＿＿＿＿＿＿＿。

（8）如果 $X{\rightarrow}Y$ 且有 Y 是 X 的子集，那么 $X{\rightarrow}Y$ 称为＿＿＿＿＿＿＿＿＿。

（9）用户关系模式 R 中的所有属性都是主属性，则 R 的规范化程度至少达到＿＿＿＿＿＿＿＿＿。

3．简答题

（1）数据库的设计过程包括哪几个主要阶段？每个阶段的主要任务是什么？哪些阶段独立于数据库管理系统？哪些阶段依赖于数据库管理系统？

（2）需求分析阶段的设计目标是什么？调查内容是什么？

（3）什么是数据库的概念结构？试述其特点和设计策略。

（4）什么是 E-R 图？构成 E-R 图的基本要素是什么？

（5）为什么要集成 E-R 图？集成 E-R 图的方法是什么？

（6）什么是数据库的逻辑设计？试述其设计步骤。

（7）试述将 E-R 图转换为关系模式的转换规则。

（8）试述数据库物理设计的内容和步骤。

4．综合题

（1）现有一个局部应用，包括两个实体："出版社"和"作者"。这两个实体间有多对多联系，设计适当的属性，画出 E-R 图，再将其转换为关系模式，包括关系名、属性名、键、完整性约束条件。

（2）设计一个图书馆数据库，此数据库记录了每个借阅者的基本信息，包括读者号、姓名、地址、性别、年龄、单位，还记录了每本书的书号、书名、作者、出版社。对于每本被借出的书，该数据库记录了读者号、借出的日期、应还日期。要求画出 E-R 图，再将其转换为关系模式。

（3）某公司设计的"人事管理信息系统"中包含职工、部门、岗位、技能、培训课程、奖惩等信息，其 E-R 图如图 2.22 所示。

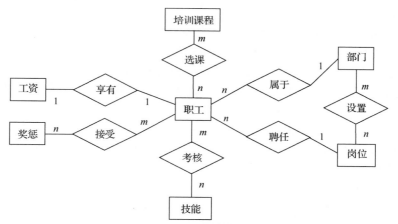

图 2.22　某公司"人事管理信息系统"的 E-R 图

该 E-R 图中有 7 个实体类型，其属性如下。

职工(工号,姓名,性别,年龄,学历)，主键是工号。

部门(部门号,部门名称,职能)，主键是部门号。

岗位(岗位编号,岗位名称,岗位等级)，主键是岗位编号。

技能(技能编号,技能名称,技能等级)，主键是技能编号。

奖惩(序号,奖惩标志,项目,奖惩金额)，主键是序号。

培训课程(课程号,课程名,教材,学时)，主键是课程号。

工资(工号,基本工资,级别工资,养老金,失业金,公积金,纳税)，主键是工号。

该 E-R 图中有 7 个联系，包括 1 个 1:1 联系、2 个 1:n 联系、4 个 $m:n$ 联系。$m:n$ 联系如下。

选课(时间,成绩)

设置(人数)

考核(时间,地点,级别)

接受(奖惩时间)

将该 E-R 图转换成关系模式。

（4）某公司设计的"库存销售管理信息系统"对仓位、车间、产品、客户、销售员等信息进行了有效的管理，其 E-R 图如图 2.23 所示。

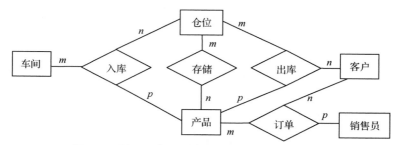

图 2.23　某公司"库存销售管理信息系统"的 E-R 图

该 E-R 图中有 5 个实体类型，其属性如下。

车间(车间号,车间名,主任名)，主键是车间号。

产品(产品号,产品名,单价)，主键是产品号。

仓位(仓位号,地址,主任名)，主键是仓位号。

客户(客户号,客户名,联系人,电话号码,地址,税号,账号)，主键是客户号。

销售员(销售员号,姓名,性别,学历,业绩)，主键是销售员号。

该 E-R 图中有 4 个联系，其中 3 个是 $m:n:p$ 联系，1 个是 $m:n$ 联系，属性如下。

入库(入库单号,入库量,入库日期,经手人)

存储(核对日期,核对员,存储量)

出库(出库单号,出库量,出库日期,经手人)

订单(订单号,数量,折扣,总价,订单日期)

将该 E-R 图转换成关系模式。

第二篇

基础应用

项目3
创建与维护MySQL数据库

情景导入

王宁从踏入大学校门的那一刻起，就为自己设定了目标，毕业后成为一名数据库管理员。因此在完成了数据的收集、E-R 图的设计、关系模式的确定，并得到了数据库的逻辑结构后，王宁迫不及待地想创建学生信息管理数据库。但是李老师告诉王宁，在创建数据库之前，首先要安装与配置数据库管理系统。在李老师的帮助下，王宁选择了深受广大用户青睐的 MySQL 作为接下来的学习过程中要使用的数据库管理系统。

安装好数据库管理系统后，通过查阅相关资料，王宁了解到，可以使用 SQL 语句创建学生信息管理数据库。但是他不知道如何写 SQL 语句，带着困惑，他请教了李老师。李老师告诉王宁，作为初学者，不仅要学会安装 MySQL，还需要系统地学习如何创建和维护数据库。

职业能力目标（含素养要点）

- 了解 MySQL 数据库及其特点
- 掌握 MySQL 8.0 的安装与配置（科技创新使命担当）
- 掌握启动登录 MySQL 服务的方法（学习能力）

- 使用 Navicat 创建数据库
- 使用 SQL 语句创建数据库
- 使用 Navicat 维护数据库
- 使用 SQL 语句维护数据库（代码规范意识）

任务 3-1　了解 MySQL

【任务提出】

为了安装 MySQL，王宁需要了解 MySQL，熟悉其工作环境，掌握 MySQL 的版本信息。因此，王宁需要根据自己的操作系统类型，下载合适的 MySQL。

【知识储备】

（一）MySQL 简介

MySQL 是一个小型的关系数据库管理系统，开发者为瑞典的 MySQL 公司。MySQL 具有体积小、运行速度快、总体拥有成本低，且开放源码的特点，许多公司为了降低网站总体拥有成本选择 MySQL 作为网站数据库管理系统，如雅虎、谷歌、新浪、网易、百度等公司。

MySQL 可以称得上是目前运行速度最快的数据库管理系统。它除了具有许多其他数据库管理系统不具备的功能，还有以下特点。

1. 可移植性

MySQL 使用 C 和 C++ 语言编写，并使用了多种编译器进行测试，保证了源代码的可移植性。

2. 可扩展性和灵活性

MySQL 支持 UNIX、Linux 和 macOS 及 Windows 等操作系统平台。在一个操作系统中实现的应用可以很方便地移植到其他操作系统中。使用 MySQL 可以很方便地进行定制开发。

3. 强大的数据保护功能

MySQL 有一个非常灵活且安全的权限和密码系统。为确保只有获得授权的用户才能进入该数据库的服务器，MySQL 所有的密码传输均采用加密形式，同时支持安全外壳（Secure Shell，SSH）和单系统映像（Single System Image，SSI），以实现安全、可靠的连接。

4. 支持大型数据库

MySQL 支持包含上千万条记录的数据库。作为一个开放源代码的数据库，MySQL 可以针对不同的应用进行相应的修改。

5. 超强的稳定性

MySQL 拥有一个快速且稳定的基于线程的内存分配系统，使用户可以持续使用而不必担心稳定性。线程是轻量级的进程，它可以灵活地为用户提供服务，而不占用过多的系统资源。

6. 强大的查询功能

MySQL 支持用于查询的 SELECT 和 WHERE 语句的全部运算符和函数，并且可以在同一查询中混用来自不同数据库的表，从而使查询变得快捷、方便。

（二）MySQL 版本信息

用户需要根据所用的操作系统和应用环境选择合适的 MySQL。

1. MySQL 版本

MySQL 的版本有很多种，可根据不同操作系统的类型和用户群体进行分类。

（1）根据操作系统分类

根据操作系统的类型，MySQL 大体可以分为 Windows 版、UNIX 版、Linux 版和 macOS 版。因为 UNIX 和 Linux 的版本很多，不同版本的 UNIX 和 Linux 系统又有不同的 MySQL 版本。所以，如果要下载 MySQL，就必须先了解自己使用的是什么操作系统，然后根据操作系统来下载相应的 MySQL。

（2）根据用户群体分类

针对不同的用户群体，MySQL 分为两个版本。

① MySQL Community Server（社区版）：该版本完全免费，用户可以自由下载，但官方不提供技术支持。如果是个人学习，可选择此版本。

② MySQL Enterprise Server（企业版）：该版本能够以很高的性价比为企业提供完善的技术支持，需要付费使用。

2. MySQL 的命名机制

MySQL 的名字由 MySQL+3 组数字和 1 个后缀组成，也可以无后缀，如 MySQL 8.0.23。

（1）第 1 组数字（8）是主版本号，描述了文件格式，所有主版本号为 8 的 MySQL 的发行版都有相应的文件格式。

（2）第 2 组数字（0）是发行级别，主版本号和发行级别组合在一起构成了发行序列号。

（3）第 3 组数字（23）是此发行级别的版本号，随每次新发行版本递增。通常选择已经发行的最新版本。

3. 后缀说明

后缀说明了发行版本的稳定性级别，可能的后缀如下。

（1）alpha：表明发行版本包含大量未被 100% 测试的新代码。大多数 alpha 版本有新的命令和扩展。

（2）beta：表明所有的新代码都已被测试，且没有增加重要的新特征。当 alpha 版本至少一个月没有出现致命漏洞，并且没有计划增加可能导致已经实施的功能不稳定的新功能时，该版本从 alpha 版本变为 beta 版本。

（3）rc（gamma）：一个发行了一段时间的 beta 版本，可以正常运行，只增加了很少的修复代码。

（4）无后缀：如果没有后缀，就意味着该版本已经在很多地方运行了一段时间，而且没有非平台特定的缺陷报告，只增加了关键漏洞修复。

在 MySQL 开发过程中，同时存在多个发布系列，每个发布系列处在不同的发展阶段。

本书使用的是 MySQL 8.0.23。相较于 MySQL 5.7，本版本只针对严重漏洞修复和安全修复重新发布，没有增加会影响该系列的重要功能。

（三）MySQL 工具

MySQL 提供了许多命令行工具，这些工具可以用来管理 MySQL 服务器、对数据库进行访问控制、管理 MySQL 用户及进行数据库备份和恢复等。MySQL 也提供图形化管理工具，这使得对数据库的操作更加简单。下面介绍这些工具的作用。

1. MySQL 命令行实用工具程序

（1）MySQL 服务器主要实用工具程序

① mysqld：SQL 后台程序（MySQL 服务器进程）。只有运行该程序之后，客户端才能通过连接服务器来访问数据库。

② mysqld_safe：服务器启动脚本。在 UNIX 和 NetWare 中推荐使用 mysqld_safe 来启动 MySQL 服务器。mysql_safe 增加了一些安全特性，例如，出现错误时，重启服务器并向错误日志文件中写入运行时间信息。

③ mysql.server：服务器启动脚本。它调用 mysqld_safe 来启动 MySQL 服务器。

④ mysqld_multi：服务器启动脚本，可以启动或停止系统上安装的多个服务器。

⑤ myisamchk：用来描述、检查、优化和维护 MyISAM 表的实用工具程序。

⑥ mysqlbug：MySQL 缺陷报告脚本。它可以用来向 MySQL 邮件系统发送缺陷报告。

（2）MySQL 客户端主要实用工具程序

① myisampack：用于压缩 MyISAM 表，以产生更小的只读表的实用工具程序。

② mysql：用于交互式输入 SQL 语句或从文件中以批处理模式执行 SQL 语句的命令行实用工具程序。

③ mysqladmin：执行管理操作的客户程序，如创建或删除数据库、重载授权表、将表刷新到硬盘上，以及重新打开日志文件等。mysqladmin 还可以用来检索版本、进程，以及服务器的状态等信息。

④ mysqlbinlog：用于从二进制日志文件中读取语句的实用工具程序。二进制日志文件中包含执行过的语句，可帮助系统从崩溃中恢复。

⑤ mysqlcheck：用于检查、修复、分析及优化表的表维护客户程序。

⑥ mysqldump：用于将 MySQL 数据库转储到一个文件（如 SQL 文件或文本文件）的客户程序。

⑦ mysqlhotcopy：用于在服务器运行时，快速备份 MyISAM 或 ISAM 表的实用工具程序。

⑧ mysqlimport：使用 LOAD DATA INFILE 命令将文本文件导入相关表的客户程序。

⑨ mysqlshow：用于显示数据库、表，或有关表中列及索引的客户程序。

⑩ perror：用于显示系统或 MySQL 错误代码含义的实用工具程序。

2. MySQL Workbench

MySQL Workbench 是下一代可视化数据库设计、管理软件，它是著名的数据库设计工具 DB Designer 4 的继任者。它为数据库管理员、应用程序开发人员和系统分析员提供了一整套可视化数据库操作环境。

（1）主要功能

MySQL Workbench 的主要功能如下。

① 数据库设计与模型建立。

② SQL 开发。

③ 数据库管理。

④ 数据库迁移。

（2）版本

MySQL Workbench 有社区版和商业版两个版本，该软件支持 Windows、Linux 和 macOS。

① MySQL Workbench Community Edition（也叫 MySQL Workbench OSS，社区版），是在 GPL 证书下发布的开源社区版本。

② MySQL Workbench Standard Edition（也叫 MySQL Workbench SE，商业版），是按年收费的商业版本。

> 提示　截至 2023 年 7 月 19 日，MySQL Workbench 8.0.34 已经正式发布。

【任务实施】

王宁根据 MySQL 不同版本的特点，在 MySQL 官网下载了适合自己操作系统的 mysql-installer-community-8.0.23.0.msi 源文件。

任务 3-2　安装与配置 MySQL 8.0

【任务提出】

王宁需要在 Windows 平台中完成 MySQL 的安装与配置。

【知识储备】

（一）下载 MySQL

如果已经下载好或者已经获取到了安装文件 mysql-installer-community-8.0.23.0.msi，则直接参考（二）中的内容在 Windows 平台下安装与配置 MySQL，否则需要先从官方网站下载 MySQL 安装文件。

（二）在 Windows 平台下安装与配置 MySQL

Windows 可以将 MySQL 作为服务来运行，通常在安装时需要管理员权限。

1. 安装 MySQL 8.0

Windows 平台提供两种安装方式，分别是 MySQL 二进制分发版安装方式（.msi 安装文件）和免安装版安装方式（.zip 压缩文件）。一般来讲，应当使用二进制分发版安装方式，因为二进制分发版比其他分发版使用起来更简单，不再需要其他工具就可以运行 MySQL。这里选用图形化的二进制分发版安装方式。

MySQL 安装文件下载完成后，找到安装文件，双击进行安装，具体操作步骤如下。

（1）双击下载的 mysql-installer-community-8.0.23.0.msi 文件，如图 3.1 所示。

（2）弹出 MySQL Installer 安装向导的【License Agreement】窗口，如图 3.2 所示，选中【I accept the license terms】（我接受许可协议）复选框，单击【Next】按钮。

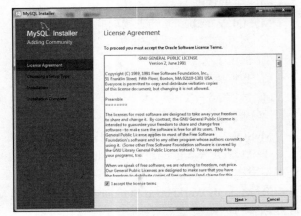

图 3.1　MySQL 安装文件　　　　　　图 3.2　MySQL 8.0 安装向导

（3）打开【Choosing a Setup Type】（选择安装类型）窗口，其中列出了 5 种安装类型，如图 3.3 所示，分别是 Developer Default（开发版本）、Server only（服务器版本）、Client only（客户端版本）、Full（完全安装）、Custom（定制安装）。

5 种安装类型的含义如下。

① Developer Default。安装 MySQL 服务器和开发 MySQL 应用程序所需的工具。如果打算开发现有服务器的应用程序，则可选择该类型。此选项为默认选项。

② Server only。只安装 MySQL 服务器，此类型适用于部署 MySQL 服务器。

③ Client only。安装开发 MySQL 应用程序所需的工具，不包括 MySQL 服务器本身。如果打算开发现有服务器的应用程序，则可选择该类型。

④ Full。安装软件包内包含的所有组件。此选项占用的磁盘空间比较大，一般不推荐用这种安装类型。

⑤ Custom。用户可以自由选择需要安装的组件。本书选择此种安装类型，如图 3.3 所示，单击【Next】按钮，进行定制安装，如图 3.4 所示。

（4）添加需要安装的组件。将所有可用组件列入定制安装左侧的树状视图内，选择需要安装的组件，单击右向箭头，将需要安装的组件加入右侧树状视图内。如需删除，则单击左向箭头即可。选择完成后，如图 3.5 所示，单击【Next】按钮。

（5）进行安装确认，如图 3.6 所示，单击【Execute】按钮。

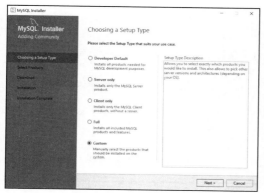

图 3.3　选择安装类型

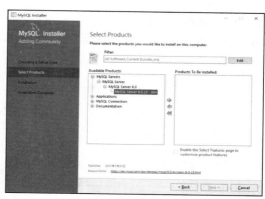

图 3.4　定制安装

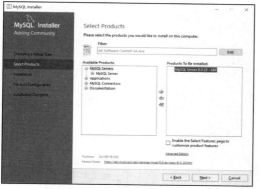

图 3.5　安装组件添加完成

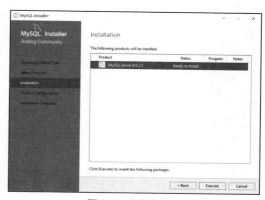

图 3.6　安装确认

> **提示**　MySQL 8.0 默认安装路径为 C:\Program Files\MySQL\MySQL Server 8.0，当安装类型为 Custom 时，可以修改安装路径。单击图 3.5 中右侧树状视图中的 MySQL Server 8.0.23-X86 后，右下角出现【Advanced Options】选项，单击该选项即可更改安装路径。

（6）开始安装 MySQL 8.0，如图 3.7 所示。安装进度可以通过【Progress】查看。当【Status】为 Complete 时，如图 3.8 所示，单击【Next】按钮。

产品安装完成之后，要想正常使用还得进行一系列的配置。

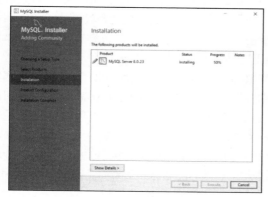

图 3.7　安装进度

图 3.8　安装完成

2. 配置 MySQL 8.0

MySQL 8.0 安装完毕，需要配置 MySQL 8.0，具体的配置步骤如下。

（1）进行产品配置，如图 3.9 所示，单击【Next】按钮，进入 MySQL 8.0 的具体配置。

> **提示** 如果此处单击【Cancel】按钮，则进入 C:\Program Files\MySQL\MySQL Installer for Windows 目录下，查找到 MySQLInstaller.exe 文件，双击该可执行文件，启动后，进行 MySQL 8.0 的相关配置。

（2）进行网络配置，【Config Type】默认选择【Development Computer】模式，如图 3.10 所示。

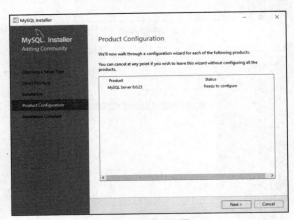

图 3.9　产品配置　　　　　　　　　　　图 3.10　网络配置

Config Type 有以下 3 种模式。

① Development Computer（开发机器）。该选项代表典型的个人桌面工作站。假定计算机上运行着多个桌面应用程序，则将 MySQL 服务器配置成使用最少的系统资源。

② Server Computer（服务器）。该选项代表服务器，MySQL 服务器可以同其他应用程序一起运行，如邮箱和 Web 服务器。将 MySQL 服务器配置成使用适当比例的系统资源。

③ Dedicated Computer（专用 MySQL 服务器）。该选项代表只运行 MySQL 服务的服务器。假定没有运行其他应用程序，则将 MySQL 服务器配置成使用所有可用的系统资源。

Development Computer 模式默认启用 TCP/IP 网络，默认端口号为 3306，扩展端口号为 33060。要想更改访问 MySQL 使用的端口，可以直接输入新的端口号，但要保证选择的端口号没有被占用。如果选中【Open Windows Firewall ports for network access】复选框，则防火墙将允许通过该端口访问 MySQL。这里选中该复选框，如图 3.10 所示。单击【Next】按钮，选择验证方式，如图 3.11 所示，默认选中强密码加密验证方式，这也是推荐使用的方式，单击【Next】按钮。

（3）设置账户和角色，如图 3.12 所示。【MySQL Root Password】表示为 root 用户设置的密码，【Repeat Password】表示再次输入密码，两次输入的密码需一致。【MySQL User Accounts】表示可以创建新的角色，并为角色分配权限。设置好相应选项后，单击【Next】按钮。

（4）设置 Windows 服务，将 MySQL 服务作为一种 Windows 服务，如图 3.13 所示。【Windows Service Name】文本框用来设置服务的名称，默认为 MySQL80，也可以修改为其他名称。选中【Start the MySQL Server at System Startup】复选框，表示 MySQL 服务随着系统启动而启动。设置好相应选项后，单击【Next】按钮。

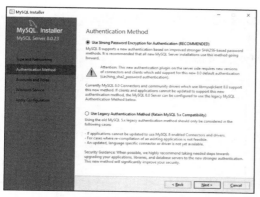

图 3.11　验证方式

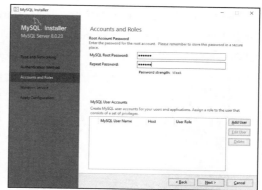

图 3.12　设置账户和角色

（5）进行应用配置，配置向导执行一系列的任务，并在窗口中显示任务执行进度，如图 3.14 所示。

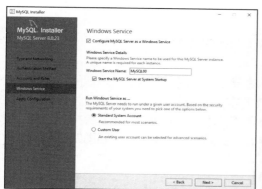

图 3.13　MySQL 服务名称

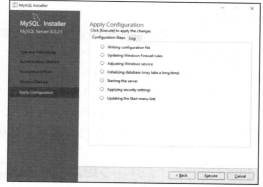

图 3.14　应用配置

（6）如果配置无误，则单击【Execute】按钮，当所有项都配置完成时，显示图 3.15 所示的窗口，单击【Finish】按钮。

（7）进行产品配置，如图 3.16 所示，单击【Next】按钮。

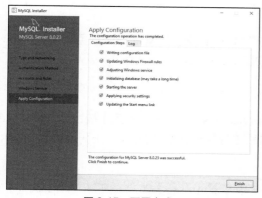

图 3.15　配置完成

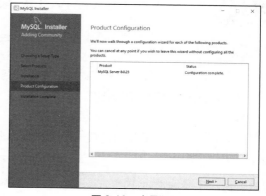

图 3.16　产品配置

（8）产品安装完成，如图 3.17 所示，单击【Finish】按钮。

（9）按【Ctrl+Alt+Delete】组合键，打开 Windows 的【任务管理器】窗口，可以看到 MySQL Installer 服务进程已经启动了，如图 3.18 所示。

至此，完成了在 Windows 平台下安装和配置 MySQL 的操作。

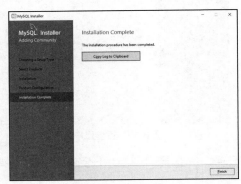

图 3.17 安装完成

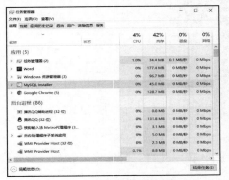

图 3.18 【任务管理器】窗口

【任务实施】

王宁根据操作步骤提示，最终成功安装并配置了 MySQL 8.0。

【素养小贴士】

我国正着力实现关键技术自主可控，进而为国家安全、网络安全提供技术保障。但是目前在一些关键技术领域，如操作系统、芯片技术、CPU 技术等方面，还难以做到自主可控，所以可能对国家安全造成威胁。要想建设网络强国，不仅需要靠网络技术，还需要软件技术等相关领域的技术支撑。作为一名计算机相关专业的学生，应该扎实学好专业知识，为建设科技强国做贡献。

任务 3-3 启动与登录 MySQL

【任务提出】

MySQL 安装好后，如何启动服务呢？在本任务中，王宁需启动并登录自己计算机上的 MySQL。

【知识储备】

微课 3-1：启动
MySQL

（一）启动 MySQL 服务

在前面的配置过程中，已经将 MySQL 安装为 Windows 服务。当 Windows 启动、停止时，MySQL 服务也自动启动、停止。不过，用户可以使用图形化管理工具或命令行来启动 MySQL 服务。

1. 使用图形化管理工具启动

在 Windows 10 任务栏左侧的搜索框中输入 "services.msc"，单击【确定】按钮，打开 Windows 的【服务】窗口，在其中可以看到名为 "MySQL80" 的服务项，其状态为 "正在运行"，表明该服务已经启动，如图 3.19 所示。

> **提示** 选择【控制面板】|【系统和安全】|【管理工具】|【服务】选项，可以打开【服务】窗口；用鼠标右键单击桌面上的【此电脑】图标，在快捷菜单中选择【管理】|【服务】命令也可以打开【服务】窗口。

图 3.19 【服务】窗口

如果没有"正在运行"字样，就说明 MySQL 服务未启动。MySQL 的启动方法为：双击【MySQL80】服务，打开【MySQL80 的属性】对话框，可以单击【启动】、【停止】、【暂停】、【恢复】按钮来更改服务状态，如图 3.20 所示。也可以用鼠标右键单击【MySQL80】服务，在快捷菜单中设置服务状态，如图 3.21 所示。

可以在【MySQL80 的属性】对话框的【启动类型】下拉列表中选择【自动】、【手动】或【禁用】选项，设置启动类型。

图 3.20 【MySQL 80 的属性】对话框

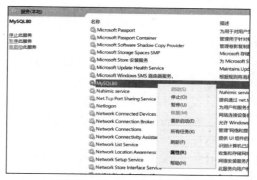

图 3.21 MySQL 服务快捷菜单

2. 使用命令行启动

在 Windows 10 任务栏左侧的搜索框中输入"cmd"，如图 3.22 所示。在显示的【命令提示符】处单击鼠标右键，在快捷菜单中选择【以管理员身份运行】命令，如图 3.23 所示，打开【管理员：命令提示符】窗口。在窗口中输入"net start mysql80"命令，按【Enter】键，即可启动 MySQL 服务。停止 MySQL 服务的命令是"net stop mysql80"，如图 3.24 所示。

图 3.22 查找命令提示符

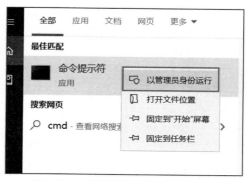

图 3.23 以管理员身份运行命令提示符

75

图 3.24　使用命令行启动和停止 MySQL 服务

提示　（1）【命令提示符】窗口必须以管理员身份运行，否则会出现"发生系统错误"和"拒绝访问"的错误提示。
（2）在命令行中输入的"mysql80"是服务名称。

（二）登录 MySQL 8.0

微课 3-2：登录
MySQL

　　MySQL 服务启动后，便可以通过客户端登录 MySQL。在 Windows 10 中，可以通过以下 3 种方式登录 MySQL。

1. 使用图形化管理工具登录

　　本书使用的图形化管理工具是 Navicat for MySQL。该工具简单易学，支持中文，有免费版本。考虑到不同版本之间的差异较大，下面介绍使用 Navicat 15 和 Navicat 10 两个版本进行登录的方法。

（1）使用 Navicat 15 进行登录

　　双击 navicat150_mysql_cs_x64.exe 进行安装。安装过程非常简单，本书不详细描述。安装完成后，默认情况下有 14 天的试用期，可以购买注册码获取永久使用权限。

（2）使用 Navicat 10 进行登录

① 双击 Navicat_for_MySQL_10.1.7.exe 进行安装。

② 安装完成后，首次启动 Navicat for MySQL 显示的界面如图 3.25 所示，在左侧的【连接】窗格中没有任何项目。单击【帮助】菜单，然后单击【注册】按钮，打开【注册】对话框，将注册码复制到【注册】对话框中，即可成功注册。

图 3.25　Navicat for MySQL 初始界面

　　③ 单击【连接】按钮，弹出图 3.26 所示的【mysql80-连接属性】对话框，在此对话框中输入连接名"mysql80"和密码（此密码为安装数据库管理系统时设置的密码），单击【确定】按钮，即可

建立与 MySQL 服务的连接，如图 3.27 所示。

④ 双击【mysql80】，弹出图 3.28 所示的错误提示。

出现错误的原因：在 MySQL 8.0 以前的版本中，数据加密规则采用的是 mysql_native_ password，从 MySQL 8.0 开始，加密规则改为 caching_sha2_password。这样就导致原有的 Navicat 10 客户端采用的加密规则与 MySQL 8.0 的不一致。

图 3.26　【mysql80-连接属性】对话框

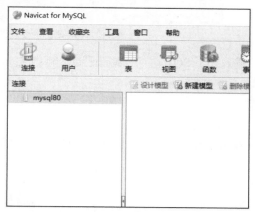

图 3.27　连接保存成功界面

图 3.28　连接失败错误提示

将 MySQL 8.0 的加密规则修改为 mysql_native_password 的步骤如下。

a. 单击【开始】菜单，找到 MySQL 应用程序下的 MySQL 8.0 Command Line Client，如图 3.29 所示。单击打开对应的【命令提示符】窗口，如图 3.30 所示。

图 3.29　找到 MySQL 8.0 Command Line Client

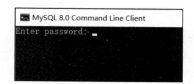

图 3.30　【命令提示符】窗口

b. 输入安装时设置的 root 用户的密码，按【Enter】键，登录成功，如图 3.31 所示。

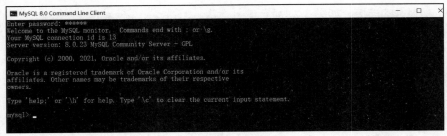

图 3.31　输入密码，登录成功

c. 输入如下 SQL 语句，将加密规则修改为 mysql_native_password，密码为 "123456"，并刷新权限表。

```
mysql-> ALTER USER 'root'@'localhost' IDENTIFIED WITH mysql_native_password BY
'123456';
mysql-> FLUSH PRIVILEGES;
```

d. 双击【mysql80】，即可连接成功，如图 3.32 所示。

图 3.32　连接成功

> **提示**　双击【mysql80】时，出现不同错误提示的对应解决方法如下。
> （1）如果弹出图 3.33 所示的错误提示，则需要打开【编辑连接】对话框，重新输入正确的密码。
> （2）如果弹出图 3.34 所示的错误提示，则需要检查 MySQL 服务是否启动。启动方法请参考任务 3-3。

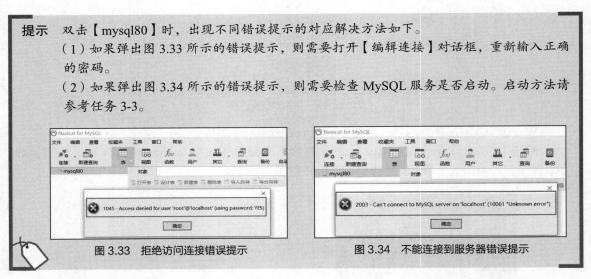

图 3.33　拒绝访问连接错误提示　　　　　　图 3.34　不能连接到服务器错误提示

【素养小贴士】

虽然我们学会了登录 MySQL 服务的基本方法，但技术的更新换代越来越频繁，不同版本的 MySQL 在使用方式上会稍有差异，我们应该具备适应变化和不断学习的能力，做一个会学习的人。

2. 使用 Windows 命令行登录

具体操作步骤如下。

（1）在 Windows 10 左下角的搜索框中输入"cmd"后按【Enter】键，打开【命令提示符】窗口。

（2）使用 cd 命令将路径切换到 bin 目录下，如图 3.35 所示。如果不想手动切换路径，则需配置环境变量，请参考本任务的（三）中的内容配置 PATH 变量。

> **提示** 如果在安装时修改了 MySQL 的路径，则需要将路径切换到实际位置。例如，bin 目录所在的实际位置为 D:\Program Files\MySQL\MySQL Server 8.0\bin，切换命令如图 3.36 所示。

图 3.35　切换路径到 bin 目录下

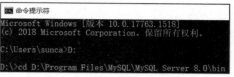

图 3.36　切换到其他安装路径的方法

（3）在【命令提示符】窗口中执行如下命令登录 MySQL 服务。

```
mysql -h hostname -u username -p
```

其中 mysql 为登录命令。-h 后面的参数（hostname）是服务器的主机地址，在这里因为客户端和服务器在同一台计算机上，所以可以输入 localhost 或者 IP 地址 127.0.0.1。-u 后面跟登录 MySQL 的用户名称（username），这里为 root。-p 后面是用户登录密码。

实际输入的命令如下。

```
mysql -h localhost -u root -p
```

按【Enter】键后，系统提示输入密码"Enter password"，输入在前面配置向导中设置的密码，当窗口中出现图 3.37 所示的说明信息，命令提示符变成"mysql>"时，表明已经成功登录 MySQL 服务。

也可以选择【开始】|【运行】命令，打开【运行】对话框，在【打开】文本框中输入"mysql -h localhost -u root -p"命令，如图 3.38 所示。

单击【确定】按钮，进入提示输入密码的【命令提示符】窗口，如图 3.39 所示。输入正确的密码后，就可以登录 MySQL 服务了。登录后的情况与图 3.37 所示的情况一致。

图 3.37　使用 Windows 命令行登录

图 3.38　在【运行】对话框中输入命令

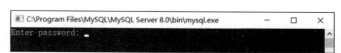

图 3.39　提示输入密码的【命令提示符】窗口

3. 使用 MySQL 8.0 Command Line Client 登录

选择【开始】|【MySQL】|【MySQL 8.0 Command Line Client】命令，输入密码，如图 3.39 所示。后面的操作与第 2 种方法一样。

（三）配置 PATH 变量

对于 MySQL 8.0，需要手动把 MySQL 8.0 的 bin 目录添加到环境变量 PATH 中。下面介绍在 Windows 10 中手动配置 PATH 变量的方法，具体操作步骤如下。

（1）用鼠标右键单击【此电脑】图标，在快捷菜单中选择【属性】命令。

（2）打开【系统】窗口，如图 3.40 所示。

图 3.40 【系统】窗口

（3）单击【高级系统设置】选项，弹出【系统属性】对话框，如图 3.41 所示。单击【环境变量】按钮，打开【环境变量】对话框，在【系统变量】列表中选择【Path】选项，如图 3.42 所示。

图 3.41 【系统属性】对话框

图 3.42 【环境变量】对话框

（4）单击【编辑】按钮，打开【编辑环境变量】对话框，在该对话框中单击【新建】按钮，将 MySQL 应用程序的 bin 目录（C:\Program Files\MySQL\MySQL Server 8.0\bin）添加到变量值中，如图 3.43 所示。

（5）添加完成后，单击【确定】按钮，完成配置 PATH 变量的操作，然后就可以直接在【命令提示符】窗口中输入 mysql 命令了。

图 3.43 【编辑环境变量】对话框

（四）更改 MySQL 8.0 的配置

MySQL 提供了两种更改配置的方式，一种是通过配置向导更改配置，另一种是手动修改配置文件。但不建议刚接触 MySQL 的开发人员修改配置文件。

1. 通过配置向导来更改配置

MySQL 配置向导提供了自动配置服务的过程。选择向导中的选项，可以追寻定制的配置文件（C:\ProgramData\MySQL\MySQL Server 8.0\my.ini）。配置向导实例包含在 MySQL 8.0 服务器中，目前只适用于 Windows 用户。

2. 手动修改配置文件

用户可以通过修改 MySQL 配置文件的方式来更改配置。这种更改配置的方式更加灵活，但相对来说有一定的难度。初学者可以通过手动修改配置文件的方式学习 MySQL 的配置，这样可以将其了解得更加透彻。下面介绍如何手动修改配置文件。

在配置之前，应先了解 MySQL 提供的二进制安装文件创建的默认目录布局。MySQL 8.0 的默认安装文件夹是 "C:\ProgramFiles\ MySQL\MySQL Server 8.0"，此文件夹中包含的文件夹如表 3.1 所示。

表 3.1 Windows 平台下 MySQL Server 8.0 文件夹中的文件夹

文件夹	内容
C:\Program Files\MySQL\MySQL Server 8.0\bin	客户端程序和服务器程序
C:\ProgramData\MySQL\MySQL Server 8.0\Data	数据库和日志文件
C:\Program Files\MySQL\MySQL Server 8.0\include	包含（头）文件
C:\Program Files\MySQL\MySQL Server 8.0\lib	库文件
C:\Program Files\MySQL\MySQL Server 8.0\share	字符集、语言等信息
C:\Program Files\MySQL\MySQL Server 8.0\etc	数据库路由设置示例文件

不同版本的 MySQL 的安装文件夹会有些差异，但基本都包含表 3.1 中的文件夹。另外，C:\ProgramData\MySQL\MySQL Server 8.0 目录下提供了一些和数据相关的目录与文件，如表 3.2 所示。

表 3.2 MySQL 8.0 中和数据相关的目录与文件

目录名及文件（文件夹）名	解释
C:\ProgramData\MySQL\MySQL Server 8.0\my.ini	当前应用的配置文件
C:\ProgramData\MySQL\MySQL Server 8.0\Data	存储各个数据库的信息
C:\ProgramData\MySQL\MySQL Server 8.0\Uploads	默认的数据导出目录

因此，更改配置就是修改 my.ini 中的内容。下面简单介绍配置文件中的若干参数。

```
# MySQL 客户端参数
# CLIENT SECTION
# ----------------------------------------------------------------------
[client]
# 数据库的连接端口。默认端口是 3306，如果希望更改端口，则可以直接在下面修改
port=3306
[mysql]
no-beep
# 客户端的默认字符集。从 MySQL 8.0 开始，默认字符集没有启用
#default-character-set=
# 下面是服务器各参数的介绍。[mysqld]后面的内容属于服务器
# SERVER SECTION
# ----------------------------------------------------------------------
[mysqld]
# MySQL 服务器的 TCP/IP 监听端口（通常是 3306 端口）
port=3306
# 设置 MySQL 的安装路径
basedir="C:/Program Files/MySQL/MySQL Server 8.0/"
# 设置 MySQL 数据文件的存储位置。如果想修改存储位置，则可以修改此参数
datadir="C:/ProgramData/MySQL/MySQL Server 8.0/Data"
# 设置 MySQL 服务器的字符集
#character-set-server=
# MySQL 8.0 默认使用的身份验证机制，从原来的 mysql_native_password 更改为 caching_sha2_password
default_authentication_plugin=caching_sha2_password
# CREATE TABLE 语句的默认表类型，如果不指定类型，则使用下面的类型
default-storage-engine=INNODB
# MySQL 服务器同时处理的数据库连接的最大数量
max_connections=151
# 同时打开的数据表的最大线程数
table_open_cache=2000
# 临时 HEAP 数据表的最大长度
tmp_table_size=54M
# 服务器线程缓存数量
thread_cache_size=10
# MyISAM 指定参数
# 当重建索引时，MySQL 允许使用的临时文件的最大大小
myisam_max_sort_file_size=100G
# MySQL 需要重建索引，以及导入表（LOAD DATA INFILE）到一个空表时，缓冲区的大小
myisam_sort_buffer_size=99M
# 关键词缓冲区的大小，用来为 MyISAM 表缓存索引块
key_buffer_size=8M
# 进行 MyISAM 表全表扫描时的缓冲区大小
read_buffer_size=64K
…
```

（五）MySQL 常用的图形化管理工具

MySQL 图形化管理工具极大地方便了数据库的操作与管理，因此，有必要掌握几种常用图形化管理工具的使用方法。每种图形化管理工具各有特点，下面分别进行简单介绍。

1. Navicat for MySQL

Navicat for MySQL（简称 Navicat）是一个桌面版 MySQL 数据库管理和开发工具，和微软公司的 SQL Server 管理器很像，易学易用。Navicat 使用图形化的用户界面，让用户可以轻松地使用和管理数据库。Navicat 支持中文，提供免费版本，其运行界面如图 3.44 所示。本书使用的图形化管理工具便是 Navicat。

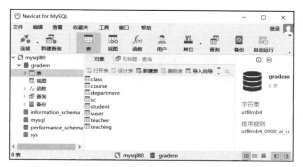

图 3.44　Navicat 的运行界面

2. 其他常用的图形化管理工具

其他常用的图形化管理工具有 phpMyAdmin、MySQL GUI Tools、MySQL Workbench、MySQLDumper、MySQL Connector/ODBC 等。

任务 3-4　创建数据库

【任务提出】

王宁尝试使用"CREATE DATABASE mydb"语句创建 mydb 数据库。执行该语句后，【命令提示符】窗口中一直显示英文提示信息。mydb 数据库有没有创建成功呢？如果创建成功了，如何查看 mydb 数据库呢？如果失败了，如何根据错误提示，修改刚才执行的 SQL 语句呢？下面进行介绍。

【知识储备】

（一）认识 SQL

1. SQL 概述

结构化查询语言（Structured Query Language，SQL）是由美国国家标准学会（American National Standards Institute，ANSI）和国际标准化组织（International Organization for Standardization，ISO）定义的标准。

SQL 标准自 1986 年以来不断演化发展，有多种版本，如 1992 年发布的"SQL-92"标准，1999 年发布的"SQL:1999"标准，2008 年发布的"SQL:2008"标准，2011 年发布的"SQL:2011"标准，以及当前最新的"SQL:2023"标准。MySQL 致力于支持全套 ANSI/ISO SQL 标准，但不会以牺牲代码的运行速度和质量为代价。

2. SQL 的特点

SQL 有以下 4 个特点。

（1）一体化：SQL 集数据定义语言、数据操纵语言、数据控制语言于一体。

（2）可以多种方式使用：SQL 可以直接以命令方式交互使用，也可以嵌入程序设计语言中使用。

（3）非过程化：用户只需要提出"干什么"，不需要指出"如何干"，语句的执行过程由系统自动完成。

（4）人性化：SQL 符合人们的思维方式，容易理解和掌握。

3. SQL 的分类

在 MySQL 中，根据 SQL 的特点，SQL 可分为 3 种类型：数据定义语言、数据操纵语言和数据控制语言。

（1）数据定义语言（Data Definition Language，DDL）。DDL 用来创建数据库和创建、修改、删除数据库中的各种对象，以及为其他语言的操作提供对象。只有在创建数据库和数据库中的各种对象之后，数据库中的各种操作才有意义。例如，数据库、表、触发器、存储过程、视图、索引、函数及用户等都是数据库中的对象，都需要经过定义才能使用。常用的 DDL 语句是 CREATE、DROP 和 ALTER。

（2）数据操纵语言（Data Manipulation Language，DML）。DML 用来完成数据查询和数据更新操作，其中数据更新是指对数据进行插入、删除和修改操作。常用的 DML 语句是 SELECT、INSERT、UPDATE 和 DELETE。

（3）数据控制语言（Data Control Language，DCL）。DCL 用来设置或更改数据库用户或角色的权限，主要包括 GRANT 语句和 REVOKE 语句。GRANT 语句可以将指定的安全对象的权限授予相应的主体，REVOKE 语句则可以删除授予的权限。

（二）了解 MySQL 数据库

1. MySQL 数据库文件

数据库管理的核心任务包括创建、操作和支持数据库。在 MySQL 中，每个数据库都对应存放在一个与其同名的文件夹中。在 MySQL 8.0 之前，MySQL 数据库文件有.frm 文件、.MYD 文件和.MYI 文件 3 种，它们分别描述表的结构、表的数据和表的数据的索引。而 MySQL 8.0 则将数据库文件全部存储到.ibd 文件中，它们都存放在与数据库同名的文件夹中。数据库的默认存放位置是 C:\Program Data\MySQL\MySQL Server 8.0\Data。可以通过配置向导或手动修改配置文件的方式修改数据库的默认存放位置，具体操作方法请参考任务 3-2。

2. MySQL 自动创建的数据库

MySQL 安装完成之后，会在其 Data 目录下自动创建 information_schema、mysql、performance_schema、sys 4 个数据库。可以使用 SHOW DATABASES 语句查看当前存在的所有数据库，输入的语句如下。

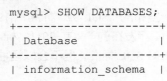

```
mysql> SHOW DATABASES;
+--------------------+
| Database           |
+--------------------+
| information_schema |
```

```
| mysql              |
| performance_schema |
| sys                |
+--------------------+
4 rows in set
```

若用 Navicat 显示数据库，则只需双击窗口左侧的【mysql80】即可，如图 3.45 所示。

图 3.45　在 Navicat 中显示数据库

从显示结果看，数据库列表中包含 4 个数据库。这 4 个数据库的作用如表 3.3 所示。

表 3.3　MySQL 自动创建的数据库的作用

数据库名称	作用
information_schema	保存关于 MySQL 服务器维护的所有其他数据库的信息，如数据库名、数据库中的表、表中列的数据类型与访问权限等
mysql	描述用户访问权限
performance_schema	主要用于收集数据库服务器的性能参数
sys	通过视图的形式把 information_schema 和 performance_schema 结合起来，查询出更加容易理解的数据存储过程，可以执行一些性能方面的配置，也可以得到一些性能诊断报告内容

> 提示　不要随意删除系统自带的数据库，否则 MySQL 服务可能不能正常运行。

（三）创建学生信息管理数据库

1. 使用 Navicat 创建学生信息管理数据库

在图形化管理工具 Navicat 中使用可视化的界面，即通过提示来创建数据库，是最简单也是使用最多的创建数据库的方式之一，非常适合初学者。创建 gradem 数据库的具体步骤如下。

（1）启动 Navicat，打开【Navicat for MySQL】窗口，并确保其已与 MySQL 服务器建立连接。

（2）用鼠标右键单击【连接】窗格的【mysql80】服务器，在快捷菜单中选择【新建数据库】命令；或双击展开【mysql80】服务器，用鼠标右键单击某一个已存在的数据库，在快捷菜单中选择【新建数据库】命令，如图 3.46 所示。

微课 3-3：创建数据库

图 3.46　选择【新建数据库】命令

（3）在弹出的【新建数据库】对话框的【数据库名】文本框中输入数据库名，单击【确定】按钮，完成数据库的创建工作，如图 3.47 所示。建立好的数据库如图 3.48 所示。

 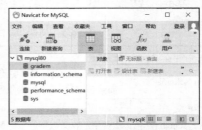

图 3.47　【新建数据库】对话框　　　　　　图 3.48　建立好的数据库

> **提示**　在图 3.47 中，不选择字符集表示取默认值，也可以重新选择数据库使用的字符集。在 MySQL 8.0 中，默认的字符集是 utf8mb4，utf8mb4 支持 4 字节的存储。采用 utf8mb4 字符集编码的好处是存储与获取数据时，不用考虑表情字符的编码与解码。

2. 使用 CREATE DATABASE 语句创建学生信息管理数据库

在 MySQL 中使用 CREATE DATABASE 语句同样可以创建数据库。

> **提示**　虽然使用图形化管理工具和 SQL 语句都可以完成数据库的创建，而且使用图形化管理工具创建数据库相对来说简单许多，但是在实际工作场景中，专业人员总是更青睐于使用更为专业的 SQL 语句创建数据库。

用 CREATE DATABASE 语句创建数据库的语法格式如下。

```
CREATE DATABASE database_name;
```

其中，database_name 为要创建的数据库的名称，该名称不能与已存在的数据库名称相同。

【任务实施】

王宁使用 CREATE DATABASE 语句成功创建了 mydb 数据库，并理解了"1064 - You have an error in your SQL syntax; check the manual that corresponds to your MySQL server version for the right syntax to use near 'DATABAS1E mydb1;' "Can't create database 'mydb'; database exists" "OK" 等常见英文提示信息的含义，提升了自身解决问题的能力。

具体步骤如下。

（1）使用 CREATE DATABASE 语句创建 mydb 数据库。

```
CREATE DATABASE mydb;
```

（2）使用 SHOW DATABASES 语句查看当前存在的所有数据库，如图 3.49 所示。可以看到，数据库列表中包含刚刚创建 mydb 数据库。

```
SHOW DATABASES;
```

图 3.49　查看数据库

任务 3-5　维护数据库

【任务提出】

王宁成功创建了 mydb 数据库，可是如何打开使用呢？当不再使用 mydb 数据库时，如何删除 mydb 数据库呢？

【知识储备】

微课 3-4：打开和
删除数据库

（一）打开数据库

在图形化管理工具 Navicat 中，未打开的数据库的图标是灰色的（ 🗄 ）；双击该数据库，图标变为浅绿色（ 🗄 ），表明该数据库已经打开，同时在右侧的窗格中显示该数据库包含的表。使用 SQL 语句打开数据库的语法格式如下。

```
USE database_name;
```

其中，database_name 为要打开的数据库的名称。

例如，要打开 gradem 数据库，可使用下面的语句。

```
USE gradem;
```

（二）删除数据库

1. 使用 Navicat 删除学生信息管理数据库

（1）打开 Navicat，并确保其已与 MySQL 服务器建立连接。

（2）在【连接】窗格中展开服务器，用鼠标右键单击要删除的数据库，从快捷菜单中选择【删除数据库】命令。

（3）在弹出的【确认删除】对话框中单击【确定】按钮，确认删除。

> **提示**　当不再需要数据库或将数据库迁移到另一个数据库或服务器时，可删除该数据库。一旦删除数据库，相关文件及其数据都将从服务器上的磁盘中删除，不能再进行检索，只能使用以前的备份信息。

2. 使用 DROP DATABASE 语句删除学生信息管理数据库

使用 DROP DATABASE 语句删除数据库的语法格式如下。

```
DROP DATABASE database_name;
```

其中，database_name 为要删除的数据库的名称。

> **警告** 因为使用 DROP DATABASE 语句删除数据库不会出现确认信息，所以使用这种方法时要小心谨慎。使用 DROP DATABASE 语句删除数据库后，数据库中存储的所有数据表和数据也将一同被删除，而且不能恢复。

【任务实施】

王宁解决了【任务提出】中的问题，具体代码如下。

```
USE mydb;
DROP DATABASE gradem;
```

【素养小贴士】

在本任务中，我们初次接触 SQL 语句，感受到了 SQL 的魅力。其实每一种语言都有自身的特点和语法规范，需要我们努力学习，持之以恒。

在开始 SQL 的学习之旅之前，我们应有意识地遵循以下规则。

（1）CREATE、DROP、USE 等关键字要大写。

（2）以 "；" 结束一行语句。

在应聘相关岗位时，良好的编码习惯总能吸引面试官的目光，使求职者从众多面试者中脱颖而出。养成良好的编码习惯，从现在开始做起！

任务 3-6　理解 MySQL 数据库的存储引擎

【任务提出】

王宁已经掌握了数据库的创建、打开、删除等操作，那么，数据库的存储技术是什么？数据库使用什么样的存储机制？李老师告诉王宁，这是存储引擎的相关知识。本任务将带领王宁了解存储引擎的概念和类型。

【知识储备】

1. 存储引擎的概念

存储引擎是 MySQL 的一个特性，可简单理解为表类型。每一个表都有一个存储引擎，存储引擎可使用 CREATE TABLE 语句在创建表时指定，也可以使用 ALTER TABLE 语句在修改表结构时指定，这两种方式都是通过 ENGINE 关键字设置存储引擎的。

2. MySQL 存储引擎简介

MySQL 8.0 支持的存储引擎有 InnoDB、MyISAM、MEMORY、MRG_MYISAM、ARCHIVE、FEDERATED、CSV、PERFORMANCE_SCHEMA 和 BLACKHOLE 等。可以使用 SHOW ENGINES 语句查看系统支持的存储引擎，结果如图 3.50 所示。

对象	mysql - 命令列界面					
Engine	Support	Comment		Transactions	XA	Savepoints
MEMORY	YES	Hash based, stored in memory, useful for temporary tables		NO	NO	NO
MRG_MYISAM	YES	Collection of identical MyISAM tables		NO	NO	NO
CSV	YES	CSV storage engine		NO	NO	NO
FEDERATED	NO	Federated MySQL storage engine		NULL	NULL	NULL
PERFORMANCE_SCHEMA	YES	Performance Schema		NO	NO	NO
MyISAM	YES	MyISAM storage engine		NO	NO	NO
InnoDB	DEFAULT	Supports transactions, row-level locking, and foreign keys		YES	YES	YES
BLACKHOLE	YES	/dev/null storage engine (anything you write to it disappears)		NO	NO	NO
ARCHIVE	YES	Archive storage engine		NO	NO	NO
9 rows in set (0.03 sec)						

图 3.50　查看系统支持的存储引擎类型

从输出结果可看到系统支持多个存储引擎。其中，Support 列的值表示某种存储引擎能否使用，

YES 表示可以使用，NO 表示不能使用，DEFAULT 表示该引擎为当前默认的存储引擎。

上面的结果也可以使用 Navicat 输出，具体操作方法是用鼠标右键单击【mysql80】，选择快捷菜单中的【命令列界面】命令，如图 3.51 所示，弹出【mysql80-命令列界面-Navicat for MySQL】窗口，如图 3.52 所示。

图 3.51　选择【命令列界面】命令

图 3.52　【mysql80-命令列界面-Navicat for MySQL】窗口

（1）InnoDB 存储引擎

InnoDB 是事务型数据库的首选存储引擎，是具有提交、回滚和崩溃恢复能力的事务安全存储引擎，支持行锁定和外键约束。从 MySQL 5.5 之后，InnoDB 就作为默认存储引擎。但是，其写处理能力较差，且会占用较多磁盘空间，以保留数据和索引。InnoDB 存储引擎的主要特性如下。

① 支持自动增长列。存储表中的数据时，每张表的存储都按主键顺序存放。如果在定义表时没有指定主键，则 InnoDB 存储引擎会为每一行生成一个 6B 的 ROWID，并以此作为主键。此 ROWID 由自动增长列的值填充。

InnoDB 存储引擎支持自动增长列 AUTO-INCREMENT。自动增长列的值不能为空值，且值必须唯一。若插入的值为 0 或空值，则实际插入的值为自动增长后的值。可通过 ALTER TABLE 语句强制设置自动增长列的初始值，默认从 1 开始。

对于 InnoDB 表，自动增长列必须是索引，或者是组合索引的第 1 列。对于 MyISAM 表，自动增长列可以为组合索引的其他列，插入记录后，自动增长列是按照组合索引的前面几列进行排序后递增的。

② 支持外键约束。只有 InnoDB 存储引擎支持外键约束。外键所在表为子表，外键依赖的表为父表。表中被子表外键关联的字段必须为主键。当删除、更新父表的某条记录时，子表也必须有相应的改变。创建索引时，可指定删除、更新父表时对子表的相应操作。

（2）MyISAM 存储引擎

MyISAM 存储引擎是 MySQL 中常见的存储引擎，曾是 MySQL 的默认存储引擎，不支持事务、外键约束，但访问速度快，对事务完整性不作要求，适用于以 SELECT/INSERT 为主要操作的表。

① 存储文件

每个 MyISAM 表在磁盘上存储为两个文件，文件名与表名相同，扩展名分别为.MYD（MYData，存储数据）和.MYI（MYIndex，存储索引），其中数据文件和索引文件可以放置在不同目录中，以达到平衡 I/O 的目的。

数据文件和索引文件的路径，需要在创建表时通过 DATA DIRECTORY 和 INDEX DIRECTORY 语句指定（需要使用绝对路径，且具有访问权限）。

MyISAM 类型的表可能因各种原因而损坏，可通过 CHECK TABLE 语句检查表的状态，使用

REPAIR TABLE 语句修复表。

② 存储格式

MyISAM 类型的表支持以下 3 种存储格式。

a. 静态表。默认存储格式，字段长度固定，存储快速，容易缓存。缺点是占用空间多。需要注意的是，静态表的数据在存储时会按照宽度定义补足空格，在应用访问时去掉空格；若字段本身就带有空格，则也会去掉。

b. 动态表。变长字段，记录不是固定长度的，优点是占用空间少，但频繁地进行更新、删除操作会产生碎片，需要定期执行 OPTIMIZE TABLE 语句或 myisamchk -r 命令来优化数据表；出现故障时难以恢复。

c. 压缩表。由 myisampack 工具创建，每个记录单独压缩，访问开支小，占用空间少。

（3）MEMORY 存储引擎

MEMORY 存储引擎是 MySQL 中一类特殊的存储引擎。该存储引擎使用内存中的空间来创建表，每个表实际对应一个磁盘文件，其扩展名为.frm。对于这类表，因为其数据存储在内存中，且默认使用哈希索引，所以访问速度非常快；但一旦服务关闭，表中的数据就会丢失。

每个 MEMORY 表可以存储的数据量的大小受 max_heap_table_size 系统变量的约束，初始值为 16MB，可按需求增大。此外，在定义 MEMORY 表时，可通过 MAX_ROWS 子句定义表的最大行数。

该存储引擎主要用于那些内容稳定的表，或者作为统计操作的中间表。使用该类表需要注意的是，因为数据并没有实际写入磁盘，所以一旦重启服务，数据就会丢失。

3. 存储引擎的选择

不同存储引擎有各自的特点，以适应不同的需求，如表 3.4 所示。选择时，需要先考虑每一个存储引擎都提供了什么功能。

表 3.4 MySQL 存储引擎功能对比

功能	InnoDB	MyISAM	MEMORY
存储限制	64TB	256TB	RAM
是否支持事务	支持	不支持	不支持
空间使用率	高	低	低
内存使用率	高	低	高
是否支持数据缓存	支持	不支持	不支持
数据插入速度	低	高	高
是否支持外键	支持	不支持	不支持

如果要求具有提交、回滚和崩溃恢复能力，并要求实现并发控制，则 InnoDB 存储引擎是一个很好的选择。如果数据表主要用来插入和查询记录，则 MyISAM 存储引擎能提供较高的处理效率。如果只是临时存放数据，数据量不大，并且不需要较高的数据安全性，则可以选择 MEMORY 存储引擎，MySQL 使用该存储引擎存放查询的中间结果。

使用哪一种存储引擎要根据需要灵活选择，一个数据库中的多个表可能使用不同的存储引擎来满足各种实际需求。

【任务实施】

王宁了解了存储引擎的概念，知道了使用合适的存储引擎可以提高整个数据库的性能。

项目小结

通过学习本项目，王宁学会了安装 MySQL 8.0 的方法，掌握了启动与登录 MySQL 服务的常用方法，并能根据提示解决学习过程中遇到的问题，提升了自身的专业技能。王宁针对本项目的知识点，整理出了图 3.53 所示的思维导图。

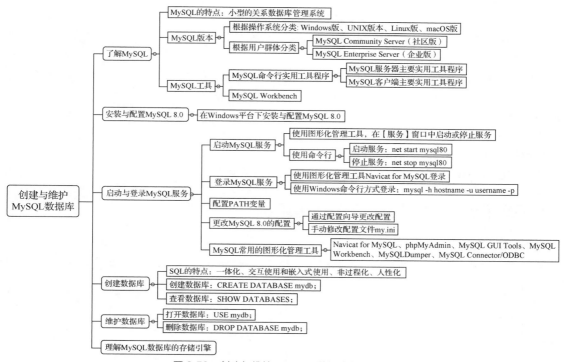

图 3.53　创建与维护 MySQL 数据库思维导图

项目实训 3：安装 MySQL 8.0 及数据库的创建与维护

1. 实训目的

（1）掌握在 Windows 平台下安装与配置 MySQL 8.0 的方法。

（2）掌握启动并登录 MySQL 服务的方法和步骤。

（3）了解手动配置 MySQL 8.0 的方法。

（4）掌握 MySQL 数据库的相关概念。

（5）掌握使用 Navicat 和 SQL 语句创建数据库的方法。

（6）掌握使用 Navicat 和 SQL 语句删除数据库的方法。

2. 实训内容及要求

（1）安装 MySQL 8.0 并完成以下题目

① 在 Windows 平台下安装与配置 MySQL 8.0.23。

② 在【服务】窗口中手动启动或者关闭 MySQL 服务。

③ 使用命令行启动或关闭 MySQL 服务。

④ 分别用 Navicat 和命令行方式登录 MySQL。

⑤ 在 my.ini 文件中将数据库的存储位置改为 D:\MYSQL\DATA。

⑥ 使用配置向导修改当前密码，并使用新密码重新登录。

⑦ 配置 PATH 变量，确保 MySQL 的相关路径包含在 PATH 变量中。

（2）创建数据库

① 使用 Navicat 创建学生信息管理数据库 gradem。

② 使用 SQL 语句创建 mydb 数据库。

（3）查看数据库属性

① 在 Navicat 中查看创建的 gradem 数据库和 mydb 数据库的状态，查看数据库所在的文件夹。

② 利用 SHOW DATABASES 语句显示当前的所有数据库。

（4）删除数据库

① 使用 Navicat 删除 gradem 数据库。

② 使用 SQL 语句删除 mydb 数据库。

③ 使用 SHOW DATABASES 语句显示当前的所有数据库。

课外拓展：建立网络玩具销售系统

操作内容及要求如下。

在项目 2 课外拓展中数据库设计的基础上，在服务器 D:\MYSQL\DATA 文件夹中建立一个数据库 GlobalToys。

习题

1. 选择题

（1）MySQL 使用（　　）文件中的配置参数。

    A. my-larger.ini   B. my-small.ini   C. my-huge.ini   D. my.ini

（2）在 MySQL 8.0 中，默认的 MySQL 服务的名称是（　　）。

    A. mysql   B. mysql57   C. mysql80   D. mysql8.0

（3）在 MySQL 8.0 中，下列哪种方法不可以启动 MySQL 服务？（　　）

    A. 运行命令 net start mysql80

    B. 在【服务】窗口中选中【mysql80】服务，单击该窗口左上角的【启动】按钮

    C. 设置 mysql80 服务的启动类型为自动，每次开机自动启动该服务

    D. 运行命令 mysql -h hostname -u username -p

（4）下列选项中属于创建数据库的语句是（　　）。

    A. CREATE DATABASE;   B. ALTER DATABASE;

    C. DROP DATABASE;   D. 以上都不是

（5）在创建数据库时，每个数据库都对应存放在一个与其同名的（　　）中。

    A. 文件   B. 文件夹   C. 路径   D. 以上都不是

（6）显示当前所有数据库的语句是（　　）。

    A. SHOW DATABASES;   B. SHOW DATABASE;

  C．LIST DATABASES;   D．LIST DATABASE;

（7）在 MySQL 5.5 以上的系统中，默认的存储引擎是（ ）。

  A．MyISAM   B．MEMORY   C．InnoDB   D．ARCHIVE

（8）SQL 又称为（ ）。

  A．结构化定义语言   B．结构化操纵语言

  C．结构化控制语言   D．结构化查询语言

（9）SQL 具有两种使用方式，分别称为交互式 SQL 和（ ）。

  A．提示式 SQL   B．多用户 SQL   C．嵌入式 SQL   D．解释式 SQL

（10）SQL 具有（ ）的功能。

  A．关系规范化、数据操纵、数据控制   B．数据描述、数据操纵、数据控制

  C．数据描述、关系规范化、数据控制   D．数据描述、关系规范化、数据操纵

（11）下列选项中属于删除数据库的语句是（ ）。

  A．USE DATABASE;   B．CREATE DATABASE;

  C．DROP DATABASE;   D．以上都不是

（12）下列数据库中，（ ）不是安装 MySQL 8.0 后默认生成的数据库。

  A．mysql   B．test

  C．information_schema   D．performance_schema

2. 简答题

（1）简述用命令行方式启动和登录 MySQL 服务的方法。

（2）简述数据库的定义及数据库的作用。

（3）简述 MySQL 数据库的组成。

（4）简述创建数据库的方法。

（5）简述本项目中涉及的 SQL 关键字。

项目4
创建与维护学生信息管理数据表

04

情景导入

在学会数据库的创建与维护操作之后，善于思考的王宁又有了新的疑问，数据库是怎样存储数据的呢？李老师告诉王宁，在关系数据库中，数据表（简称表）是存储数据的基本单位，一个数据库可以包含多个表。在信息管理中，学会数据库和数据表的基本操作，是实现轻松管理数据的基础。

那么，怎么创建一个表？表的结构怎么确定？怎么输入记录？怎么对数据记录进行维护？本项目将带领王宁一起学习表的创建与维护操作。

职业能力目标（含素养要点）

- 理解表的概念
- 理解数据模型的相关概念
- 掌握表的创建方法（工匠精神）

- 掌握如何在表中添加、修改和删除数据记录
- 掌握表的复制与删除方法（脚踏实地）

任务 4-1 设计表结构

【任务提出】

王宁通过预习了解到，在 MySQL 中，数据是存储在表中的。那么，怎样才能设计出规范、合理的表结构呢？本任务将带领王宁设计学生信息管理数据库中的各个表的结构。

【知识储备】

（一）理解表的概念

在 MySQL 中，表是数据库中最重要、最基本的操作对象之一，是存储数据的基本单位。如果把数据库比喻成柜子，那么表就像柜子中各种规格的抽屉。一个表就是一个关系，表实质上就是行、列的集合，每一行代表一条记录，每一列代表记录的一个字段。每个表由若干行组成，表的第一行为各列标题，其余行都是数据。在表中，行的顺序可以是任意的。不同的表有不同的名称。

1. 表的命名

完整的表名应该由数据库名和表名两部分组成，其格式如下。

```
database_name.table_name
```

其中，database_name 说明表在哪个数据库中创建，默认为当前数据库；table_name 为表名，应遵守 MySQL 对象的命名规则。

> **注意** MySQL 对象包括数据库、表、视图、存储过程或存储函数等。这些对象的名称必须符合一定的规则或约定，各个数据库管理系统的约定不完全相同。

MySQL 对命名数据库和表有以下规则。

（1）名称可以由当前字符集中的任何字母、数字、字符组成，下画线（_）和美元符号（$）也可以使用。

（2）名称最长为 64 个字符。

另外，还需要注意以下几点。

（1）因为数据库和表的名称分别对应文件夹名和文件名，所以服务器运行的操作系统可能强加额外的限制。

（2）如果要用引号，就一定要用单引号，但双引号可用于变量的解释。

（3）虽然 MySQL 允许数据库和表的名称最长为 64 个字符，但名称的长度还受所用操作系统的限定。

（4）文件系统的大小写敏感性会影响如何命名和引用数据库和表。如果文件系统对大小写敏感，如 UNIX，则名称为 my_tbl 和 MY_TBL 的两个表是不同的表。如果文件系统对大小写不敏感，如 Windows，则名称为 my_tbl 和 MY_TBL 指的是相同的表。如果使用 UNIX 服务器开发数据库，并且又有可能将数据库转移到 Windows 服务器，就要注意这一点。

2. 表的结构

在学习如何创建表之前，需要先了解表的结构。如图 4.1 所示，表如同工作表一样拥有列（Column）和行（Row）。用数据库的专业术语来表示，这些列即字段（Field），每个字段分别存储不同性质的数据，而每一行中各个字段的数据构成一条数据记录（Record）。

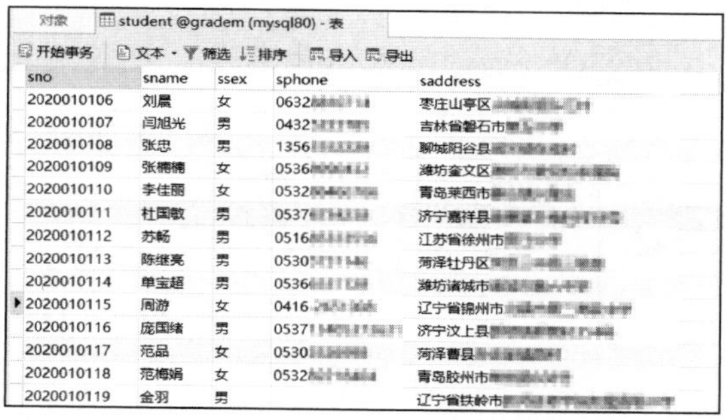

事实上，结构（Structure）和数据记录是表的两大组成部分。当然，在表能够存放数据记录之前，必须先定义其结构，而定义表的结构即决定表拥有哪些字段及这些字段的特性。所谓"字段特性"，

图 4.1 表（student）的结构

是指这些字段的名称、数据类型、长度、精度、小数位数、是否允许空值、默认值、是否为主键等。显然，只有彻底了解字段特性的各个定义项，才能创建功能完善和具有专业水准的表。

3. 字段名

表可以拥有多个字段，各个字段分别用来存储不同性质的数据，为了加以识别，每个字段必须有一个名称。字段名同样必须符合 MySQL 的命名规则。

（1）字段名最长为 64 个字符。

（2）字段名可包含中文、英文字母、数字、下画线（_）、井号（#）、美元符号（$）及 at 符号（@）。

（3）在同一个表中，各个字段的名称绝对不能重复。

4. 字段长度和小数位数

决定字段的名称之后，接下来设置字段的数据类型（Data Type）、长度（Length）与小数位数（Decimal Digits）。数据类型将在后面讲解。

字段的长度是指字段所能容纳的最大数据量。但是对于不同的数据类型，长度的含义有所不同，说明如下。

（1）字符串类型。长度代表字段所能容纳字符的数目，因此它会限制用户所能输入的文本长度。

（2）整数类型。长度代表该数据类型指定的显示宽度。显示宽度是指能够显示的最大数据的长度。在不指定宽度的情况下，每个整数类型都有默认的显示宽度。

（3）二进制类型。长度代表字段所能容纳的最大字节数。

（4）浮点数类型和定点数类型。长度代表数据的总长度，也就是精度。精度是指数据中数字的位数（包括小数点左侧的整数部分和小数点右侧的小数部分）。而小数位数是指数据中小数点右侧的数字的位数。例如，数字 12345.678 的精度是 8，小数位数是 3。

通常用下面的格式来表示数据类型及其采用的长度（精度）和小数位数，其中，n 代表长度，p 代表精度，s 代表小数位数。

binary(n)→binary(10)→长度为 10 的 binary 类型。

char(n)→char(12)→长度为 12 的 char 类型。

decimal(p[,s])→decimal(8,3)→精度为 8，小数位数为 3 的 decimal 类型。

（二）了解 MySQL 数据类型

确定表中每列的数据类型是设计表的重要步骤。列的数据类型就是该列所存放数据的类型。例如，表的某一列用于存放姓名，则定义该列的数据类型为字符型；表的某一列用于存放出生日期，则定义该列为日期型。

MySQL 的数据类型非常丰富，这里仅给出部分常用的数据类型，如表 4.1 所示。

表 4.1　MySQL 部分常用的数据类型

数据类型	系统提供的数据类型	存储长度	数值范围	说明
二进制类型	bit(n)	n 位二进制数	n 最大值为 64，默认值为 1	位字段类型。如果分配的值的长度小于 n 位，就在值的左边用 0 填充
	binary(n)	nB	0～255，默认值为 1	固定长度的二进制字符串。若输入数据的长度超过了 nB，则超出部分将会被截断；否则，不足部分用"/0"填充
	varbinary(n)	(n+1)B		可变长度的二进制字符串
	tinyblob		0～(2^8-1)B	
	blob		0～$(2^{16}-1)$B	主要存储图片、音频等信息
	mediumblob		0～$(2^{24}-1)$B	
	longblob		0～$(2^{32}-1)$B	
字符串类型	char(n)	nB	1～255	固定长度的字符串。若输入数据的长度超过了 nB，则超出部分将会被截断；否则，不足部分用空格填充
	varchar(n)	（输入字符串的实际长度+1）B	0～65535	长度可变的字符串。字节数随输入数据的实际长度变化，最大长度不得超过（输入字符串的实际长度+1）B
	tinytext	（值的长度+1）B	0～255	一种特殊的字符串类型。只能保存字符数据，如文章、评论、简历、新闻内容等
	text	（值的长度+2）B	0～65535	

续表

数据类型	系统提供的数据类型	存储长度	数值范围	说明
字符串类型	mediumtext	（值的长度+3）B	0~16777215	一种特殊的字符串类型。只能保存字符数据，如文章、评论、简历、新闻内容等
	longtext	（值的长度+4）B	0~4294967295	
	enum	1B 或 2B	1~65535	枚举类型。其值在指定允许值的列表中选择
	set	1B~4B 或 8B	0 个或多个值，最多可包含 64 个不同值	在创建时，set 类型数据的取值范围以列表的形式指定
日期时间类型	year	1B	1901~2155	用来表示年，格式为 YYYY
	date	3B	1000-01-01~9999-12-31	只存储日期，不存储时间，格式为 YYYY-MM-DD
	time	3B	−838:59:59~838:59:59	只存储时间，格式为 HH:MM:SS
	datetime	8B	1000-01-01 0:00:00~9999-12-31 23:59:59	表示日期和时间的组合，格式为 YYYY-MM-DD HH:MM:SS
	timestamp	4B	1970-01-01 00:00:01UTC~2038-01-19 03:14:07 UTC	与 datatime 类型数据相同，取值范围小于 datatime 类型数据的取值范围
整数类型	int(n) integer(n)	4B	有符号：-2^{31}~$2^{31}-1$ 无符号：0~$2^{32}-1$	默认的显示宽度 n 为 11
	smallint(n)	2B	有符号：-2^{15}~$2^{15}-1$ 无符号：0~$2^{16}-1$	默认的显示宽度 n 为 6
	mediumint(n)	3B	有符号：-2^{23}~$2^{23}-1$ 无符号：0~$2^{24}-1$	默认的显示宽度 n 为 9
	bigint(n)	8B	有符号：-2^{63}~$2^{63}-1$ 无符号：0~$2^{64}-1$	默认的显示宽度 n 为 20
	tinyint(n)	1B	有符号：-2^{7}~$2^{7}-1$ 无符号：0~$2^{8}-1$	默认的显示宽度 n 为 4
浮点数类型和定点数类型	float(p[,s])	4B	−3.402823466E+38~ −1.175494351E-38、0、 1.175494351E-38~ 3.402823466E+38	单精度浮点数类型，若不指定精度，则默认保存实际精度
	double(p[,s]) 或 real(p[,s])	8B	−1.7976931348623157E+308~ −2.2250738585072014E-308、0、 2.2250738585072014E-308~ 1.7976931348623157E+308	双精度浮点类型，若不指定精度，则默认保存实际精度
	decimal(p[,s]) 或 numeric(p[,s])	若 $p>s$，则为 $(p+2)$B；否则为 $(s+2)$B	p 指定小数点左边和右边可以存储的十进制数字的最大个数，最大精度为 38。s 指定小数点右边可以存储的十进制数字的最大个数，小数位数必须是 0~p 的值，默认小数位数是 0	定点数类型，默认的精度为 10，小数位数为 0

提示　对于浮点数类型和定点数类型，如果插入值的精度高于实际定义的精度，则系统会自动对插入值进行四舍五入，使值的精度达到要求。不同的是，float 类型和 double 类型在四舍五入时不会报错，而 decimal 类型会出现警告。

> **技巧** 在 MySQL 中，定点数以字符串的形式存储。因此，其精度比浮点数要高，而且浮点数会出现误差（这是浮点数一直存在的缺陷）。对精度要求比较高时（如货币、科学数据等），使用 decimal 类型会比较安全。

【素养小贴士】

MySQL 中存在多种数据类型，每一种类型都有其特定的使用场景，它们的存在保证了程序功能的多样性。

同样，世界上也存在着各种各样的人，每个人都有其存在的意义。如何将个人价值发挥出来呢？这就需要我们找准定位，设定目标，并为之不断努力，最终成为社会需要的人才。

（三）掌握列的其他属性

1. 设置默认值

当向表中插入数据时，如果用户没有明确给出某列的值，MySQL 就会自动指定该列使用默认值。设置默认值是实现数据完整性的方法之一。

2. 设置表的属性值自动增加

当向 MySQL 的表中加入新行时，可能希望给该行一个唯一而又容易确定的 ID，这可以通过为表的主键添加 AUTO_INCREMENT 关键字来实现。该标识字段是唯一标识表中每条记录的特殊字段，初始值默认为 1，当一个新记录添加到表中时，这个字段就被自动赋予一个新值，默认情况下递增 1。

3. 设置 NULL 与 NOT NULL

在创建表的结构时，列的值可以允许为空值。NULL（空值，表示该列可以不指定具体的值）意味着此值是未知的或不可用的，向表中填充行时不必给出该列的具体值。注意，NULL 不同于零、空白或长度为零的字符串。

NOT NULL 是指不允许为空值，即该列必须输入数据。

【任务实施】

随着学习的深入，王宁掌握了表结构的设计方法，成功确定了学生信息管理数据库中各个表的结构，如表 4.2～表 4.9 所示。

表 4.2　student 表的结构

列名	数据类型	是否允许为空值	键/索引	默认值	说明
sno	char(10)	否	主键		学号
sname	varchar(8)	是			姓名
ssex	char(2)	是		男	性别
sbirthday	date	是		2002-01-01	出生日期
sid	varchar(18)	是			身份证号
saddress	varchar(30)	是			家庭住址
spostcode	char(6)	是			邮政编码
sphone	char(18)	是		不详	联系电话号码
spstatus	varchar(20)	是			政治面貌
sfloor	char(10)	是			楼号
sroomno	char(5)	是			房间号
sbedno	char(2)	是			床位号

续表

列名	数据类型	是否允许为空值	键/索引	默认值	说明
tuixue	tinyint(1)	否		0	是否退学
xiuxue	tinyint(1)	否		0	是否休学
smemo	text	是			简历
classno	char(8)	是	外键 class(classno)		班级号

表 4.3   class 表的结构

列名	数据类型	是否允许为空值	键/索引	默认值	说明
classno	char(8)	否	主键		班级号
classname	varchar(20)	是			班级名称
speciality	varchar(60)	是			专业
inyear	year	是			入学年份
classnumber	tinyint	是			班级人数
header	char(10)	是			班主任
deptno	char(4)	是	外键 department(deptno)		系号
classroom	varchar(16)	是			教室
monitor	char(8)	是			班长

表 4.4   department 表的结构

列名	数据类型	是否允许为空值	键/索引	默认值	说明
deptno	char(4)	否	主键		系号
deptname	char(14)	是			系名
deptheader	char(8)	是			系主任
office	char(20)	是			办公室
deptphone	char(20)	是		不详	电话号码

表 4.5   floor 表的结构

列名	数据类型	是否允许为空值	键/索引	默认值	说明
sfloor	char(10)	否	组合主键		楼号
sroomno	char(5)	否	组合主键		房间号
ssex	char(2)	是			住宿性别
maxn	tinyint	是			床位数

表 4.6   course 表的结构

列名	数据类型	是否允许为空值	键/索引	默认值	说明
cno	char(3)	否	组合主键		课程号
cname	varchar(20)	否			课程名
cterm	tinyint	否	组合主键		学期

表 4.7   teacher 表的结构

列名	数据类型	是否允许为空值	键/索引	默认值	说明
tno	char(4)	否	主键		教师号
tname	char(10)	是			姓名

续表

列名	数据类型	是否允许为空值	键/索引	默认值	说明
tsex	char(2)	是		男	性别
ttitle	char(10)	是			职称
tbirthday	date	是			出生日期
deptno	char(4)	是	外键 department(deptno)		所在系别

表 4.8　sc 表的结构

列名	数据类型	是否允许为空值	键/索引	默认值	说明
cno	char(3)	否	组合主键 外键 course(cno)		课程号
sno	char(10)	否	组合主键 外键 student(sno)		学号
degree	decimal(4,1)	是			成绩
cterm	tinyint	否	组合主键 外键 course(cterm)		学期

表 4.9　teaching 表的结构

列名	数据类型	是否允许为空值	键/索引	默认值	说明
tno	char(4)	否	组合主键 外键 teacher(tno)		教师号
cno	char(3)	否	组合主键 外键 course(cno)		课程号
cterm	tinyint	否	组合主键 外键 course(cterm)		学期

任务 4-2　创建表

【任务提出】

确定好每个表的结构后，王宁迫不及待地要动手创建表。本任务将带领王宁分别使用 Navicat 和 SQL 语句创建 student 表、course 表、sc 表。

【知识储备】

（一）使用 Navicat 创建表

微课 4-1：使用
Navicat 工具创建表

下面以创建 student 表为例，介绍使用 Navicat 创建表的操作步骤。

（1）打开 Navicat，在【连接】窗格中展开【mysql80】，双击【gradem】数据库，使其处于打开状态，在【gradem】节点下用鼠标右键单击【表】节点，从快捷菜单中选择【新建表】命令，如图 4.2 所示。

（2）在打开的设计表窗口中输入列名，选择该列的数据类型（数据类型也可直接输入），设置输入字段的长度、小数位数（若字段需要），并设置是否允许该列为空值，如图 4.3 所示。设计表窗口的下半部分是列属性，包括是否使用默认字符集等。逐个定义表中的列，设计完整的表结构。

（3）设置主键约束。选中要作为主键的列，单击工具栏中的【主键】按钮；或用鼠标右键单击该列，在快捷菜单中选择【主键】命令，主键列的右侧将显示钥匙标记，如图 4.4 所示。注意，若要设置两个或两个以上字段为组合主键，则按住【Ctrl】键并选择相关字段，再单击工具栏中的【主键】按钮即可。

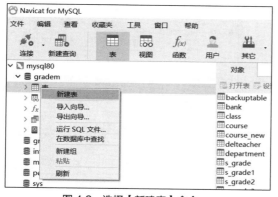

图 4.2 选择【新建表】命令

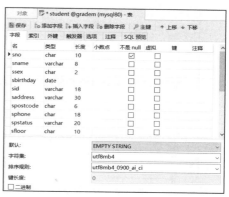

图 4.3 设计表窗口

（4）定义好所有的列后，单击工具栏中的【保存】按钮或按【Ctrl+S】组合键，弹出【表名】对话框，输入表名"student"，单击【确定】按钮即可保存该表，如图 4.5 所示。此时该表就创建完成了。

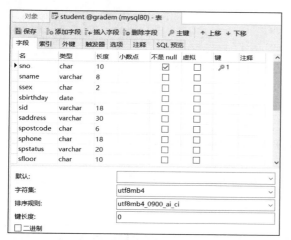

图 4.4 设置主键

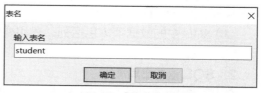

图 4.5 【表名】对话框

提示 ① 尽可能在创建表时正确输入列的信息。
② 同一个表中的列名不能相同。

在定义表结构时，可灵活运用下列操作技巧。

① 添加新字段。当输入完一个字段的所有信息后，单击工具栏中的【添加字段】按钮；或用鼠标右键单击某字段，从快捷菜单中选择【添加字段】命令，一个空白列就会被添加到最后。此时，可开始定义这个新字段的名称、数据类型及其他属性。

② 插入新字段。如果想插入新字段，则单击工具栏中的【插入字段】按钮；或用鼠标右键单击适当的字段，从快捷菜单中选择【插入字段】命令，如图 4.6 所示，一个空白列就会出现在所选字段的前面。此时，可开始定义这个新字段的名称、数据类型及其他属性。

③ 删除现有的字段。若想删除某个字段，则选中该字段，单击工具栏中的【删除字段】按钮；或用鼠标右键单击该字段，选择快捷菜单中的【删除字段】命令，如图 4.7 所示。

图 4.6　插入新字段

图 4.7　删除现有的字段

（二）使用 CREATE TABLE 语句创建表

> **提示**　在使用 SQL 语句前，要先了解 SQL 语句的语法格式和书写准则。

微课 4-2：使用
CREATE
TABLE 语句
创建表

1. SQL 语句中语法格式的约定符号

（1）尖括号"<>"中的内容为必选项。例如，<表名>表示必须在此处填写一个表名。

（2）方括号"[ ]"中的内容为任选项。例如，[UNIQUE]表示 UNIQUE 可写可不写。

（3）[,…]的意思是"等"，即前面的项可以重复。

（4）花括号"{}"与竖线"|"表明此处为选择项，在所列出的各项中仅需选择一项。例如，{A|B|C|D}表示从 A、B、C、D 中选取其一。

（5）SQL 中的数据项（包括列、表和视图）的分隔符为"，"，其字符串常量的定界符为单引号"'"。

2. SQL 语句书写准则

在书写 SQL 语句时，遵守一些准则可以提高语句的可读性，并且使语句易于编辑，这是很有好处的。以下是一些常用的准则。

（1）SQL 语句对大小写不敏感。但是为了提高 SQL 语句的可读性，子句开头的关键字通常大写。

（2）SQL 语句可写成一行或多行，习惯上每个子句占用一行。

（3）关键字不能在行与行之间分开，并且很少采用缩写形式。

（4）SQL 语句的结束符为分号"；"，分号必须放在语句中最后一个子句的后面，但可以不在同一行。

在 SQL 中，使用 CREATE TABLE 语句创建表，语法格式如下。

```
CREATE TABLE <表名>
(<字段 1> <数据类型 1> [<列级完整性约束条件 1>]
[,<字段 2> <数据类型 2> [<列级完整性约束条件 2>]] [,…]
[,<表级完整性约束条件 1>]
[,<表级完整性约束条件 2>] [,…]
);
```

3. 完整性约束条件

在定义表结构的同时，还可以定义与该表相关的完整性约束条件（实体完整性、参照完整性和用户自定义完整性），这些完整性约束条件被存入系统的数据字典中，当用户操作表中的数据时，由数据库管理系统自动检查该操作是否违背这些完整性约束条件。如果完整性约束条件涉及该表的多个属性列，则必须将其定义在表级上；其他情况下既可以定义在列级上，也可以定义在表级上。

（1）列级完整性约束条件

① PRIMARY KEY：指定该字段为主键。

② NULL /NOT NULL：指定该字段允许为空值或不允许为空值，如果没有约束条件，则默认为 NULL。

③ UNIQUE：指定该字段取值唯一，即每条记录中指定字段的值不能重复。

 注意 如果指定了 NOT NULL 和 UNIQUE，就相当于指定了 PRIMARY KEY。

④ DEFAULT <默认值>：指定该字段的默认值。

⑤ AUTO_INCREMENT：指定该字段的值自动增加。

⑥ CHECK（条件表达式）：用于检验输入值，拒绝接受不满足条件的值。

（2）表级完整性约束条件

① PRIMARY KEY：用于定义表级主键约束，语法格式如下。

```
CONSTRAINT <约束名> PRIMARY KEY [CLUSTERED](字段名1,字段名2,…,字段名 n)
```

注意 当使用多个字段作为表的主键时，可使用上述子句设置主键约束。

② FOREIGN KEY：用于设置参照完整性，即指定某字段为外键，语法格式如下。

```
CONSTRAINT <约束名> FOREIGN KEY <外键> REFERENCES <被参照表(主键)>
```

③ UNIQUE 既可用于列级完整性约束，也可用于表级完整性约束，当其用于表级完整性约束时，语法格式如下。

```
CONSTRAINT <约束名> UNIQUE(<字段名>)
```

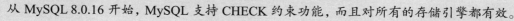 **提示** ① 表是数据库的组成对象，在创建表之前，需要先使用 USE 语句打开要操作的数据库。

② 用户在选择表名和列名时，尽量不要使用 SQL 中的关键字，如 SELECT、CREATE 和 INSERT 等。如果表名或列名是一个关键字或包含特殊字符，在使用它时，就必须在该标识符前加上它的前缀，如"数据库名.表名"或"表名.字段名"，如 SELECT select.select from gradem.select where select.select > 10;，其中 gradem 数据库包含一个 select 表，select 表包含一个 select 字段。

③ 在 MySQL 8.0.15 以前的版本中，虽然 CREATE TABLE 语句允许 CHECK(条件表达式)形式的约束检查语法，但实际上语句解析之后会忽略该子句。

从 MySQL 8.0.16 开始，MySQL 支持 CHECK 约束功能，而且对所有的存储引擎都有效。

【任务实施】

王宁通过学习，最终得到了 student 表、course 表和 sc 表的结构定义语句，具体语句如下。

```
USE gradem;
CREATE TABLE student                                    -- 创建学生表
(sno char(10) PRIMARY KEY,                              -- 学号为主键
sname varchar(8),                                       -- 姓名
ssex char(2) DEFAULT '男',                              -- 性别
sbirthday date DEFAULT '2002-01-01',                    -- 出生日期
sid varchar(18),                                        -- 身份证号
saddress varchar(30),                                   -- 家庭住址
spostcode char(6),                                      -- 邮政编码
sphone char(18) DEFAULT '不详',                         -- 联系电话号码
spstatus varchar(20),                                   -- 政治面貌
sfloor char(10),                                        -- 楼号
sroomno char(5),                                        -- 房间号
sbedno char(2),                                         -- 床位号
tuixue tinyint(1) NOT NULL DEFAULT 0,                   -- 是否退学
xiuxue tinyint(1) NOT NULL DEFAULT 0,                   -- 是否休学
smemo text,                                             -- 简历
classno char(8)                                         -- 班级号
);
CREATE TABLE course                                     -- 创建课程表
(cno char(3) NOT NULL,                                  -- 课程号
cname varchar(20) NOT NULL,                             -- 课程名
cterm tinyint NOT NULL,                                 -- 学期
CONSTRAINT C1 PRIMARY KEY(cno,cterm)                    -- 课程号+学期为主键
);
CREATE TABLE sc                                         -- 创建成绩表
(sno char(10) NOT NULL,                                 -- 学号
cno char(3) NOT NULL,                                   -- 课程号
degree decimal(4,1),                                    -- 成绩
cterm tinyint NOT NULL,                                 -- 学期
CONSTRAINT A1 PRIMARY KEY(sno,cno,cterm),               -- 学号+课程号+学期为主键
CONSTRAINT A2 CHECK(degree>=0 and degree<=100),         -- 成绩约束条件
CONSTRAINT A3 FOREIGN KEY(sno) REFERENCES student(sno), -- 学号为外键
CONSTRAINT A4 FOREIGN KEY(cno,cterm) REFERENCES course(cno,cterm)
                                                        -- (课程号,学期)为外键
);
```

【强化训练 4-1】

使用 SQL 语句定义 class 表、department 表、floor 表、teacher 表、teaching 表的结构。

【素养小贴士】

初次尝试使用 SQL 语句创建表时，往往需要反复修正才能执行成功，相信初学者已经深深地体会到了 SQL 语句的书写准则。

其实，掌握任何一门程序设计语言，都离不开认真负责、脚踏实地的学习态度，以及刻苦钻研、精益求精的工匠精神。

任务 4-3 维护表

【任务提出】

王宁想对 student 表的结构做修改，他想把 sphone 字段删除，再把该表的存储引擎改为 MyISAM。该用到哪些 SQL 语句来实现呢？王宁带着这个问题走进了本任务的学习中。

微课 4-3：维护表

【知识储备】

（一）查看表结构

1. 使用 Navicat 查看表结构

使用图形化管理工具 Navicat 查看表的结构较为简单，非常适合初学者。例如，查看 student 表的结构，具体步骤如下。

（1）启动 Navicat，打开【Navicat for MySQL】窗口，并确保其已与 MySQL 服务器建立连接。

（2）在【连接】窗格中依次展开【mysql80】|【gradem】|【表】节点，选中要查看其结构的表【student】，单击【Navicat for MySQL】窗口中的【设计表】按钮，如图 4.8 所示。打开设计表窗口，在该窗口中可以查看表中每个字段的名称、数据类型、长度、是否允许为空值、是否为主键、是否有默认值等，如图 4.9 所示。

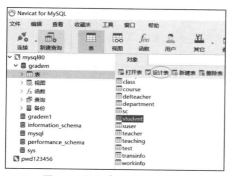

图 4.8 单击【设计表】按钮

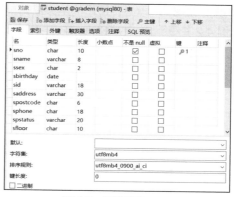

图 4.9 设计表窗口

2. 使用 DESCRIBE/DESC 语句查看表结构

在 MySQL 中，可以使用 DESCRIBE/DESC 语句查看表的字段信息，包括字段名、字段数据类型、是否为主键、是否有默认值等，语法格式如下。

```
DESCRIBE <表名>;
```

或简写为如下形式。

```
DESC <表名>;
```

【例 4.1】分别用 DESCRIBE 和 DESC 语句查看 student 表和 course 表的结构，SQL 语句如下。

```
DESCRIBE student;
```

```
DESC course;
```
执行结果分别如图 4.10 和图 4.11 所示。

```
+-----------+-------------+------+-----+------------+-------+
| Field     | Type        | Null | Key | Default    | Extra |
+-----------+-------------+------+-----+------------+-------+
| sno       | char(10)    | NO   | PRI |            |       |
| sname     | varchar(8)  | YES  |     | NULL       |       |
| ssex      | char(2)     | YES  |     | 男         |       |
| sbirthday | date        | YES  |     | 2002-01-01 |       |
| sid       | varchar(18) | YES  |     | NULL       |       |
| saddress  | varchar(30) | YES  |     | NULL       |       |
| spostcode | char(6)     | YES  |     | NULL       |       |
| sphone    | char(18)    | YES  |     | 不详       |       |
| spstatus  | varchar(20) | YES  |     | NULL       |       |
| sfloor    | char(10)    | YES  |     | NULL       |       |
| sroomno   | char(5)     | YES  |     | NULL       |       |
| sbedno    | char(2)     | YES  |     | NULL       |       |
| tuixue    | tinyint(1)  | NO   |     | 0          |       |
| xiuxue    | tinyint(1)  | NO   |     | 0          |       |
| smemo     | text        | YES  |     | NULL       |       |
| classno   | char(8)     | YES  |     | NULL       |       |
+-----------+-------------+------+-----+------------+-------+
16 rows in set (0.12 sec)
```

图 4.10 student 表的结构

```
+-------+-------------+------+-----+---------+-------+
| Field | Type        | Null | Key | Default | Extra |
+-------+-------------+------+-----+---------+-------+
| cno   | char(3)     | NO   | PRI | NULL    |       |
| cname | varchar(20) | NO   |     | NULL    |       |
| cterm | tinyint     | NO   | PRI | NULL    |       |
+-------+-------------+------+-----+---------+-------+
3 rows in set (0.04 sec)
```

图 4.11 course 表的结构

3. 使用 SHOW CREATE TABLE 语句查看详细的表结构

在 MySQL 中，可以使用 SHOW CREATE TABLE 语句查看详细的表结构，包括表名、创建该表的 CREATE TABLE 语句、存储引擎、字符集等信息，语法格式如下。

```
SHOW CREATE TABLE <表名>[\G];
```

 提示 在使用 SHOW CREATE TABLE 语句时，不仅可以查看创建表时的详细语句，还可以查看存储引擎和字符集。

如果不加参数 "\G"，显示的结果就可能非常混乱，加上参数 "\G" 后，显示结果会更加直观。

【例 4.2】 使用 SHOW CREATE TABLE 语句查看 course 表的详细信息，SQL 语句如下。

```
SHOW CREATE TABLE course;
```

执行结果如图 4.12 所示。

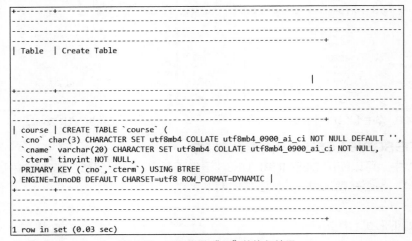

图 4.12 不加参数 "\G" 的执行结果

加上参数 "\G" 后的执行结果如图 4.13 所示。

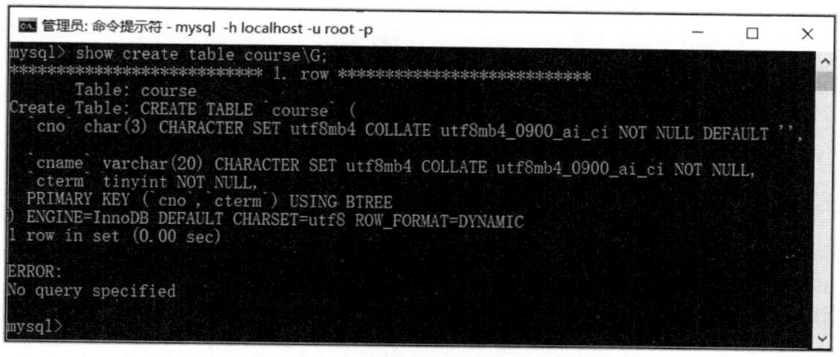

图 4.13　加上参数 "\G" 后的执行结果

> **提示**　Navicat 中的命令列界面不认可参数 "\G"，该语句需要在【命令提示符】窗口中执行。

4. 使用 SHOW TABLES 语句显示所有表

在 MySQL 中，可以使用 SHOW TABLES 语句显示当前数据库中的所有表，语法格式如下。

```
SHOW TABLES;
```

【例 4.3】显示 gradem 数据库中的所有表，SQL 语句如下。

```
SHOW TABLES;
```

【素养小贴士】

"千里之行，始于足下。"表结构就像是房屋图纸，其重要性不言而喻。所以在创建表结构时，一定要合理设置主键和外键约束，避免后续因为表结构不正确而引起数据异常。

（二）修改表结构

1. 使用 Navicat 修改表结构

（1）修改表名。

选中要修改的表，再单击表名，使表名处于编辑状态，直接输入新表名，按【Enter】键确定。或用鼠标右键单击要修改的表，在快捷菜单中选择【重命名】命令，再输入新表名（此方法与在 Windows 中给文件改名的方法一样），按【Enter】键确定。

（2）修改字段数据类型或字段名、增加或删除字段、修改字段的排列位置。

用鼠标右键单击要修改的表，在快捷菜单中选择【设计表】命令，打开设计表窗口，和新建表一样，可以向表中加入列、从表中删除列或修改列的属性，修改完毕单击【保存】按钮即可。

（3）更改表的存储引擎、删除表的完整性约束条件。

用鼠标右键单击要修改的表，在快捷菜单中选择【设计表】命令，打开设计表窗口，单击【选项】选项卡，在其中可修改表的存储引擎。单击【索引】【外键】【触发器】选项卡，在其中可修改表的完整性约束条件。

2. 使用 ALTER TABLE 语句修改表结构

在 MySQL 中，可以使用 ALTER TABLE 语句修改指定表的结构，其语法格式如下。

```
ALTER TABLE <表名>
{
[ADD <新字段名> <数据类型> [<列级完整性约束条件>] [FIRST|AFTER 已存在字段名]]
```

微课 4-4：修改表

｜[MODIFY <字段名 1> <新数据类型> [<列级完整性约束条件>][FIRST|AFTER 字段名 2]]

｜[CHANGE <旧字段名> <新字段名> <新数据类型>]

｜[DROP <字段名>｜ <完整性约束名>]

｜[RENAME [TO]<新表名>]

｜[ENGINE=<更改后的存储引擎名>]

};

各参数的含义说明如下。

（1）[ADD <新字段名> <数据类型> [<列级完整性约束条件>] [FIRST|AFTER 已存在字段名]：为指定的表添加一个新字段，它的数据类型由用户指定。其中，"FIRST|AFTER 已存在字段名"为可选参数，"FIRST"表示将新添加的字段设置为表的第一个字段。"AFTER"表示将新字段添加到指定的"已存在字段名"的后面。

> **提示** 如果 SQL 语句中没有指定"FIRST|AFTER 已存在字段名"参数，则默认将新字段添加到表的最后一列中。

（2）[MODIFY <字段名 1> <新数据类型> [<列级完整性约束条件>] [FIRST|AFTER 字段名 2]]：修改指定表中字段的数据类型或完整性约束条件。其中，"FIRST|AFTER 字段名 2"为可选参数，"FIRST"表示将字段名 1 设置为表的第一个字段。"AFTER"表示将"字段名 1"移动到"字段名 2"的后面。如果不需要修改字段的数据类型，则可以将新数据类型设置成与原来一样，但新数据类型不能为空值。

（3）[CHANGE <旧字段名> <新字段名> <新数据类型>]：重命名指定表中的字段。如果不需要修改字段的数据类型，则可以将新数据类型设置成与原来一样，但新数据类型不能为空值。

（4）[DROP <字段名>｜ <完整性约束名>]：删除指定表中不需要的字段或完整性约束。

（5）[RENAME [TO]<新表名>]：修改指定表的名称。

（6）[ENGINE=<更改后的存储引擎名>]：修改指定表的存储引擎。

下面用具体实例进行说明。

【例 4.4】在 student 表中添加一个数据类型为 char，长度为 10 的字段 class，表示学生所在班级，新字段添加在 ssex 字段的后面。

```
ALTER TABLE student ADD class char(10) AFTER ssex;
```

> **提示** 无论表中原来是否已有数据，新增加的列的值一律为空值。

【例 4.5】将 sc 表中 degree 字段的数据类型改为 smallint。

```
ALTER TABLE sc MODIFY degree smallint;
```

【例 4.6】将 student 表中的 sbirthday 字段改名为 sbirth。

```
ALTER TABLE student CHANGE sbirthday sbirth date;
```

【例 4.7】将 sc 表的表名改为 score。

```
ALTER TABLE sc RENAME score;
```

【例 4.8】删除 sc 表的外键约束 A4。

```
ALTER TABLE sc DROP FOREIGN KEY A4;
```

> **提示** 如果在该列上定义了约束，则在修改时会进行限制。如果确实要修改该列，就必须先删除该列上的约束，再进行修改。

（三）在表中添加、快速查看、修改和删除数据记录

微课 4-5：在表中添加、查看、修改和删除数据记录

1. 向表中添加数据记录

向表中添加数据记录时，插入不同数据类型的数据记录的格式不同，因此应严格遵守它们各自的要求。添加的数据记录按输入顺序保存，条数不限，只受存储空间的限制。

启动 Navicat 后，在【连接】窗格中双击【mysql80】，再双击要操作的数据库，在右侧窗格中显示出该数据库中的所有表，双击要操作的表（如 student 表），或用鼠标右键单击表，选择快捷菜单中的【打开表】命令，打开该表的数据窗口。

在数据窗口中，可以添加多行数据记录，还可以修改、删除表中的数据记录。使用该窗口的快捷菜单或下方的操作栏，可以实现表中各行数据记录的跳转、剪切、复制和粘贴等操作。

2. 快速查看、修改和删除数据记录

（1）快速查看数据记录。若想快速查看数据记录，除了可以利用方向键和翻页键来浏览数据记录外，还可以利用窗口下方的导航按钮，快速移动到第一条、最后一条或特定编号的数据记录上。

（2）修改数据记录。修改某字段的值，只需将鼠标指针移到该字段上并单击，然后修改值即可。

（3）删除数据记录。删除某条数据记录，可选中该条数据记录，然后按【Ctrl+Delete】组合键；或用鼠标右键单击数据记录，在快捷菜单中选择【删除记录】命令；或单击窗口下方操作栏中的 **－** 按钮，然后在【确认删除】对话框中单击【删除一条记录】按钮。

（四）复制表

1. 使用 Navicat 复制表

使用 Navicat 复制表的方法：用鼠标右键单击要复制的表，在快捷菜单中选择【复制表】命令，生成一个新表，表名称为"原表名_copy"。

2. 使用 SQL 语句复制表

在 MySQL 中，可以使用 SQL 语句将表结构及表中的数据复制到新表中，语法格式如下。

```
CREATE TABLE 新表名  SELECT * FROM 旧表名;
```

例如，将 student 表复制到 studbak 表中，SQL 语句如下。

```
CREATE TABLE  studbak SELECT * FROM student;
```

如果只将表结构复制到新表，则可以使用如下 SQL 语句。

```
CREATE TALBE  studbak SELECT * FROM student WHERE 1=0;  #使 WHERE 条件不成立
```

（五）删除表

1. 使用 Navicat 删除表

微课 4-6：删除表

使用 Navicat 删除表非常简单，在【Navicat for MySQL】窗口中用鼠标右键单击要删除的表，在快捷菜单中选择【删除表】命令；或单击该表，按【Delete】键，

在弹出的【确认删除】对话框中单击【删除】按钮。

> **提示** 如果一个表被其他表通过外键约束引用，那么必须先删除定义了外键约束的表，或删除其外键约束，才能删除该表。只有在没有其他表引用该表时，这个表才能被删除，否则删除操作就会失败。例如，teaching 表通过外键约束引用了 teacher 表，如果尝试删除 teacher 表，那么会出现警告提示对话框，如图 4.14 所示，删除操作被取消。
>
>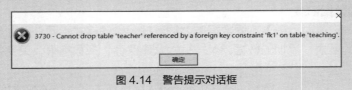
>
> 图 4.14　警告提示对话框

2. 使用 DROP TABLE 语句删除表

在 MySQL 中，可以使用 DROP TABLE 语句删除表，其语法格式如下。

```
DROP TABLE [IF EXISTS] <表名 1>[,<表名 2>,…];
```

在 MySQL 中，使用 DROP TABLE 语句可以一次删除一个或多个没有被其他表关联的表。

参数 "IF EXISTS" 用于在删除前判断要删除的表是否存在，加上该参数后，即使要删除的表不存在，SQL 语句也可以顺利执行。

> **警告** 使用 DROP TABLE 语句删除表，不仅会将表中的数据删除，还会将表定义本身删除。如果只想删除表中的数据而保留表的定义，则可以使用 DELETE 语句。DELETE 语句用于删除表中的所有行，或者根据语句中的定义只删除特定的行。（DELETE 语句的使用将在项目 5 中详细介绍。）

【例 4.9】 删除成绩表 sc。

```
DROP TABLE sc;
```

【任务实施】

通过本任务的学习，王宁的问题得到了解决，删除 sphone 字段和修改存储引擎的代码如下。

（1）将 student 表中的 sphone 字段删除。

```
ALTER TABLE student DROP sphone;
```

（2）将 student 表的存储引擎改为 MyISAM。

```
ALTER TABLE student ENGINE=MyISAM;
```

项目小结

通过本项目的学习，王宁掌握了表结构的设计方法，以及表结构的修改与维护、表的创建、表中数据记录的添加/快速查看/修改/删除、表的复制与删除等操作。王宁针对本项目的知识点，整理出了图 4.15 所示的思维导图。

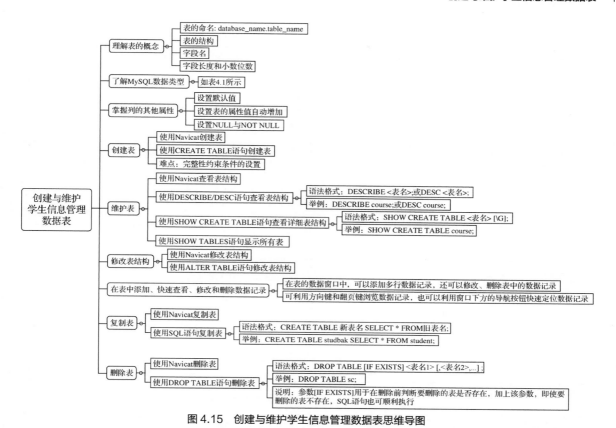

图 4.15　创建与维护学生信息管理数据表思维导图

项目实训 4：创建与维护表

1. 实训目的

（1）掌握表的基础知识。

（2）掌握使用 Navicat 和 SQL 语句创建表的方法。

（3）掌握表的维护、修改、查看、删除等基本操作。

2. 实训内容和要求

（1）在 gradem 数据库中创建表 4.10～表 4.14 所示的表结构。

表 4.10　student（学生）表的结构

字段名	数据类型	长度	小数位数	是否允许为空值	说明
sno	char	10		否	主键
sname	varchar	8		是	
ssex	char	2		是	值为"男"或"女"
sbirthday	date			是	
saddress	varchar	50		是	
sphone	varchar	12		是	
sdept	char	16		是	
speciality	varchar	20		是	
classno	char	8		是	

表 4.11　course（课程）表的结构

字段名	数据类型	长度	小数位数	是否允许为空值	说明
cno	char	5		否	主键
cname	varchar	20		否	

表 4.12　sc（成绩）表的结构

字段名	数据类型	长度	小数位数	是否允许为空值	说明
sno	char	10		否	组合主键，外键
cno	char	5		否	组合主键，外键
degree	decimal	4	1	是	取值范围为 1～100

表 4.13　teacher（教师）表的结构

字段名	数据类型	长度	小数位数	是否允许为空值	说明
tno	char	3		否	主键
tname	varchar	8		是	
tsex	char	2		是	值为"男"或"女"
tbirthday	date			是	
tdept	char	16		是	

表 4.14　teaching（授课）表的表结构

字段名	数据类型	长度	小数位数	是否允许为空值	说明
cno	char	5		否	组合主键，外键
tno	char	3		否	组合主键，外键
cterm	tinyint	1	0	是	取值范围为 1～10

（2）向表 4.10～表 4.14 中输入数据记录，数据记录如表 4.15～表 4.19 所示。

表 4.15　student 表

sno	sname	ssex	sbirthday	saddress	sphone	sdept	speciality	classno
2020010101	李勇	男	2001-01-12	山东省青岛市	1350536××××	计算机工程系	计算机应用	20200101
2020020201	刘晨	女	2002-06-04	山东省菏泽市	1590536××××	信息工程系	电子商务	20200202
2020030301	王敏	女	2002-12-23	山东省济南市	1380536××××	软件工程系	数学	20200301
2020020201	张立	男	2001-08-25	山东省潍坊市	1390536××××	信息工程系	电子商务	20200202

表 4.16　course 表

cno	cname
C01	数据库
C02	数学
C03	信息工程系统
C04	操作系统

表 4.17　sc 表

sno	cno	degree
2020010101	C01	92
2020010101	C02	85
2020010101	C03	88
2020020201	C02	90
2020020201	C03	80

表 4.18　teacher 表

tno	tname	tsex	tbirthday	sdept
101	李新	男	1987-01-12	计算机工程系
102	钱军	女	1990-06-04	计算机工程系
201	王小花	女	1989-12-23	信息工程系
202	张小青	男	1978-08-25	信息工程系

表 4.19　teaching 表

cno	tno	cterm
C01	101	2
C02	102	1
C03	201	3
C04	202	4

（3）修改表结构。

① 向 student 表中添加"入学时间"列，其数据类型为日期时间类型。

② 将 student 表中的 sdept 字段的长度改为 20。

③ 将 student 表中的 speciality 字段删除。

④ 删除 student 表。

3. 实训反思

① MySQL 中有哪几种整数类型？它们占用的存储空间分别是多少？取值范围分别是什么？

② 在定义基本表时，NOT NULL 参数的作用是什么？

③ 主键可以建立在"值可以为空值"的列上吗？

课外拓展：创建与维护网络玩具销售系统中的表

操作内容及要求如下。

在项目 3 的课外拓展中已建立好数据库 GlobalToys，现在创建与维护该数据库中的表。

设计表 4.20～表 4.22 所示的表结构。

表 4.20　Category（玩具类别）表的结构

字段名	数据类型	说明
cCategoryId	char(3)	类别编号
cCategory	char(20)	类别名称
vDescription	varchar(100)	类别描述

表 4.21　ToyBrand（玩具品牌）表的结构

字段名	数据类型	说明
cBrandId	char(3)	品牌编号
cBrandName	char(20)	品牌名称

表 4.22　Toys（玩具）表的结构

字段名	数据类型	说明
cToyId	char(6)	玩具编号
cToyName	varchar(20)	玩具名称
vToyDescription	varchar(250)	玩具描述
cCategoryId	char(3)	类别编号
mToyRate	decimal(10,2)	玩具价格

续表

字段名	数据类型	说明
cBrandId	char(3)	品牌编号
imPhoto	blob	玩具图片
siToyQoh	smallint	现存数量
siLowerAge	smallint	年龄下限
siUpperAge	smallint	年龄上限
siToyWeight	smallint	玩具重量
vToyImgpath	varchar(50)	图片存放地址

（1）创建 Category 表。创建表时，定义下面的完整性约束条件。

① 主键应该是类别编号 cCategoryId。

② 类别名称 cCategory 应该是唯一的，但不是主键。

③ 类别描述 vDescription 允许为空值。

（2）创建 ToyBrand 表。该表须满足下列完整性约束条件。

① 主键应该是品牌编号 cBrandId。

② 品牌名称 cBrandName 应该是唯一的，但不是主键。

（3）创建表 Toys。该表须满足下列完整性约束条件。

① 主键应该是玩具编号 cToyId。

② 玩具的现存数量 siToyQoh 的取值范围应该为 0～200。

③ 玩具图片 imPhoto、图片存放地址 vToyImgpath 允许为空值。

④ 玩具名称 cToyName、玩具描述 vToyDescription 不允许为空值。

⑤ 年龄下限 siLowerAge 的默认值是 1。

⑥ 类别编号 cCategoryId 的值应当在 Category 表中存在（提示：建立外键约束）。

（4）修改表 Toys，该表须满足下列完整性约束条件。

① 品牌编号 cBrandId 中的值应当在 ToyBrand 表中存在（提示：建立外键约束）。

② 年龄上限 siUpperAge 的默认值是 12。

（5）修改已经创建的 Toys 表，该表须满足下列完整性约束条件。

① 玩具价格 mToyRate 的值应该大于 0。

② 玩具重量 siToyWeight 的默认值为 1。

（6）在 ToyBrand 表中存入表 4.23 所示的信息。

表 4.23　ToyBrand 表

cBrandId	cBrandName
001	Bobby
002	Frances_Price
003	The Bernie Kids
004	Largo

（7）将表 4.24 所示的玩具类别存储在数据库中。

（8）将表 4.25 所示的信息存入数据库。

（9）将玩具编号为"000001"的玩具的 mToyRate 值加 1。

（10）在数据库中删除品牌名称为"Largo"的记录。

（11）将类别名称为"Activity"的记录复制到一个新表中，此表名为 PreferredCategory。

（12）将类别名称为"Dolls"的记录从 Category 表复制到 PreferredCategory 表中。

表 4.24　Category 表

cCategoryId	cCategory	vDescription
001	Activity	创造性玩具，培养孩子的社交能力，并激发他们对周围世界的兴趣
002	Dolls	各种品牌的洋娃娃
003	Arts And Crafts	鼓励孩子们用这些手工工具创造出杰作

表 4.25　Toys 表

字段名	参数
cToyId	000001
cToyName	Robby the Whale
vToyDescription	双人对战篮球机，可培养手眼协调能力，还可增加亲子互动时间
cCategoryId	001
mToyRate	8.99
cBrandId	001
imPhoto	NULL
siToyQoh	50
siLowerAge	3
siUpperAge	9
siToyWeight	1
vToyImgpath	NULL

习题

1. 选择题

（1）下面哪种数据类型不可以存储数据 256？（　　　）。

　　A．bigint　　　　　　　B．int　　　　　　　　C．smallint　　　　　　D．tinyint

（2）下面有关主键和外键之间的关系描述，正确的是（　　　）。

　　A．一个表中最多只能有一个主键约束，有多个外键约束

　　B．一个表中最多只有一个外键约束，有一个主键约束

　　C．在定义主键、外键约束时，可以先定义主键约束，也可以先定义外键约束

　　D．在定义主键、外键约束时，应该先定义外键约束，然后定义主键约束

（3）下面关于数据库中表的行和列的叙述，正确的是（　　　）。

　　A．表中的行是有序的，列是无序的　　　　B．表中的列是有序的，行是无序的

　　C．表中的行和列都是有序的　　　　　　　D．表中的行和列都是无序的

（4）在下列 SQL 语句中，修改表结构的语句是（　　　）。

　　A．CREATE　　　　　　B．ALTER　　　　　　C．UPDATE　　　　　D．INSERT

（5）若用如下的 SQL 语句创建一个 STUDENT 表。

```
CREATE TABLE STUDENT
(NO char(4) NOT NULL,
NAME char(8) NOT NULL,
```

```
SEX char(2),
AGE int);
```
则可以插入 STUDENT 表中的是（   ）。

      A.（'1031', '曾华',男,'23'）   B.（'1031', '曾华',NULL,NULL）

      C.（NULL, '曾华', '男', '23'）   D.（'1031',NULL, '男',23）

（6）要在基本表 S 中增加一列 CN（课程名），可用语句（   ）。

      A. ADD TABLE S(CN char(8))   B. ADD TABLE S ALTER(CN char(8))

      C. ALTER TABLE S ADD CN char(8)   D. ALTER TABLE S(ADD CN char(8))

（7）在学生关系模式 S(S#,SNAME,AGE,SEX)中，S 的属性分别表示学生的学号、姓名、年龄、性别。要在 S 表中删除年龄属性，可选用的 SQL 语句是（   ）。

      A. DELETE AGE FROM S   B. ALTER TABLE S DROP AGE

      C. UPDATE S AGE   D. ALTER TABLE S 'AGE'

2. 综合题

假设要创建学生选课数据库，数据库中包括学生表、课程表和选课表 3 个表，表结构分别如下。

学生(学号,姓名,性别,年龄,所在系)

课程(课程号,课程名,先行课)

选课(学号,课程号,成绩)

用 SQL 语句完成下列操作。

（1）创建学生选课数据库。

（2）创建学生表、课程表和选课表，其中，学生表中"性别"的默认值为"男"。

项目5
查询与维护学生信息管理数据表

05

情景导入

通过几周的学习，王宁已经完成数据库和表的创建与维护。接下来，李老师给王宁布置了另一项任务，在学生信息管理数据库中，如果遇到要查询某个学生的信息、有新生入学、某同学转专业、某同学要退学、某些同学要修改姓名等情况，该如何处理呢？

带着李老师布置的任务，王宁又开始了自主学习和探索。通过学习，王宁发现，不只是在学生信息管理数据库中会遇到这些问题，在各个应用领域都会遇到，如我们在订购火车票时，车票信息的及时更新与查询，网购时每种商品的价格、库存等信息的查询等。可见，数据的查询、插入、修改、删除等操作是数据库应用中最基本、最重要的操作。那么，如何实现这些操作呢？又会用到哪些 SQL 语句呢？王宁带着这些问题进入了本项目的学习中。

职业能力目标（含素养要点）

- 掌握数据查询语句的使用方法
- 掌握聚集函数的使用方法及技巧
- 掌握分组与排序的方法（科技创新）
- 理解多表连接查询和嵌套查询的使用规则（探索未知）
- 掌握表记录的插入、修改和删除操作

任务 5-1 掌握简单数据查询

【任务提出】

在王宁完成学生信息管理数据库的设计并导入数据后，李老师给王宁布置了新任务：在学生信息管理数据库中查询每个班级的学生人数，并按班级人数降序排列；统计参加考试并有考试成绩的学生人数。本任务将带领王宁一起深入学习并解决这些问题。

【知识储备】

数据查询是数据库中最常见的操作之一，SQL 通过 SELECT 语句来实现查询。由于 SELECT 语句的结构较为复杂，为了更加清楚地讲解 SELECT 语句，下面将省略语法格式的细节，在之后的各任务中再展开讲解。数据查询语句的语法格式如下。

```
SELECT 子句 1
FROM 子句 2
[WHERE 表达式 1]
[GROUP BY 子句 3
```

[HAVING 表达式 2]]

[ORDER BY 子句 4]

[UNION 运算符]

[LIMIT [*M*,]*N*]

[INTO OUTFILE 输出文件名]；

各参数的功能说明如下。

（1）SELECT 子句 1：指定查询结果中需要返回的值。

（2）FROM 子句 2：指定要查询的数据来自的表或视图。

（3）WHERE 表达式 1：指定查询的搜索条件。

（4）GROUP BY 子句 3：指定查询结果的分组条件。

（5）HAVING 表达式 2：指定分组或集合的查询条件。

（6）ORDER BY 子句 4：指定查询结果的排序方法。

（7）UNION 运算符：将多个 SELECT 语句的查询结果组合为一个结果集，该结果集包含集合查询中查询的全部行。

（8）LIMIT [*M*,]*N*：指定输出记录的范围。

（9）INTO OUTFILE 输出文件名：将查询结果输出到指定文件中。

本任务为简化查询操作，以学生信息管理数据库（gradem）为例，所用的基本表中的部分数据如表 5.1～表 5.3 所示。

该数据库包括以下几个表。

（1）学生表 student（sno 表示学号，sname 表示姓名，ssex 表示性别，sbirthday 表示出生日期，saddress 表示家庭地址，sphone 表示学生电话号码，sdept 表示学生所在系，speciality 表示学生所学专业，classno 表示学生所在班级）。

（2）课程表 course（cno 表示课程号，cname 表示课程名）。

（3）成绩表 sc（sno 表示学号，cno 表示课程号，degree 表示成绩）。

其关系模式如下。

```
student(sno,sname,ssex,sbirthday,saddress,sphone,sdept,speciality,classno)
course(cno,cname)
sc(sno,cno,degree)
```

表 5.1　student（学生）表

sno	sname	ssex	sbirthday	saddress	sphone	sdept	speciality	classno
2020010101	李勇	男	2001-01-12	山东省青岛市	1350536××××	计算机工程系	计算机应用	20200101
2020020201	刘晨	女	2002-06-04	山东省菏泽市	1590536××××	信息工程系	电子商务	20200202
2020030301	王敏	女	2002-12-23	山东省济南市	1380536××××	软件工程系	数学	20200301
2020020201	张立	男	2001-08-25	山东省潍坊市	1390536××××	信息工程系	电子商务	20200202

表 5.2　course（课程）表

cno	cname
C01	数据库原理及应用
C02	高等数学
C03	信息工程系统
C04	操作系统

表 5.3　sc（成绩）表

sno	cno	degree
2020010101	C01	92
2020010101	C02	85
2020010101	C03	88
2020020201	C02	90
2020020201	C03	80

（一）单表无条件数据查询

1. 语法格式

```
SELECT [ALL|DISTINCT] <选项> [AS <显示列名>] [,<选项> [AS <显示列名>][,…]]
FROM <表名|视图名> [LIMIT [M,]N];
```

微课 5-1：数据查
询——单表
无条件数据查询

2. 说明

（1）ALL：表示输出所有记录，包括重复记录。默认值为 ALL。

（2）DISTINCT：表示在查询结果中去掉重复值。

（3）LIMIT N：返回查询结果集中的前 N 行。加[M,]表示从表的第 M 行开始，返回查询结果集中的前 N 行。M 从 0 开始，N 的取值范围由表中的记录数决定。

（4）选项：查询结果集中的输出列。选项可为字段名、表达式或函数。用 "*" 表示表中的所有字段。若选项为表达式或函数，则由系统自动给出输出的列名，因为该列名不是原字段名，故用 AS 重命名。

（5）显示列名：在输出结果中，设置选项显示的列名。可用引号定界或不定界。

（6）表名 | 视图名：表示查询的数据源，可以是表或视图。

3. 实例

（1）查询指定列

【例 5.1】查询全体学生的学号和姓名。

```
SELECT sno,sname
FROM student;
```

【例 5.2】查询全体学生的姓名、学号、所在系。

```
SELECT sname,sno,sdept
FROM student;
```

> **提示** SELECT 子句中各列的先后顺序可以与表中的顺序不一致。用户可以根据应用需要改变列的显示顺序。例 5.2 就是先列出姓名，再列出学号和所在系。

【例 5.3】查询选修了课程的学生学号。

```
SELECT DISTINCT sno
FROM sc;
```

如果没有指定 DISTINCT 关键字，则默认为 ALL，即保留结果表中取值重复的行。

去掉 DISTINCT 关键字和指定 DISTINCT 关键字的查询结果对比如表 5.4 所示。

微课 5-2：数据
查询——
DISTINCT 关键
字的使用

表 5.4　去掉 DISTINCT 关键字（左）和指定 DISTINCT 关键字（右）的查询结果对比

sno	sno
2020010101	2020010101
2020010101	2020020201
2020010101	
2020020201	
2020020201	

请读者自行练习显示 student 表中出现的系，然后去掉重复值，比较其显示结果。

（2）查询全部列

【例 5.4】查询全体学生的详细记录。

```
SELECT *
FROM student;
```

微课 5-3：LIMIT
子句的使用

上面的语句等价于如下语句。

```
SELECT sno,sname,ssex,sbirthday,saddress,sphone,sdept,speciality,
classno
FROM student;
```

【例 5.5】输出 student 表中的前 10 条记录。

```
SELECT * FROM student LIMIT 10;
```

上面的语句等价于如下语句。

```
SELECT * FROM student LIMIT 0,10;
```

若输出 student 表中第 2 条记录后的 5 条记录，则 SQL 语句如下。

```
SELECT * FROM student LIMIT 2,5;
```

微课 5-4：数据
查询——在
SELECT 中
指定显示列名

（3）查询经过计算的列

SELECT 子句中的选项不仅可以是表中的字段名，也可以是表达式。

【例 5.6】查询全体学生的姓名及其年龄。

```
SELECT sname,YEAR(CURDATE())-YEAR(sbirthday)
FROM student;
```

在例 5.6 中，子句中的第 2 项不是字段名，而是一个计算表达式，是用当前的年份减去学生的出生年份，这样可以得到学生的年龄。其中，CURDATE()函数返回当前的系统日期，YEAR()函数返回指定日期的年份。输出结果如表 5.5 所示。

SELECT 子句中的选项不仅可以是计算表达式，还可以是字符串常量、函数等；用户还可以通过指定别名来改变查询结果中的列名，这对包含计算表达式、常量、函数名的目标列表达式尤为有用。

> **提示** 有如下两种方法指定列名。
> ① 使用"选项 列名"形式。
> ② 使用"选项 AS 列名"形式。

【例 5.7】查询全体学生的姓名、出生年份和所在系，并为姓名列指定别名"姓名"，为出生年份列指定别名"年份"，为所在系列指定别名"系别"。

```
SELECT sname 姓名,'出生年份:', YEAR(sbirthday) 年份,sdept AS 系别
FROM student;
```

输出结果如表 5.6 所示。

表 5.5　全体学生的姓名及年龄

sname	YEAR(CURDATE())-YEAR(sbirthday)
李勇	20
刘晨	19
王敏	19
张立	20

表 5.6　全体学生的姓名、出生年份和所在系

姓名	出生年份：	年份	系别
李勇	出生年份：	2001	计算机工程系
刘晨	出生年份：	2002	信息工程系
王敏	出生年份：	2002	软件工程系
张立	出生年份：	2001	信息工程系

【**例 5.8**】将 sc 表中的学生成绩增加 20% 后输出。

```
SELECT sno,cno,degree*1.2 as 成绩
FROM SC;
```

注意 SQL 语句中的标点符号一律为半角。

4. 查询结果的输出

SQL 允许用户将查询结果创建为一个新的表，或者将查询结果输出到文本文件中。

（1）复制表

SQL 提供了复制表的功能，允许用户使用 SELECT 语句将查询得到的结果创建为一个新的表。

复制表使用 CREATE TABLE 语句，然后把 SELECT 语句嵌套在其中。其语法格式如下。

微课 5-5：查询
结果的输出

```
CREATE TABLE <新表名> SELECT 语句;
```

新创建的表的属性列由 SELECT 语句的目标列表达式确定，属性列的名称、数据类型及在表中的顺序都与 SELECT 语句的目标列表达式相同。新表的行数据也来自 SELECT 语句的查询结果，其值可以是目标列表达式和函数的值。

【**例 5.9**】使用 CREATE TABLE 语句创建一个新表，存放 student 表中的姓名和系别两列。

```
CREATE TABLE studtemp
SELECT sname,sdept
FROM student;
```

提示 该语句执行后将创建一个新表 studtemp，表中有两个属性列，即 sname、sdept，所有数据均来自 student 表。

（2）将查询结果输出到文本文件中

使用 SELECT 语句的 INTO 子句可以将查询结果输出到文本文件中，用于实现数据备份。INTO 子句不能单独使用，它必须包含在 SELECT 语句中。

INTO 子句的语法格式如下。

```
INTO OUTFILE '[文件路径]文本文件名' [FIELDS TERMINATED BY '分隔符']
```

其中，文件路径是指定文本文件的存储位置，默认为当前目录。FIELDS TERMINATED BY '分隔符'用来设置字段间的分隔符，默认为制表符 "\t"。

【**例 5.10**】使用 INTO 子句将 student 表中所有学生的信息备份到 D 盘中 BAK 文件夹的 person.txt 文件中，字段分隔符用逗号 ","。

```
SELECT * FROM student
INTO OUTFILE 'D:/BAK/person.txt' FIELDS TERMINATED BY ',';
```

说明 由于指定了 INTO OUTFILE 子句，所以上述语句执行成功后，student 表中女生的信息将被保存到 D:\BAK\person.txt 文件（如果文件夹中该文件已存在，则系统会提示"1086 - File 'D:/BAK/person.txt' already exists"，命令将终止执行）中。

但是，在 MySQL 8.0 中，执行该命令会出现图 5.1 所示的错误提示。

图 5.1　导出到指定目录的错误提示

为什么会提示错误呢？原因在于，为了提高数据库的安全性，MySQL 自 MySQL 5.7 开始通过 secure-file-priv 参数限制导入与导出的目录权限。例如，本书使用的 MySQL 8.0 默认的导出目录是 C:\ProgramData\MySQL\MySQL Server 8.0\Uploads\。

我们可以通过修改 secure-file-priv 参数来解决上述问题。secure-file-priv 参数位于 my.ini 文件（默认目录为 C:\ProgramData\MySQL\MySQL Server 8.0）中，该参数可以修改为 3 类值，每类值代表不同的含义。

（1）secure-file-priv=null，表示不允许导入和导出。

（2）secure-file-priv=/path/，path 为默认目录，表示导入和导出只能使用该默认目录。

（3）secure-file-priv="，表示不限制导入和导出的目录。

为了解决本题目中的问题，同时为了方便后续 mysqldump 命令和 mysqlimport 命令的导出和导入，此处将 secure-file-priv 参数的值修改为 ""，即不限制导入和导出的目录。my.ini 文件修改完毕，将其保存，并重启 mysql80 服务。

再次执行例 5.10 中的语句，即可导出成功。

（二）使用 WHERE 子句实现条件查询

微课 5-6：单表
有条件查询

1. 语法格式

```
SELECT [ALL|DISTINCT] <选项> [AS<显示列名>] [,<选项> [AS<显示列名>][,…]]
FROM <表名|视图名>
WHERE <条件表达式>;
```

说明　条件表达式是通过运算符连接起来的逻辑表达式。

2. WHERE 子句常用的运算符

WHERE 子句常用的运算符如表 5.7 所示。

（1）比较运算符

使用比较运算符可以限定查询条件，其语法格式如下。

```
WHERE 表达式1 比较运算符 表达式2
```

【例 5.11】 查询所有男生的信息。

```
SELECT *
FROM student
WHERE ssex='男';
```

表 5.7　WHERE **子句常用的运算符**

查询条件	运算符
比较运算	=、<、>、<=、>=、<>、!=、!<、!>
逻辑运算	AND、OR、NOT
范围比较	BETWEEN AND、NOT BETWEEN AND
字符匹配	LIKE、NOT LIKE
正则表达式	REGEXP
列表运算	IN、NOT IN
涉及空值的查询	IS NULL、IS NOT NULL

【例 5.12】查询成绩大于 80 分的所有学生的学号和成绩。

```
SELECT sno AS '学号',degree AS '成绩'
FROM sc
WHERE degree>80;
```

【例 5.13】查询所有男生的学号、姓名、系别及出生日期。

```
SELECT sno,sname,sdept,sbirthday
FROM student
WHERE ssex='男';
```

【例 5.14】查询计算机工程系全体学生的名称。

```
SELECT sname
FROM student
WHERE sdept='计算机工程系';
```

【例 5.15】查询考试成绩不及格的学生的学号。

```
SELECT DISTINCT sno
FROM sc
WHERE degree<60;
```

这里使用了 DISTINCT 关键字，即使一个学生有多门课程不及格，他的学号也只出现一次。

> **提示**　在 MySQL 中，比较运算符几乎可以连接所有类型的数据。当连接的数据不是数字时，要用单引号（'）将数据引起来。在使用比较运算符时，运算符两边表达式的数据类型必须保持一致。

（2）逻辑运算符

在查询时，有时指定一个查询条件很难满足用户的需求，需要同时指定多个查询条件，此时可以使用逻辑运算符将多个查询条件连接起来。WHERE 子句可以使用逻辑运算符 AND、OR 和 NOT，这 3 个逻辑运算符可以混合使用，其语法格式如下。

```
WHERE NOT 逻辑表达式|逻辑表达式1 逻辑运算符 逻辑表达式2
```

> **提示**　如果 WHERE 子句中有 NOT 运算符，则将 NOT 运算符放在表达式的前面。

【例 5.16】查询计算机工程系中所有女生的信息。

```
SELECT * FROM student
WHERE sdept='计算机工程系' AND ssex='女';
```

【例 5.17】查询成绩在 90 分以上或不及格的学生学号和课程号信息。

```
SELECT sno,cno
```

```
FROM sc
WHERE degree>90 OR degree<60;
```

【例 5.18】查询非计算机工程系的学生的信息。

```
SELECT *
FROM student
WHERE NOT sdept='计算机工程系';
```

或使用如下语句。

```
SELECT *
FROM student
WHERE sdept<>'计算机工程系';
```

（3）范围运算符

在 WHERE 子句中可以使用 BETWEEN AND 关键字查找在某一范围内的数据，也可以使用 NOT BETWEEN AND 关键字查找不在某一范围内的数据，其语法格式如下。

微课 5-7：单表有
条件查询——
集合的查询

```
WHERE 表达式 [NOT] BETWEEN 初始值 AND 终止值
```

其中，NOT 为可选项，初始值表示范围的下限，终止值表示范围的上限。

> **注意** 绝对不允许初始值大于终止值。

【例 5.19】查询成绩在 60～70 分的学生学号及成绩信息。

```
SELECT sno,degree
FROM sc
WHERE degree BETWEEN 60 AND 70;
```

其中，条件表达式的另一种表示方法是 degree>=60 AND degree<=70。

（4）字符匹配符

微课 5-8：单表有
条件查询——
模糊查询

在 WHERE 子句中使用字符匹配符 LIKE 或 NOT LIKE 可以比较表达式与字符串，从而实现对字符串的模糊查询，其语法格式如下。

```
WHERE 字段名 [NOT] LIKE '字符串' [ESCAPE '转义字符']
```

其中，NOT 为可选项，'字符串'表示要进行比较的字符串。在 WHERE 子句中使用通配符可以实现对字符串的模糊匹配。在 MySQL 中使用含有通配符的字符串时，必须将该字符串用单引号（'）或双引号（"）引起来。

ESCAPE '转义字符'的作用是当用户要查询的字符串本身含有通配符时，对通配符进行转义。

通配符及其说明如表 5.8 所示。

> **提示** 匹配字符串是不区分大小写的，如 m%和 M%是相同的匹配字符串。如果 LIKE 后面的匹配字符串中不含通配符，则可以用"="（等于）运算符取代 LIKE，用"<>"（不等于）运算符取代 NOT LIKE。

表 5.8　通配符及其说明

通配符	说明	示例
%	任意多个字符	M%：表示查询以 M 开头的任意字符串，如 Mike。 %M：表示查询以 M 结尾的任意字符串，如 ROOM。 %m%：表示查询任意位置包含 m 的所有字符串，如 man、some

通配符	说明	示例
_	单个字符	_M：表示查询以任意一个字符开头，以 M 结尾的两位字符串，如 AM、PM。 H_：表示查询以 H 开头，后面跟任意一个字符的两位字符串，如 Hi、He

【例 5.20】查询生源地不是山东省的所有学生的信息。

```
SELECT * FROM student
WHERE saddress NOT LIKE '%山东省%';
```

【例 5.21】查询名字中第 2 个字为"阳"的学生的姓名和学号。

```
SELECT sname,sno
FROM student
WHERE sname LIKE '_阳%';
```

【例 5.22】查询学号为"2020030122"的学生姓名和性别。

```
SELECT sname,ssex
FROM student
WHERE sno LIKE '2020030122';
```

以上语句等价于如下语句。

```
SELECT sname,ssex
FROM student
WHERE sno='2020030122';
```

【例 5.23】查询 DB_Design 课程的课程号。

```
SELECT cno
FROM course
WHERE cname LIKE 'DB/_Design' ESCAPE'/';
```

其中，ESCAPE'/'表示"/"为转义字符，这样匹配字符串中紧跟在"/"后面的字符"_"不再具有通配符的含义，而是转义为普通的"_"字符。

（5）正则表达式

正则表达式通常用来检索或替换符合某个模式的文本内容，根据指定的匹配模式匹配文本中符合要求的特殊字符串，例如，从一个文本文件中提取电话号码，查找一篇文章中重复的单词或者替换用户输入的某些词语等。正则表达式功能强大，可以应用于非常复杂的查询。

在 MySQL 中使用 REGEXP 关键字指定正则表达式的字符匹配模式，其语法格式如下。

```
WHERE 字段名 REGEXP '操作符'
```

表 5.9 列出了 REGEXP 关键字后的操作符中常用的字符匹配选项。

表 5.9　常用的字符匹配选项

选项	说明	示例
^	匹配文本的开始字符	^b：匹配以 b 开头的字符串，如 book、big、banana
$	匹配文本的结束字符	st$：匹配以 st 结尾的字符串，如 test、resist、persist
.	匹配任意单个字符	b.t：匹配在 b 和 t 之间有一个字符的所有字符串，如 bit、bat、but、bite
*	匹配零个或多个在它前面的字符	*n：匹配字符 n 前面有任意个字符的字符串，如 fn、ann、faan、abcdn
+	匹配前面的字符 1 次或多次	ba+：匹配以 b 开头后面紧跟至少一个 a 的字符串，如 ba、bay、bare、battle
<字符串>	匹配包含指定字符串的文本	fa：字符串至少要包含 fa，如 fan、afa、faad

续表

选项	说明	示例
[字符集合]	匹配字符集合中的任意一个字符	[xz]：匹配 x 或 z，如 dizzy、zebra、x-ray、extra
[^]	匹配不在括号中的任何字符	[^abc]：匹配任何不包含 a、b 和 c 的字符串
字符串{n,}	匹配前面的字符串至少 n 次	b{2,}：匹配两个或更多的 b，如 bb、bbbbb、bbbbbbb
字符串{m,n}	匹配前面的字符串至少 m 次，至多 n 次。如果 n 为 0，则 m 为可选参数	b{2,4}：匹配至少 2 个 b，最多 4 个 b，如 bb、bbbb、bbb

【例 5.24】 查询家庭住址以"济"开头的学生信息。

```
SELECT *
FROM student
WHERE saddress REGEXP '^济';
```

【例 5.25】 查询家庭住址以"号"结尾的学生信息。

```
SELECT *
FROM student
WHERE saddress REGEXP '号$';
```

【例 5.26】 查询电话号码中出现数字"66"的学生信息。

```
SELECT *
FROM student
WHERE sphone REGEXP '66';
```

（6）列表运算符

在 WHERE 子句中，如果需要确定表达式的取值是否属于某一值列表，则可以使用关键字 IN 或 NOT IN 来限定查询条件，其语法格式如下。

```
WHERE 表达式 [NOT] IN 值列表
```

其中，NOT 为可选项，当值不止一个时，需要将这些值用括号括起来，各值之间使用逗号（,）隔开。

> **注意** 在 WHERE 子句中用 IN 指定条件时，不允许表中出现空值，也就是说，有效值列表中不能有空值。

【例 5.27】 查询信息工程系、软件工程系和计算机工程系学生的姓名和性别。

```
SELECT sname,ssex
FROM student
WHERE sdept IN('计算机工程系','软件工程系','信息工程系');
```

微课 5-9：
单表有条件查询——空值的查询

其中，条件表达式的另一种表示方法是 sdept='计算机工程系' OR sdept='软件工程系' OR sdept='信息工程系'。

（7）涉及空值的查询

当表中的值为空值时，可以使用包含 IS NULL 关键字的 WHERE 子句进行查询；当表中的值不为空值时，可以使用 IS NOT NULL 关键字进行查询，其语法格式如下。

```
WHERE 字段 IS [NOT] NULL
```

【例 5.28】 因为某些学生选修课程后没有参加考试，所以有选修记录，但没有考试成绩。查询缺少成绩的学生的学号和对应的课程号。

```
SELECT sno,cno
```

```
FROM sc
WHERE degree IS NULL;
```

注意 这里的"IS"不能用"="代替。

【强化训练 5-1】

（1）查询有考试成绩的课程号。

（2）查询数学系的男生信息。

（3）查询计算机工程系和数学系学生的姓名、性别和出生日期，查询结果中列名分别为"姓名""性别""出生日期"。

（4）查询所有姓李的学生的个人信息。

（5）查询考试成绩在 90 分以上，或成绩不及格（低于 60 分）的学生的学号和成绩。

（三）使用常用聚集函数统计数据

MySQL 的聚集函数是综合信息的统计函数，也称为聚合函数或集函数，用于计数、求最大值、求最小值、求平均值和求和等。聚集函数可作为列标识符出现在 SELECT 子句的目标列、HAVING 子句的条件表达式或 ORDER BY 子句中。

微课 5-10：聚集函数 COUNT() 的使用

微课 5-11：聚集函数 SUM()和 AVG()的使用

微课 5-12：聚集函数 MAX()和 MIN()的使用

在 SQL 查询语句中，如果有 GROUP BY 子句，则语句中的函数为分组统计函数；否则，语句中的函数为全部结果集的统计函数。SQL 提供的聚集函数的具体用法及含义如表 5.10 所示。

表 5.10　SQL 提供的聚集函数的具体用法及含义

聚集函数名	具体用法	含义
COUNT()	COUNT(*)	统计元组个数
COUNT()	COUNT([DISTINCT|ALL] <列名>)	统计一列中值的个数
SUM()	SUM([DISTINCT|ALL] <列名>)	计算一列值的总和（此列的值必须为数值型）
AVG()	AVG([DISTINCT|ALL] <列名>)	计算一列值的平均值（此列的值必须为数值型）
MAX()	MAX([DISTINCT|ALL] <列名>)	求一列值中的最大值
MIN()	MIN([DISTINCT|ALL] <列名>)	求一列值中的最小值

注意 如果指定 DISTINCT 关键字，则表示在计算时要去除指定列中的重复值。如果不指定 DISTINCT 关键字或指定 ALL 关键字（ALL 为默认值），则表示不去除重复值。

【例 5.29】查询学生总数。

```
SELECT COUNT(*)
FROM student;
```

【例 5.30】查询选修了课程的学生人数。

```
SELECT COUNT(DISTINCT sno)
FROM sc;
```

> **提示** 为避免重复计算学生人数，必须在 COUNT()函数中使用 DISTINCT 关键字。

【例 5.31】计算选修了 C01 号课程的学生的平均成绩。

```
SELECT AVG(degree)
FROM sc
WHERE cno='C01';
```

【例 5.32】查询选修了 C01 号课程的学生的最高分和最低分。

```
SELECT MAX(degree) AS 最高分,MIN(degree) AS 最低分
FROM sc
WHERE cno='C01';
```

【例 5.33】查询学号为"2021010112"的学生的总成绩及平均成绩。

```
SELECT SUM(degree) AS 总成绩,AVG(degree) AS 平均成绩
FROM sc
WHERE sno='2021010112';
```

（四）分组筛选数据

微课 5-13：查询
结果的分组

微课 5-14：
HAVING 的
使用

使用 GROUP BY 子句可以将查询结果按照某一列或多列数据值分类。换句话说，就是对查询结果中的信息进行归纳，以汇总相关数据。其语法格式如下。

[GROUP BY 列名清单 [HAVING 条件表达式]]

GROUP BY 子句把查询结果集中的各行按列名清单分组。在这些列上，对应值都相同的记录分在同一组。若无 HAVING 子句，则各组分别输出；若有 HAVING 子句，则只有符合 HAVING 子句条件的组才输出。

> **注意** GROUP BY 子句通常用于对某个子集或其中的一组数据进行合计运算，而不是对整个数据集中的数据进行合计运算。在 SELECT 语句的输出列中，只能包含两种目标列表达式，要么是聚集函数，要么是出现在 GROUP BY 子句中的分组字段，并且在 GROUP BY 子句中必须使用列的名称而不能使用 AS 子句中指定的列的别名。

【例 5.34】统计各系学生人数。

```
SELECT sdept,COUNT(*) AS 各系人数
FROM student
GROUP BY sdept;
```

【例 5.35】统计 student 表中的男、女生人数。

```
SELECT ssex,COUNT(*) AS 人数
FROM student
GROUP BY ssex;
```

【例 5.36】统计各系男、女生人数。
```
SELECT sdept,ssex,COUNT(*)
FROM student
GROUP BY sdept,ssex;
```
【例 5.37】统计各系女生人数。
```
SELECT sdept,COUNT(*) AS 各系女生人数
FROM student
WHERE ssex='女'
GROUP BY sdept;
```
或使用如下语句。
```
SELECT sdept,COUNT(*)
FROM student
GROUP BY sdept,ssex
HAVING ssex='女';
```
【例 5.38】查询选修了 3 门以上课程的学生的学号。
```
SELECT sno
FROM sc
GROUP BY sno
HAVING COUNT(*)>3;
```

> **注意** WHERE 条件与 HAVING 条件的区别在于作用对象不同。HAVING 条件作用于结果组，用于选择满足条件的结果组；而 WHERE 条件作用于被查询的表，用于从中选择满足条件的记录。

【**素养小贴士**】

本小节基于学生信息管理数据库，借助 GROUP BY 子句实现了数据的分类统计和数据分析，数据量不是特别大。但是，在大数据技术迅速发展的今天，数据量呈指数级增长，大数据分析技术也日渐成熟、应用广泛。

其中，比较典型的应用行业就是电商行业，电商行业运用相关技术对行业数据进行分析，对提高行业的整体运行效率起到了极大的推动作用。但对于像 Hadoop、非结构化数据库、数据可视化工具及个性化推荐引擎这样的新技术，其较高的技术门槛和高昂的运营维护成本使得国内只有少数企业能够将其运用到深入分析行业数据的工作中。

作为学生，如何利用所学知识，借助数据分析技术，为建设智慧校园、智慧城市添砖加瓦，是值得我们思考的问题。

（五）对查询结果进行排序

用户可以利用 ORDER BY 子句对查询结果按照一个或多个列名进行升序（ASC）或降序（DESC）排列，默认值为 ASC。其一般格式如下。
```
[ORDER BY <列名 1> [ASC|DESC][,<列名 2> [ASC|DESC]][,…]]
```
在 SELECT 语句的查询结果集中，各记录将按顺序输出。首先按第 1 个列名值排序；若前一个列名值相同，则再按下一个列名值排序，以此类推。若某列名后有 DESC，则以该列名值排序时采用降序排列方式；否则，采用升序排列方式。

【例 5.39】查询选修了 C03 号课程的学生的学号及其成绩，查询结果按分数

微课 5-15：查询
结果集的排序

降序排列。

```
SELECT sno,degree
FROM sc
WHERE cno='C03'
ORDER BY degree DESC;
```

> **提示** （1）对于空值，如果进行升序排列，则含空值的元组将最先显示；如果进行降序排列，则含空值的元组将最后显示。
>
> （2）中英文字符按其 ASCII 值大小进行排序。
>
> （3）数值型数据根据其数值大小进行排序。
>
> （4）日期时间型数据按年、月、日的数值大小进行排序。
>
> （5）逻辑型数据"false"小于"true"。

【例 5.40】 查询全体学生情况，查询结果按所在系进行升序排列，同一系中的学生按出生日期进行降序排列。

```
SELECT *
FROM student
ORDER BY sdept ASC, sbirthday DESC;
```

【强化训练 5-2】

（1）统计每个学生的平均成绩。

（2）统计每门课的平均成绩。

（3）统计各系每门课的总成绩和平均成绩。

（4）查询每门课程的最高成绩和最低成绩。

（5）统计不及格人数超过 20 人的课程号，并按不及格人数进行降序排列。

【任务实施】

通过深入学习，王宁找到了问题的解决方法，并给出了相应的代码，如下所示。

（1）查询每个系每个班级的学生人数，并按班级人数进行降序排列。

```
SEELCT sdept,classno,COUNT(*)
FROM student
GROUP BY sdept,classno
ORDER BY COUNT(*)DESC;
```

（2）统计参加考试并有考试成绩的学生人数。

```
SELECT COUNT(DISTINCT sno)
FROM sc
WHERE degree IS NOT NULL;
```

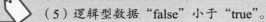

任务 5-2　掌握多表连接查询

【任务提出】

在任务 5-1 的学习中，王宁发现一个问题，这些数据查询都是在一个表中进行的，如果要查询计算机工程系学生的学号、姓名、选修的课程名及对应的成绩，就要涉及 3 个表，这该如何实现呢？在实际应用中，也经常会进行涉及两个表甚至 3 个表的数据查询。本任务将带领王宁学习如何实现多表连接查询。

【知识储备】

多表连接查询是指查询同时涉及两个或两个以上的表，连接查询是关系数据库中主要的数据查询，表与表之间的连接分为交叉连接（Cross Join）、内连接（Inner Join）、自连接（Self Join）、外连接（Outer Join）。外连接又分为 3 种，即左外连接（Left Join）、右外连接（Right Join）和全外连接（Full Join）。

连接查询的类型可以在 SELECT 语句的 FROM 子句中指定，也可以在 WHERE 子句中指定。

（一）交叉连接

交叉连接又称笛卡儿连接，是指对两个表进行求笛卡儿积操作，得到结果集的行数是两个表中行数的乘积。交叉连接的一般格式如下。

```
SELECT [ALL|DISTINCT] [别名.]<选项 1> [AS<显示列名>] [,[别名.]<选项 2> [AS<显示列名>] [,…]]
FROM <表名 1>[别名 1],<表名 2>[别名 2];
```

需要进行连接查询的表名在 FROM 子句中指定，表名之间用半角逗号隔开。

【例 5.41】将成绩表（sc）和课程表（course）进行交叉连接。

```
SELECT A.*, B.*
FROM course A, sc B;
```

 提示 此处为了简化表名，分别给两个表指定了别名。注意，一旦为表指定了别名，在语句中就必须用别名代替表名。

（二）内连接

内连接的一般格式如下。

```
SELECT [ALL|DISTINCT] [别名.]<选项 1>[AS<显示列名>] [,[别名.]<选项 2>[AS<显示列名>][,…]]
FROM <表名 1> [别名 1],<表名 2> [别名 2][,…]
WHERE <连接条件表达式> [AND <条件表达式>];
```

微课 5-16：
内连接

或者使用如下格式。

```
SELECT [ALL|DISTINCT] [别名.]<选项 1>[AS<显示列名>] [,[别名.]<选项 2>[AS<显示列名>][,…]]
FROM <表名 1> [别名 1] INNER JOIN <表名 2> [别名 2] ON <连接条件表达式>
[WHERE <条件表达式>];
```

其中，第 1 种格式的连接类型在 WHERE 子句中指定，第 2 种格式的连接类型在 FROM 子句中指定。

另外，连接条件是指在连接查询中连接两个表的条件。连接条件表达式的一般格式如下。

[<表名 1>]<别名 1.列名> <比较运算符> [<表名 2>]<别名 2.列名>

比较运算符可以使用=，此时该连接称作等值连接；也可以使用比较运算符，包括>、<、>=、<=、!>、!<、<>等，此时为不等值连接。

说明 （1）FROM 后可接多个表名，表名与别名之间用空格分隔。
（2）当在 WHERE 子句中指定连接类型时，WHERE 后一定要有连接条件表达式，即两个表的公共字段相等。
（3）若不定义别名，则表的别名默认为表名，定义别名后使用定义的别名。
（4）若在输出列或条件表达式中出现两个表的公共字段，则在公共字段名前必须加别名。

【例 5.42】查询每个学生及其选修课的情况。

因为学生的基本情况存放在 student 表中，选课情况存放在 sc 表中，所以查询过程涉及上述两个表。这两个表是通过公共字段 sno 实现内连接的。

```
SELECT A.*, B.*
FROM student A,sc B
WHERE A.sno=B.sno ;
```

或者使用如下语句。

```
SELECT A.*, B.*
FROM student A INNER JOIN sc B
ON A.sno=B.sno;
```

该查询的执行结果如表 5.11 所示。

表 5.11 每个学生及其选修课情况的查询结果

A.sno	sname	ssex	sbirthday	sdept	B.sno	cno	degree
2020010101	李勇	男	2001-01-12	计算机工程系	2020010101	C01	92
2020010101	李勇	男	2001-01-12	计算机工程系	2020010101	C02	85
2020010101	李勇	男	2001-01-12	计算机工程系	2020010101	C03	88
2020020201	刘晨	女	2002-06-04	信息工程系	2020020201	C02	90
2020020201	刘晨	女	2002-06-04	信息工程系	2020020201	C03	80

若在等值连接中把目标列中的重复字段去掉，则该连接称为自然连接。

【例 5.43】用自然连接完成例 5.42 的查询。

```
SELECT student.sno,sname,ssex,sbirthday,sdept,cno,degree
FROM student,sc
WHERE student.sno=sc.sno;
```

注意 sno 前的表名不能省略，因为 sno 是表 student 和表 sc 共有的属性。

【例 5.44】输出所有女生的学号、姓名、课程号及成绩。

```
SELECT A.sno,sname,cno,degree
FROM student A, sc B
WHERE A.sno=B.sno AND ssex='女';
```

或者使用如下语句。

```
SELECT A.sno,sname,cno,degree
FROM student A INNER JOIN sc B ON A.sno=B.sno
WHERE ssex='女';
```

微课 5-17：
自连接

（三）自连接

连接操作不只可以在不同的表之间进行，在一个表内也可以进行自连接操作，即将同一个表的不同行连接起来。自连接可以看作一个表的两个副本之间的连接。在自连接中，必须为表指定两个别名，使之在逻辑上成为两个表。

自连接的一般格式如下。

```
SELECT [ALL|DISTINCT] [别名.]<选项 1> [AS<显示列名>] [,[别名.]<选项 2> [AS<显示列名>][,…]]
FROM <表名 1> [别名 1],<表名 1> [别名 2][,…]
```

```
WHERE <连接条件表达式> [AND <条件表达式>];
```

【例 5.45】 查询同时选修了 C01 和 C04 课程的学生的学号。

```
SELECT A.sno
FROM sc A,sc B
WHERE A.sno=B.sno
AND A.cno='C01'
AND B.cno='C04';
```

【例 5.46】 查询与刘晨在同一个系的学生的学号、姓名及对应的系名。

```
SELECT B.sno, B.sname, B.sdept
FROM student A ,student B
WHERE A.sdept=B.sdept
AND A.sname='刘晨'
AND B.sname!='刘晨';
```

（四）外连接

在自连接中，只有在两个表中都匹配的行才能在结果集中出现。在外连接中可以只限制一个表，而对另一个表不加限制（所有的行都出现在结果集中）。

外连接分为左外连接、右外连接和全外连接。左外连接是对连接条件中左边的表不加限制，即在结果集中保留连接条件表达式左边表中的非匹配记录；右外连接是对右边的表不加限制，即在结果集中保留连接条件表达式右边表中的非匹配记录；全外连接对两个表都不加限制，两个表中的所有行都会出现在结果集中。

外连接的一般格式如下。

```
SELECT [ALL|DISTINCT] [别名.]<选项 1> [AS<显示列名>] [,[别名.]<选项 2> [AS<显示列名>][,…]]
FROM <表名 1> LEFT| RIGHT| FULL [OUTER]JOIN <表名 2>
ON <表名 1.列 1>=<表名 2.列 2>;
```

在例 5.42 的查询结果中，由于学号为"2020030301"和"2020020202"的学生没有选修课程，所以在查询结果中没有这两个学生的信息，但有时候在查询结果中也需要显示这样的信息，这就需要使用外连接进行查询。

【例 5.47】 利用左外连接查询改写例 5.42。

```
SELECT student.sno,sname,ssex,sbirthday,sdept,cno,degree
FROM student LEFT JOIN sc
ON student.sno=sc.sno;
```

该查询的执行结果如表 5.12 所示。

表 5.12　用左外连接查询每个学生及其选修课情况的结果

student.sno	sname	ssex	sbirthday	sdept	cno	degree
2020010101	李勇	男	2001-01-12	计算机工程系	C01	92
2020010101	李勇	男	2001-01-12	计算机工程系	C02	85
2020010101	李勇	男	2001-01-12	计算机工程系	C03	88
2020020201	刘晨	女	2002-06-04	信息工程系	C02	90
2020020201	刘晨	女	2002-06-04	信息工程系	C03	80
2020030301	王敏	女	2002-12-23	软件工程系		
2020020202	张立	男	2001-08-25	信息工程系		

【任务实施】

王宁成功利用多表连接查询的两种语法格式解决了【任务提出】中的问题，相应代码如下。

输出计算机工程系学生的学号、姓名、课程名及成绩。

```
SELECT A.sno,sname,cname,degree
FROM student A,sc B,course C
WHERE A.sno=B.sno AND B.cno=C.cno AND sdept='计算机工程系';
```

其中，A.sno=B.sno AND B.cno=C.cno 是连接条件，3 个表进行两两连接。

也可使用如下代码。

```
SELECT A.sno,sname,cname,degree
FROM student A INNER JOIN sc B ON A.sno=B.sno
INNER JOIN course C ON B.cno=C.cno
WHERE sdept='计算机工程系';
```

任务 5-3 理解嵌套查询

【任务提出】

在掌握了多表连接查询之后，王宁已经可以完成大部分的查询任务了。但是，善于思考的王宁又提出了新的问题，有没有更加高效的查询方法呢？李老师告诉王宁，可以用嵌套查询实现。本任务将带领王宁一起深入学习嵌套查询，并查询与王宁在同一个系的学生的信息。

【知识储备】

在 SQL 中，一个 SELECT FROM WHERE 语句称为一个查询块。将一个查询块嵌套在另一个查询块的 WHERE 子句或 HAVING 子句的条件中的查询称为嵌套查询或子查询。

例如以下语句。

```
SELECT sname
FROM student
WHERE sno IN(SELECT sno
            FROM sc
            WHERE cno='C02');
```

在这个例子中，下层查询块"SELECT sno FROM sc WHERE cno='C02'"是嵌套在上层查询块"SELECT sname FROM student WHERE sno IN"的 WHERE 条件中的。上层查询块又称为外层查询、父查询或主查询，下层查询块又称为内层查询或子查询。SQL 允许多层嵌套查询，即一个子查询中还可以嵌套其他子查询。需要特别指出的是，子查询中的 SELECT 语句用一对圆括号"( )"定界，查询结果必须确定，并且在该 SELECT 语句中不能使用 ORDER BY 子句，ORDER BY 子句永远只能对最终查询结果进行排序。

嵌套查询的求解方法是由里向外处理，即每个子查询在其上一级查询处理之前求解，子查询的结果可用作其父查询的查询条件。

嵌套查询可以使一系列简单查询构成复杂的查询，从而明显增强 SQL 的查询能力。以层层嵌套的方式来构造程序正是 SQL 中"结构化"的含义所在。

子查询一般分为两种：嵌套子查询和相关子查询。

（一）嵌套子查询

嵌套子查询又称为不相关子查询，也就是说，嵌套子查询的执行不依赖于外部嵌套。

　　嵌套子查询的执行过程：首先执行子查询，子查询得到的结果集不显示出来，而是传给父查询，作为父查询的条件使用；然后执行父查询，并显示查询结果。子查询可以嵌套多层。

　　嵌套子查询一般也分为两种：返回单个值的子查询和返回一个值列表的子查询。

1. 返回单个值

　　子查询返回的值被父查询的比较操作（如=、!=、<、<=、>、>=等）使用，该值可以是子查询中使用集合函数得到的值。

微课 5-18：返回
单个值的
子查询

【例 5.48】查询所有年龄大于平均年龄的学生的姓名。

```
SELECT sname
FROM student
WHERE YEAR(CURDATE())-YEAR(sbirthday)>(SELECT AVG(YEAR(CURDATE())-YEAR(sbirthday))
                                       FROM student);
```

　　在例 5.48 中，SQL 首先获得"SELECT AVG(YEAR(CURDATE())-YEAR(sbirthday)) FROM student"的结果集，该结果集为单行单列，然后将其作为父查询的条件执行父查询，并得到最终的结果。

2. 返回一个值列表

　　子查询返回的值列表被父查询的 IN、NOT IN、ANY（SOME）或 ALL 等运算符使用。

　　① 使用 IN 的嵌套查询。IN 表示属于，用于判断父查询中某个属性列值是否在子查询的结果中。在嵌套查询中，因为子查询的结果往往是一个集合，所以 IN 是嵌套查询中最常使用的运算符之一。

微课 5-19：返回
值列表的
子查询

【例 5.49】查询没有选修高等数学的学生学号和姓名。

```
SELECT sno,sname
FROM student
WHERE sno NOT IN (SELECT sno
                  FROM sc
                  WHERE cno IN (SELECT cno
                                FROM course
                                WHERE cname='高等数学'));
```

微课 5-20：带有
ANY 和 ALL
的子查询

　　该查询语句的执行步骤：首先在 course 表中查询出高等数学的课程号，然后根据查出的课程号在 sc 表中查出选修了该课程的学生学号，最后根据这些学号在 student 表中查出不包含这些学号的学生学号和姓名。

　　② 带有 ANY（SOME）或 ALL 的子查询。ANY 和 SOME 是同义词。ANY 和 ALL 必须和比较运算符一起使用，其语法格式如下。

　　　　<字段><比较符>[ANY|ALL]<子查询>

　　ANY 和 ALL 的具体用法和含义如表 5.13 所示。

表 5.13　ANY 和 ALL 的具体用法和含义

用法	含义
>ANY	大于子查询结果中的某个值
>ALL	大于子查询结果中的所有值
<ANY	小于子查询结果中的某个值
<ALL	小于子查询结果中的所有值

续表

用法	含义
>=ANY	大于等于子查询结果中的某个值
>=ALL	大于等于子查询结果中的所有值
<=ANY	小于等于子查询结果中的某个值
<=ALL	小于等于子查询结果中的所有值
=ANY	等于子查询结果中的某个值
=ALL	等于子查询结果中的所有值（通常没有实际意义）
!=ANY 或<>ANY	不等于子查询结果中的某个值
!=ALL 或<>ALL	不等于子查询结果中的任何一个值

【例 5.50】查询其他系中比计算机工程系中某一学生年龄小的学生的姓名和年龄。

```
SELECT sname,YEAR(CURDATE())-YEAR(sbirthday)
FROM student
WHERE YEAR(CURDATE())-YEAR(sbirthday)<ANY(SELECT YEAR(CURDATE())-YEAR (sbirthday)
                                          FROM student
                                          WHERE sdept='计算机工程系')
AND sdept<>'计算机工程系';        //该句为父查询中的一个条件
```

> 提示　在该查询语句中，首先处理子查询，找出计算机工程系中各学生的年龄，构成一个集合；然后处理父查询，找出年龄小于集合中某一个值且不在计算机工程系的学生。

【例 5.51】查询其他系中比计算机工程系学生年龄都小的学生信息。

```
SELECT *
FROM student
WHERE YEAR(CURDATE())-YEAR(sbirthday)<ALL(SELECT YEAR(CURDATE())-YEAR(sbirthday)
                                          FROM student
                                          WHERE sdept='计算机工程系')
AND sdept<>'计算机工程系';
```

该查询也可以用以下代码实现。

```
SELECT *
FROM student
WHERE YEAR(CURDATE())-YEAR(sbirthday)< (SELECT MIN(YEAR(CURDATE())-YEAR(sbirthday))
                                        FROM student
                                        WHERE sdept='计算机工程系')
AND sdept<>'计算机工程系';
```

> 提示　实际上，用聚集函数实现子查询通常比直接用 ANY 或 ALL 查询效率高。

（二）相关子查询

在相关子查询中，子查询的执行依赖于父查询，即子查询的查询条件依赖于父查询的某个属性值。

相关子查询的执行过程与嵌套子查询完全不同，嵌套子查询中的子查询只执行一次，而相关子查询中的子查询需要重复执行。相关子查询的执行过程如下。

（1）子查询为父查询的每一个元组（行）执行一次，父查询将子查询引用列的值传给子查询。

（2）如果子查询的任何行与其匹配，则父查询取此行放入结果表。

（3）回到（1），直到处理完外部表的每一行。

在相关子查询中，经常要用到 EXISTS，EXISTS 代表存在量词。带有 EXISTS 的子查询不需要返回任何实际数据，而只需要返回一个逻辑真值"true"或逻辑假值"false"。也就是说，它的作用是在 WHERE 子句中测试子查询返回的行是否存在。如果存在，则返回逻辑真值，否则返回逻辑假值。

【例 5.52】查询所有选修了 C01 号课程的学生的姓名。

```
SELECT sname
FROM student
WHERE EXISTS (SELECT *
              FROM sc
              WHERE sno=student.sno
              AND cno='C01');
```

提示 （1）使用存在量词 EXISTS 后，若子查询结果非空，则外层的 WHERE 子句返回逻辑真值，否则返回逻辑假值。

（2）在由 EXISTS 引出的子查询中，其目标列表达式通常都用"*"表示，因为带 EXISTS 的子查询只返回逻辑真值或逻辑假值，给出列名也无实际意义。

（3）这类查询与前面的不相关子查询有一个明显区别，即子查询的查询条件依赖于父查询的某个属性值（在例 5.52 中子查询依赖于 student 表的 sno 值）。

【例 5.53】查询选修了全部课程的学生的姓名。

该查询查找的是这样的学生，没有一门课程是他不选修的，在 EXISTS 前加 NOT 表示不存在。本例需使用两个 NOT EXISTS，其中第 1 个 NOT EXISTS 表示不存在这样的课程记录，第 2 个 NOT EXISTS 表示该学生没有选修的选课记录。

```
SELECT sname
FROM student
WHERE NOT EXISTS(SELECT *
                FROM course
                WHERE NOT EXISTS(SELECT *
                                FROM sc
                                WHERE sno=student.sno
                                AND cno=course.cno));
```

 注意 一些带 EXISTS 或 NOT EXISTS 的子查询不能被其他形式的子查询等价替换，但所有带 IN、比较运算符、ANY 和 ALL 的子查询都能用带 EXISTS 的子查询等价替换。

【任务实施】

王宁熟练掌握了嵌套查询的使用方法，对于提出的问题——查询与王宁在同一个系的学生的信息，王宁给出的实现代码如下。

```
SELECT *
FROM student
WHERE sdept=(SELECT sdept
            FROM student
            WHERE sname='王宁')
AND sname!='王宁';
```

任务 5-4　数据更新

【任务提出】

今天，王宁所在班级新转来一个同学——张芳，李老师让王宁把该学生的信息加入班级表；同时，张芳的性别信息写错了，李老师让王宁把张芳的性别改为"女"。这就要用到数据更新知识。

【知识储备】

（一）数据记录的插入

微课 5-21：数据记录的插入

在 MySQL 中，数据记录的插入包括插入单条记录、插入多条记录、插入子查询结果 3 种情况。

1. 插入单条记录

插入单条记录指的是向指定表中插入一条新记录。

（1）语句格式

```
INSERT INTO <表名>[(<列名清单>)]
VALUES(<常量清单>);
```

（2）功能

向指定表中插入一条新记录。

（3）说明

① 若有<列名清单>，则<常量清单>中各常量为新记录中这些属性列的对应值（根据语句中的位置一一对应）。但该表在定义时，说明为 NOT NULL 且无默认值的列必须在<列名清单>中，否则将出错。

② 如果省略<列名清单>，则按<常量清单>顺序为每个属性列赋值，即每个属性列上都应该有值。

【例 5.54】向 course 表中插入一条课程记录。

```
INSERT INTO course
VALUES('C05','音乐欣赏');
```

将记录添加到一行中的部分列时，需要同时给出要使用的列名及要赋予这些列的数据。

【例 5.55】向 student 表中添加一条记录。

```
INSERT INTO student(sno,sname)
VALUES ('2020010104','张三');
```

> **注意**　对于这种添加部分列的操作，在添加数据前应确认未在 VALUES 列表中出现的列是否允许有空值，只有允许有空值的列，才可以不出现在 VALUES 列表中。

2. 插入多条记录

插入多条记录指的是向指定表中插入多条新记录。

（1）语句格式

```
INSERT INTO <表名>[(<列名清单>)]
VALUES(<常量清单 1>),(<常量清单 2>),…,(<常量清单 n>);
```

（2）功能

向指定表中插入多条新记录。

【例 5.56】向 sc 表中连续插入 3 条记录。

```
INSERT INTO sc
VALUES('2020020202', 'C01',78),
       ('2020020202', 'C02',91),
       ('2020020202', 'C03',83);
```

3. 插入子查询结果

子查询不仅可以嵌套在 SELECT 语句中，用以构造父查询的条件，还可以嵌套在 INSERT 语句中，用以生成要插入的批量数据。

语句格式如下。

```
INSERT INTO <表名>[(列名1,列名2,…)]<子查询语句>;
```

【例 5.57】把平均成绩大于 80 分的学生的学号和平均成绩存入另一个已知的基本表 S_GRADE (SNO,AVG_GRADE)中。

```
INSERT INTO S_GRADE(SNO,AVG_GRADE)
SELECT sno,AVG(degree)
FROM sc
GROUP BY sno
HAVING AVG(degree)>80;
```

提示　（1）INSERT 语句中的 INTO 可以省略。

（2）如果某些属性列在表名后的列名列表中没有出现，则新记录在这些列上将取空值。但必须注意的是，在定义表时说明为 NOT NULL 的属性列不能有空值，否则系统会出现错误提示。

（3）如果没有指明任何列名，则新插入的记录必须在每个属性列上均有值。

（4）字符型数据必须使用 "''" 标注。

（5）常量的顺序必须和指定的列名顺序保持一致。

（6）在把值从一列复制到另一列时，值所在列不必具有相同数据类型，只要插入目标列的值符合该表的数据限制即可。

（二）数据记录的修改

要修改表中已有的数据记录，可用 UPDATE 语句。

1. 语句格式

```
UPDATE <表名>
SET <列名1>=<表达式1> [,<列名2>=<表达式2>] [,…]
[WHERE<条件表达式>];
```

微课 5-22：数据
记录的修改

2. 功能

把指定<表名>内符合<条件表达式>的记录中规定<列名>的值更新为该<列名>后<表达式>的值。如果省略 WHERE 子句，则表示要修改表中的所有记录。

【例 5.58】将 sc 表中不及格的成绩修改为 60 分。

```
UPDATE sc
SET degree=60
WHERE degree<60;
```

【例 5.59 】将计算机工程系全体学生的成绩置 0。

```
UPDATE sc
SET degree=0
WHERE sno IN (SELECT sno
              FROM student
              WHERE sdept='计算机工程系');
```

> **提示** （1）如果不指定条件，则会修改所有的记录。
> （2）如果要修改多列，则在 SET 语句后用"，"分隔各修改子句。

（三）数据记录的删除

在 MySQL 中，使用 DELETE 语句删除数据，使用该语句可以通过事务从表或视图中删除一行或多行记录。

微课 5-23：数据记录的删除

1. 语句格式

```
DELETE FROM <表名> [WHERE <条件表达式>];
```

2. 功能

在指定<表名>中删除所有符合<条件表达式>的记录。

3. 说明

当无 WHERE<条件表达式>时，将删除<表名>中的所有记录。但是该表的结构还在，即该表变成了一个空表。

> **注意** DELETE 语句只能从一个基本表中删除记录。WHERE 子句中的条件表达式可以嵌套，也可以是来自几个基本表的复合条件。

【例 5.60 】删除学号为 2020030301 的学生记录。

```
DELETE FROM student
WHERE sno='2020030301';
```

【例 5.61 】删除学生的所有成绩。

```
DELETE FROM sc;
```

【例 5.62 】删除计算机工程系所有学生的成绩。

```
DELETE FROM sc
WHERE sno IN(SELECT sno
             FROM student
             WHERE sdept='计算机工程系');
```

【任务实施】

王宁学会了数据的插入、修改和删除方法，并写出以下代码。

（1）将班级新转来的张芳同学的基本信息加入班级表。

```
INSERT INTO student
VALUES('2020010120', '张芳', '女', '1998-10-12', '山东省济南市', '1390536XXXX', '计算机工程系', '20200101');
```

（2）将张芳同学的性别改为女。

```
UPDATE student
SET ssex='女'
WHERE sname='张芳';
```

项目小结

通过学习本项目，王宁已经熟练掌握了表中数据的检索、统计、插入、修改、删除等操作方法，加深了对数据库的理解，增强了数据查询与维护能力。王宁针对本项目的知识点，整理出了图 5.2 所示的思维导图。

图 5.2　查询与维护学生信息管理数据表思维导图

///// 项目实训 5：实现数据查询

（一）简单查询

1. 实训目的
（1）掌握 SELECT 语句的基本用法。
（2）掌握使用 WHERE 子句进行有条件的查询的方法。
（3）掌握使用 IN 和 NOT IN、BETWEEN AND 和 NOT BETWEEN AND 限定查询范围的方法。
（4）掌握使用 LIKE 子句实现字符串匹配查询的方法。

2. 实训内容和要求
在学生信息管理数据库（gradem）中完成下面的查询。
（1）查询所有学生的基本信息、所有课程的基本信息和所有学生的成绩信息（用 3 条 SQL 语句实现）。
（2）查询所有学生的学号、姓名、性别和出生日期。
（3）查询所有课程的课程名。
（4）查询前 10 门课程的课程号及课程名。
（5）查询所有学生的姓名及年龄。
（6）查询所有年龄大于 18 岁的女生的学号和姓名。
（7）查询所有男生的信息。
（8）查询所有任课教师的姓名和系别。
（9）查询"电子商务"专业学生的姓名、性别和出生日期。
（10）查询 student 表中的所有系名。
（11）查询"C01"课程的开课学期。
（12）查询成绩在 80~90 分的学生的学号及对应的课程号。
（13）查询在 1970 年 1 月 1 日之前出生的男教师信息。
（14）输出有成绩的学生的学号。
（15）查询姓"刘"的所有学生的信息。
（16）查询生源地不是山东省的学生的信息。
（17）查询成绩为 79 分、89 分和 99 分的记录。
（18）查询名字中第 2 个字是"小"字的男生的姓名和家庭住址。
（19）查询以"计算机"开头的课程名。
（20）查询计算机工程系和软件工程系的学生信息。

3. 实训反思
（1）LIKE 的通配符有哪些？分别表示什么？
（2）知道学生的出生日期，如何求出其年龄？
（3）ALL 和 DISTINCT 有什么不同的含义？
（4）IS 能用"="来代替吗？
（5）数据的范围除了可以用 BETWEEN AND 表示外，能否用其他方法表示？怎样表示？

（二）分组与排序

1. 实训目的

（1）掌握聚集函数的使用方法。

（2）掌握利用 GROUP BY 子句对查询结果进行分组的方法。

（3）掌握利用 ORDER BY 子句对查询结果进行排序的方法。

（4）掌握 SELECT 语句的灵活应用。

2. 实训内容和要求

完成下面的操作。

（1）统计有学生选修的课程的门数。

（2）计算"C01"课程的平均成绩。

（3）查询选修了"C03"课程的学生的学号及其成绩，查询结果按分数降序排列。

（4）查询各个课程号及相应的选课人数。

（5）统计每门课程的选课人数和最高分。

（6）统计每个学生的选课门数和考试总成绩，并按选课门数降序排列。

（7）查询选修了 3 门以上课程的学生学号。

（8）查询成绩不及格的学生的学号及对应的课程号，并按成绩降序排列。

（9）查询至少选修了一门课程的学生对应的学号。

（10）统计各系学生的人数。

（11）统计各系的男、女生人数。

（12）统计各班级的学生人数。

（13）统计各班的男、女生人数。

（14）统计各系的教师人数，并按人数降序排列。

（15）统计不及格人数超过 10 的课程号。

（16）查询软件工程系男生的信息，查询结果按出生日期升序排列，出生日期相同的按地址降序排列。

3. 实训反思

（1）聚集函数能否直接在 SELECT 子句、HAVING 子句、WHERE 子句、GROUP BY 子句中使用？

（2）WHERE 子句与 HAVING 子句有何不同？

（3）对查询结果进行重新排序时，必须指定排序方式吗？

（4）在对数据进行分组统计时，能不能按照多个字段进行分组？

（三）多表连接查询

1. 实训目的

（1）掌握 SELECT 语句在多表连接查询中的应用。

（2）掌握多表连接的几种连接方式及应用。

（3）能够灵活运用多表连接查询解决实际问题。

2. 实训内容和要求

完成下面的查询。

（1）查询计算机工程系女生的学号、姓名及考试成绩。

（2）查询"李勇"同学所选课程的成绩。

（3）查询"李新"教师所授课程的课程名。

（4）查询女教师所授课程的课程号及课程名。

（5）查询至少选修一门课程的女生的姓名。

（6）查询姓"王"的学生所学的课程名。

（7）查询选修了"数据库原理及应用"课程且成绩在 80～90 分的学生的学号及对应的成绩。

（8）查询所选课程成绩及格的男生的学号、所选课程的课程号与对应的成绩。

（9）查询选修了"C04"课程的学生的平均年龄。

（10）查询选修了"数学"课程的学生的学号和姓名。

（11）查询"钱军"教师所授课程的课程号、选修其课程的学生的学号和对应的成绩。

（12）查询在第 3 学期所开课程的课程名及学生的成绩。

（13）查询"C02"课程不及格的学生的信息。

（14）查询软件工程系成绩在 90 分以上的学生的姓名、性别和对应的课程名。

（15）查询同时选修了"C04"和"C02"课程的学生的姓名和对应的成绩。

3. 实训反思

（1）指定一个较短的别名有什么好处？

（2）内连接与外连接有什么区别？

（四）嵌套查询

1. 实训目的

（1）掌握嵌套查询的使用方法。

（2）掌握相关子查询与嵌套子查询的区别。

（3）掌握带有 IN 的子查询的使用方法。

（4）掌握带有比较运算符的子查询的使用方法。

（5）掌握带有 ANY 或 ALL 的子查询的使用方法。

（6）了解带有 EXISTS 的子查询的使用方法。

2. 实训内容和要求

完成下面的查询。

（1）查询"李勇"同学所选课程的成绩。

（2）查询"李新"教师所授课程的课程名。

（3）查询女教师所授课程的课程号及课程名。

（4）查询姓"王"的学生所学的课程名。

（5）查询"C02"课程不及格的学生的信息。

（6）查询选修了"大学英语"课程且成绩在 80～90 分的学生的学号及对应的成绩。

（7）查询选修了"C04"课程的学生的平均年龄。

（8）查询选修了"高等数学"课程的学生的学号和姓名。

（9）查询"钱军"教师所授课程的课程号、选修其课程的学生的学号和对应的成绩。

（10）查询在第 3 学期所开课程的课程名及学生的成绩。

（11）查询与"李勇"同学在同一个系的学生的姓名。

（12）查询学号比"刘晨"同学大，而出生日期比她晚的学生的姓名。

（13）查询出生日期早于所有女生出生日期的男生的姓名及系别。

（14）查询成绩比该课程平均成绩高的学生的学号及对应的成绩。

（15）查询不讲授"C01"课程的教师的姓名。

（16）查询没有选修"C02"课程的学生的学号及姓名。

（17）查询选修了"数据库原理及应用"课程的学生的学号、姓名及系别。

3. 实训反思

（1）IN 与"="在什么情况下作用相同？

（2）使用[NOT] EXISTS 进行嵌套查询时，何时外层查询的 WHERE 语句的条件为真？何时为假？

（3）当既能用连接查询又能用嵌套查询时，选择哪种查询较好？为什么？

（4）子查询一般分为几种？

（5）相关子查询的执行过程是怎样的？

（五）数据更新

1. 实训目的

（1）掌握利用 INSERT 语句对表数据进行插入操作。

（2）掌握利用 UPDATE 语句对表数据进行修改操作。

（3）掌握利用 DELETE 语句对表数据进行删除操作。

2. 实训内容和要求

利用 SELECT INTO 语句备份 student、sc、course 这 3 个表，备份表名自定。

（1）向 student 表中插入记录("2020010203","张静","女","1981-3-21","软件工程系","软件技术")。

（2）插入学号为"2020010302"，姓名为"李四"的学生信息。

（3）把计算机工程系的学生记录保存到 TS 表（TS 表已存在，表结构与 student 表相同）中。

（4）将学号为"2020010202"的学生姓名改为"张华"，系别改为"电子工程系"，专业改为"电子应用技术"。

（5）将"李勇"同学的专业改为"计算机信息管理"。

（6）删除学号为"2020010302"的学生记录。

（7）删除"计算机工程系"所有学生的选课记录。

（8）删除 sc 表中尚无成绩的选课记录。

（9）把"刘晨"同学的选修记录全部删除。

3. 实训反思

（1）DROP 语句和 DELETE 语句的本质区别是什么？

（2）利用 INSERT、UPDATE 和 DELETE 语句可以同时对多个表进行操作吗？

课外拓展：对网络玩具销售系统进行数据查询操作

操作内容及要求如下。

在数据库 GlobalToys 中完成如下数据查询。

（1）显示玩具名称中包含 "Racer" 的所有玩具的所有信息。

（2）显示名字以 "s" 开头的所有购物者。

（3）显示接收者所属的所有州，州名不应该重复。

（4）显示所有玩具的名称及其所属的类别。

（5）显示所有玩具的订单编号、玩具编号、包装描述，格式如表 5.14 所示。

表 5.14 格式 1

OrderNumber	ToyId	WrapperDescription

（6）显示所有玩具的名称、品牌和类别，格式如表 5.15 所示。

表 5.15 格式 2

ToyName	Brand	Category

（7）显示购物者和接收者的名字和地址，格式如表 5.16 所示。

表 5.16 格式 3

ShopperName	ShopperAddress	RecipientName	RecipientAddress

（8）显示所有玩具的名称和购物车编号，格式如表 5.17 所示。如果玩具不在购物车中，则购物车编号的值应为 NULL。

表 5.17 格式 4

ToyName	CartId
Robby the Whale	000005
Water Channel System	NULL

 提示　使用左外连接实现该查询。

（9）将所有价格高于 20 元的玩具的所有信息复制到一个名为 PremiumToys 的新表中。

（10）显示购物者和接收者的名字、姓、地址和城市，格式如表 5.18 所示。

表 5.18 格式 5

FirstName	LastName	Address	City

（11）显示价格最贵的玩具名称。

（12）查询订单（Orders）表中，运货方式代码（cShippingModeId）的值是 "01" 的运货费用（mShippingCharges）。用 GROUP BY 和 HAVING 子句实现。

（13）查询订单（Orders）表中，订单总价（mTotalCost）最高的 3 个订单的编号。

（14）显示价格在 10～20 元的所有玩具的信息。

（15）显示所在州为 California 或 Illinois 的购物者的名字、姓和 E-mail 地址。

（16）显示发生在 2001-05-20、总价超过 75 元的订单信息，格式如表 5.19 所示。

表 5.19　格式 6

OrderNumber	OrderDate	ShopperId	TotalCost

（17）显示属于 "Dolls" 类，且价格小于 20 元的玩具的名称。

> **提示**　Dolls 的类别编号（cCategoryId）为 "002"。

（18）显示没有任何附加信息的订单的全部信息。

（19）显示不住在 Texas 州的购物者的所有信息。

（20）显示所有玩具的名称和价格，格式如表 5.20 所示。确保价格最高的玩具显示在列表顶部。

表 5.20　格式 7

ToyName	ToyRate

（21）升序显示价格小于 20 元的玩具的名称。

（22）显示订单的订单编号、购物者编号和订单总价，按订单总价升序显示。

（23）显示本公司卖出的玩具的种数。

（24）显示玩具价格的最高值、最低值和平均值。

（25）显示所有订单加在一起的总价。

（26）在一个订单中，可以订购多个玩具。显示每个订单的订单编号及其对应的玩具总价，格式如表 5.21 所示。

表 5.21　格式 8

OrderNumber	TotalCostofToysforanOrder

（27）在一个订单中，可以订购多个玩具。显示每个订单的订单编号及其对应的玩具总价（条件：该订单的玩具总价超过 50 元）。

（28）根据 2000 年的售出数量，显示年销售总量为前 5 的玩具编号。

（29）显示一个包含所有订单的订单编号、玩具编号和所有订购的玩具价格的报表。

（30）显示所有玩具的玩具名称、玩具描述、玩具价格。但是，只显示玩具描述的前 40 个字母。

（31）显示所有订单的运货信息，格式如表 5.22 所示。

表 5.22　格式 9

OrderNumber	ShipmentDate	ActualDeliveryDate	DaysinTransit

> **提示**　运送天数（DaysinTransit）=实际交付日期（dActualDeliveryDate）-运货日期（dShipmentDate）

（32）显示订单编号为"000009"的订单的信息，格式如表 5.23 所示。

表 5.23　格式 10

OrderNumber	DaysinTransit

（33）显示所有订单信息，格式如表 5.24 所示。

表 5.24　格式 11

OrderNumber	ShopperId	DayofOrder	Weekday

GlobalToys 数据库说明如表 5.25～表 5.38 所示。

表 5.25　Orders（订单）表

字段名	说明	键	备注
cOrderNo	订单编号	主键	
dOrderDate	订单日期		
cCartId	购物车编号	外键	
cShopperId	购物者编号	外键	
cShippingModeId	运货方式代码		
mShippingCharges	运货费用		
mGiftWrapCharges	包装费用		
cOrderProcessed	订单是否处理		
mTotalCost	订单总价		商品总价+运货费用+包装费用
dExpDelDate	期望送货时间		

表 5.26　OrderDetail（订单细目）表

字段名	说明	键	备注
cOrderNo	订单编号	主键	
cToyId	玩具编号		
siQty	玩具数量		
cGiftWrap	是否包装		是为 Y，否为 N
cWrapperId	包装编号	外键	
vMessage	信息		
mToyCost	玩具总价		玩具单价×数量

表 5.27　Toys（玩具）表

字段名	说明	键	备注
cToyId	玩具编号	主键	
cToyName	玩具名称		
vToyDescription	玩具描述		
cCategoryId	类别编号	外键	
mToyRate	玩具价格		
cBrandId	品牌编号	外键	
imPhoto	图片		
siToyQoh	库存数量		
siLowerAge	年龄下限		
siUpperAge	年龄上限		
siToyWeight	玩具重量		
vToyImgPath	图片存放地址		

表 5.28　ToyBrand（玩具品牌）表

字段名	说明	键	备注
cBrandId	品牌编号	主键	
cBrandName	品牌名称		

表 5.29　Category（玩具类别）表

字段名	说明	键	备注
cCategoryId	类别编号	主键	
cCategory	类别名称		
vDescription	类别描述		

表 5.30　Country（国家）表

字段名	说明	键	备注
cCountryId	国家编号	主键	
cCountry	国家名称		

表 5.31　PickOfMonth（月销售量）表

字段名	说明	键	备注
cToyId	玩具编号	主键	
siMonth	月份		
iYear	年份		
iTotalSold	销售总量		

表 5.32　Recipient（接收者）表

字段名	说明	键	备注
cOrderNo	订单编号	主键/外键	
vFirstName	接收者姓		
vLastName	接收者名		

续表

字段名	说明	键	备注
vAddress	地址		
cCity	城市		
cState	州		
cCountryId	国家编号		
cZipCode	邮编		
cPhone	电话号码		

表 5.33　Shipment（运货）表

字段名	说明	键	备注
cOrderNo	订单编号	主键/外键	
dShipmentDate	运货日期		
cDeliveryStatus	运货状态		d 表示已送达，s 表示未送达
dActualDeliveryDate	实际交付日期		

表 5.34　ShippingMode（运货方式）表

字段名	说明	键	备注
cModeId	运货方式编号	主键	
cMode	运货方式		
iMaxDelDays	最长运货时间		

表 5.35　ShippingRate（运价表）表

字段名	说明	键	备注
cCountryId	国家编号	主键	
cModeId	运货方式编号		
mRatePerPound	每磅费率		每磅的运输费用

表 5.36　Shopper（购物者）表

字段名	说明	键	备注
cShopperId	购物者编号	主键	
cPassword	密码		
vFirstName	接收者姓		
vLastName	接收者名		
vEmailId	E-mail 地址		
vAddress	地址		
cCity	城市		
cState	州		
cCountryId	国家编号		
cZipCode	邮编		
cPhone	电话号码		

续表

字段名	说明	键	备注
cCreditCardNo	信用卡号		
vCreditCardType	信用卡类型		
dExpiryDate	有效期限		

表 5.37　ShoppingCart（购物车）表

字段名	说明	键	备注
cCartId	购物车编号	主键	
cToyId	玩具编号		
siQty	玩具数量		

表 5.38　Wrapper（包装）表

字段名	说明	键	备注
cWrapperId	包装编号	主键	
vDescription	包装描述		
mWrapperRate	包装费用		
imPhoto	图片		
vWrapperImgPath	图片存放地址		

习题

1．选择题

（1）SQL 的数据操作语句包括 SELECT、INSERT、UPDATE 和 DELETE 等。其中最重要，也是使用最频繁的语句是（　　　）。

　　A．SELECT　　　　　　B．INSERT　　　　　　C．UPDATE　　　　　　D．DELETE

（2）设有关系 $R(A,B,C)$ 和 $S(C,D)$，与关系代数表达式 $\pi_{A,B,D}(\sigma_{R.C=S.C}(R \bowtie S))$ 等价的 SQL 语句是（　　　）。

　　A．SELECT * FROM R,S WHERE R.C=S.C

　　B．SELECT A,B,D FROM R,S WHERE R.C=S.C

　　C．SELECT A,B,D FROM R,S WHERE R=S

　　D．SELECT A,B FROM R WHERE (SELECT D FROM S WHERE R.C=S.C)

（3）设有关系 $R(A,B,C)$，与 SQL 语句"SELECT DISTINCT A FROM R WHERE B=17"等价的关系代数表达式是（　　　）。

　　A．$\pi_A(\sigma_{B=17}(R))$　　　　B．$\sigma_{B=17}(\pi_A(R))$　　　　C．$\sigma_{B=17}(\pi_{A,C}(R))$　　　　D．$\pi_{A,C}(\sigma_{B=17}(R))$

下面第（4）～（9）题，基于"学生-选课-课程"数据库中的 3 个关系。

S(S#,SNAME,SEX,DEPARTMENT)，主键是 S#

C(C#,CNAME,TEACHER)，主键是 C#

SC(S#,C#,GRADE)，主键是(S#,C#)

（4）查找每个学生的学号、姓名、选修的课程名和对应的成绩，将使用关系（　　　）。

　　A．只有 S、SC　　　　B．只有 SC、C　　　　C．只有 S、C　　　　D．S、SC、C

（5）若要查找姓名中第 1 个字为"王"的学生的学号和姓名，则在下面列出的 SQL 语句中，哪个（些）是正确的？（　　　）

　　Ⅰ. SELECT S#,SNAME FROM S WHERE SNAME='王%'

　　Ⅱ. SELECT S#,SNAME FROM S WHERE SNAME LIKE '王%'

　　Ⅲ. SELECT S#,SNAME FROM S WHERE SNAME LIKE '王_'

　　　　A. Ⅰ　　　　　　　　B. Ⅱ　　　　　　　　C. Ⅲ　　　　　　　　D. 全部

（6）若要查询选修了 3 门以上课程的学生的学号，则正确的 SQL 语句是（　　　）。

　　　　A. SELECT S# FROM SC GROUP BY S# WHERE COUNT(*)> 3

　　　　B. SELECT S# FROM SC GROUP BY S# HAVING COUNT(*)> 3

　　　　C. SELECT S# FROM SC ORDER BY S# WHERE COUNT(*)> 3

　　　　D. SELECT S# FROM SC ORDER BY S# HAVING COUNT(*)> 3

（7）若要查找由张劲老师执教的数据库课程的平均成绩、最高成绩和最低成绩，则使用关系（　　　）。

　　　　A. S 和 SC　　　　　B. SC 和 C　　　　　C. S 和 C　　　　　D. S、SC 和 C

（8）有如下的 SQL 语句。

　　Ⅰ. SELECT SNAME FROM S, SC WHERE GRADE<60

　　Ⅱ. SELECT SNAME FROM S WHERE S# IN(SELECT S# FROM SC WHERE GRADE<60)

　　Ⅲ. SELECT SNAME FROM S, SC WHERE S.S#=SC.S# AND GRADE<60

若要查找分数（GRADE）不及格的学生的姓名（SNAME），则以上正确的有哪些？（　　　）

　　　　A. Ⅰ和Ⅱ　　　　　B. Ⅰ和Ⅲ　　　　　C. Ⅱ和Ⅲ　　　　　D. Ⅰ、Ⅱ和Ⅲ

（9）下列关于保持数据库完整性的叙述中，哪一个是不正确的？（　　　）

　　　　A. 向关系 SC 插入元组时，S#和 C#都不能是空值

　　　　B. 可以任意删除关系 SC 中的元组

　　　　C. 向任意一个关系插入元组时，必须保证该关系主键值的唯一性

　　　　D. 可以任意删除关系 C 中的元组

下面第（10）～（13）题基于 3 个表，学生表 S、课程表 C 和学生选课表 SC，它们的关系模式如下。

S(S#,SN,SEX,AGE,DEPT)（学号、姓名、性别、年龄、系别）

C(C#,CN)（课程号、课程名）

SC(S#,C#,GRADE)（学号、课程号、成绩）

（10）检索所有比"王华"年龄大的学生的姓名、年龄和性别，下面正确的 SELECT 语句是（　　　）。

　　　　A. SELECT SN,AGE,SEX FROM S WHERE AGE>(SELECT AGE FROM S WHERE SN=
　　　　　　'王华')

　　　　B. SELECT SN,AGE,SEX FROM S WHERE SN='王华'

　　　　C. SELECT SN,AGE,SEX FROM S WHERE AGE>(SELECT AGE WHERE SN='王华')

　　　　D. SELECT SN,AGE,SEX FROM S WHERE AGE>王华.AGE

（11）检索选修了"C2"课程的学生中成绩最高的学生的学号，正确的 SELECT 语句是（　　　）。

　　　　A. SELECT S# FROM SC WHERE C#='C2' AND GRADE>=

　　　　　　(SELECT GRADE FROM SC WHERE C#='C2')

　　　　B. SELECT S# FROM SC WHERE C#='C2' AND GRADE IN

　　　(SELECT GRADE FROM SC WHERE C#='C2')

　　C．SELECT S# FROM SC WHERE C#='C2' AND GRADE NOT IN

　　　(SELECT GRADE GORM SC WHERE C#='C2')

　　D．SELECT S# FROM SC WHERE C#='C2' AND GRADE>=ALL

　　　(SELECT GRADE FROM SC WHERE C#='C2')

（12）检索学生的姓名及其所选修课程的课程号和对应的成绩。正确的 SELECT 语句是（　　　）。

　　A．SELECT S.SN,SC.C#,SC.GRADE FROM S WHERE S.S#=SC.S#

　　B．SELECT S.SN, SC.C#,SC.GRADE FROM SC WHERE S.S#=SC.GRADE

　　C．SELECT S.SN,SC.C#,SC.GRADE FROM S, SC WHERE S.S#=SC.S#

　　D．SELECT S.SN,SC.C#,SC.GRADE FROM S,SC

（13）检索选修了 4 门以上课程的学生的总成绩（不统计不及格的课程成绩），并要求按总成绩降序排列。正确的 SELECT 语句是（　　　）。

　　A．SELECT S#,SUM(GRAGE) FROM SC WHERE GRADE>=60 GROUP BY S# ORDER BY
　　　S# HAVING COUNT(*)>=4

　　B．SELECT S#,SUM(GRADE) FROM SC WHERE GRADE>=60 GROUP BY S# HAVING
　　　COUNT(*)>=4 ORDER BY 2 DESC

　　C．SELECT S#,SUM(GRADE) FROM SC WHERE GRADE>=60 HAVING COUNT (*)<=4
　　　GROUP BY S# ORDER BY 2 DESC

　　D．SELECT S#,SUM(GRADE) FROM SC WHERE GRADE>=60 HAVING COUNT (*)>=4
　　　GROUP BY S# ORDER BY 2

（14）设有关系 S(S#,SNAME,SAGE)、C(C#,CNAME)、SC(S#,C#,GRADE)。要查询选修了"ACCESS"课程且年龄不小于 20 岁的全体学生的姓名的 SQL 语句是"SELECT SNAME FROM S,C,SC WHERE 子句"。这里的 WHERE 子句的内容是（　　　）。

　　A．S.S#=SC.S# AND C.C#=SC.C# AND SAGE>=20 AND CNAME='ACCESS'

　　B．S.S#=SC.S# AND C.C#=SC.C# AND SAGE IN >=20 AND CNAME IN 'ACCESS'

　　C．SAGE>=20 AND CNAME='ACCESS'

　　D．SAGE>=20 AND CNAMEIN'ACCESS'

（15）在 SQL 中，子查询是（　　　）。

　　A．返回单表中数据子集的查询语句　　　B．选取多表中字段子集的查询语句

　　C．选取单表中字段子集的查询语句　　　D．嵌入另一个查询语句中的查询语句

（16）在 SQL 中，条件"年龄 BETWEEN 20 AND 30"表示年龄在 20～30 岁，且（　　　）。

　　A．包括 20 岁和 30 岁　　　　　　　　B．不包括 20 岁和 30 岁

　　C．包括 20 岁但不包括 30 岁　　　　　D．包括 30 岁但不包括 20 岁

（17）下列聚集函数不忽略空值的是（　　　）。

　　A．SUM(列名)　　　　　　　　　　　B．MAX(列名)

　　C．COUNT(*)　　　　　　　　　　　　D．AVG(列名)

（18）在 SQL 中，下列涉及空值的操作，不正确的是（　　　）。

　　A．AGE IS NULL　　　　　　　　　　B．AGE IS NOT NULL

　　C．AGE=NULL　　　　　　　　　　　D．NOT(AGE IS NULL)

（19）已知学生选课信息表 sc(sno,cno,grade)。查询至少选修了一门课程，但没有学习成绩的学

生学号和对应的课程号的 SQL 语句是（　　　　）。

    A. SELECT sno,cno FROM sc WHERE grade=NULL

    B. SELECT sno,cno FROM sc WHERE grade IS "

    C. SELECT sno,cno FROM sc WHERE grade IS NULL

    D. SELECT sno,cno FROM sc WHERE grade="

（20）职工信息管理数据库中的两个表如表 5.39 和表 5.40 所示。

表 5.39　职工表

职工号	职工名	部门号	工资
001	李红	01	580
005	刘军	01	670
025	王芳	03	720
038	张强	02	650

表 5.40　部门表

部门号	部门名	主任
01	人事处	高平
02	财务处	蒋华
03	教务处	许红
04	学生处	杜琼

若职工表的主键是职工号，部门表的主键是部门号，则下列 SQL 操作不能执行的是（　　　　）。

    A. 从职工表中删除行('025','王芳','03',720)

    B. 将行('005','乔兴', '04',720)插入职工表中

    C. 将职工号为"001"的职工的工资改为 700

    D. 将职工号为"038"的职工的部门号改为"03"

（21）若用如下的 SQL 语句创建一个 STUDENT 表。

```
CREATE TABLE STUDENT
(NO char(4) NOT NULL,
NAME char(8) NOT NULL,
SEX char(2),
AGE int);
```

可以插入 STUDENT 表中的是（　　　　）。

    A.（'1031', '曾华',男, '23'）   B.（'1031', '曾华',NULL,NULL）

    C.（NULL, '曾华', '男', '23'）   D.（'1031',NULL, '男',23）

（22）要在基本表 S 中增加一列 CN（课程名），可用（　　　　）。

    A. ADD TABLE S(CN char(8))   B. ADD TABLE S ALTER(CN char(8))

    C. ALTER TABLE S ADD CN char(8)   D. ALTER TABLE S(ADD CN char(8))

（23）在表 S 的关系 S(S#,SNAME,AGE,SEX)中，其属性分别表示学生的学号、姓名、年龄、性别。要在表 S 中删除一个属性"年龄"，可选用的 SQL 语句是（　　　　）。

    A. DELETE AGE FROM S   B. ALTER TABLE S DROP AGE

    C. UPDATE S AGE   D. ALTER TABLE S 'AGE'

（24）设关系数据库中有一个表 S 的关系模式为 S(SN,CN,GRADE)，其中 SN 为学生名，CN 为课程名，二者为字符型；GRADE 为成绩，数值型，取值范围为 0～100。若要将"王二"的化学成绩改为 85 分，则可用（　　　　）。

    A. UPDATE S SET GRADE=85 WHERE SN='王二' AND CN='化学'

    B. UPDATE S SET GRADE='85' WHERE SN='王二' AND CN='化学'

    C. UPDATE GRADE=85 WHERE SN='王二' AND CN='化学'

    D. UPDATE GRADE='85' WHERE SN='王二' AND CN='化学'

2. 填空题

（1）关系 $R(A,B,C)$ 和 $S(A,D,E,F)$，有 $R.A=S.A$。若将关系代数表达式 $\pi_{R.A,R.B,S.D,S.F}(R\infty S)$ 用 SQL 的查询语句表示，则为 SELECT R.A,R.B,S.D,S.F FROM R,S WHERE＿＿＿＿＿＿＿。

（2）在 SELECT 语句中，＿＿＿＿＿＿＿子句用于选择满足给定条件的元组，使用＿＿＿＿＿＿＿＿＿＿＿子句可按指定列的值分组，同时使用＿＿＿＿＿＿＿可提取满足条件的组。若希望将查询结果排序，则应在 SELECT 语句中使用＿＿＿＿＿＿＿子句，其中，＿＿＿＿＿＿＿选项表示升序，＿＿＿＿＿＿＿选项表示降序。若希望查询的结果中不出现重复元组，则应在 SELECT 子句中使用＿＿＿＿＿＿＿关键字。在 WHERE 子句的条件表达式中，字符串匹配的操作符是＿＿＿＿＿＿＿，与 0 个或多个字符匹配的通配符是＿＿＿＿＿＿＿，与单个字符匹配的通配符是＿＿＿＿＿＿＿。

（3）子查询的条件不依赖于父查询，这类查询称为＿＿＿＿＿＿＿，否则称为＿＿＿＿＿＿＿。

（4）有学生信息表 student，查询年龄在 20～22 岁（含 20 岁和 22 岁）的学生姓名和年龄的 SQL 语句是 SELECT sname,age FROM student WHERE age＿＿＿＿＿＿＿。

（5）"学生选课"数据库中的两个关系如下。

S(SNO,SNAME,SEX,AGE)，SC(SNO,CNO,GRADE)

则与 SQL 语句 "SELECT SNAME FROM S WHERE SNO IN(SELECT SNO FROM SC WHERE GRADE<60)" 等价的关系代数表达式是＿＿＿＿＿＿＿。

（6）"学生–选课–课程"数据库中的 3 个关系如下。

S(S#,SNAME,SEX,AGE)，SC(S#,C#,GRADE)，C(C#,CNAME,TEACHER)。现要查找选修了"数据库技术"这门课程的学生的姓名和对应的成绩,可使用 SQL 语句: SELECT SNAME,GRADE FROM S,SC,C WHERE CNAME='数据库技术' AND S.S#=SC.S # AND＿＿＿＿＿＿＿。

（7）设有关系 SC(sno, cname, grade)，其各属性分别表示学号、课程名、成绩。要将所有学生的"数据库技术"课程的成绩增加 5 分，能正确完成该操作的 SQL 语句是＿＿＿＿＿＿＿grade = grade+ 5 WHERE cname='数据库技术'。

（8）在 SQL 中，要删除一个表，应使用的语句是＿＿＿＿＿＿＿ TABLE。

（9）在 SQL 中，要删除表 aa 中的所有数据记录，应使用的语句是＿＿＿＿＿＿＿。

3. 综合题

现有如下关系。

学生 S(S#,SNAME,AGE,SEX)

学习 SC(S#, C#, GRADE)

课程 C(C#, CNAME, TEACHER)

用 SQL 语句实现下列功能。

① 统计有学生选修的课程门数。

② 求选修了"C4"课程的学生的平均年龄。

③ 求"李文"教师所授的每门课程的平均成绩。

④ 检索姓名以"王"字开头的所有学生的姓名和年龄。

⑤ 在基本表 S 中检索每一门课程成绩都大于等于 80 分的学生学号、姓名和性别，并把检索到的值存入另一个已存在的基本表 STUDENT(S#,SNAME,SEX)中。

第三篇

高级应用

项目6
优化查询学生信息管理数据库

06

情景导入

之前李老师给同学们布置了一项任务：向学生基本信息表 student_new 中插入 100 万条记录。

王宁按照任务要求和李老师提供的 SQL 脚本，花费近 1 个小时的时间，将 100 万条记录成功插入学生信息基本表 student_new 中。在完成记录的插入后，他尝试使用 SELECT 语句查询 sno 为"1000000"的记录，发现用时 26.83s（不同计算机、不同配置，所用时间稍有不同）。这个响应时间太长了，让人无法忍受，可是王宁不知道怎样才能提高查询速度。

李老师告诉王宁，为了提高学生信息管理数据库中数据的安全性、完整性和查询速度，在应用系统的实际开发过程中，开发人员一般会利用索引、视图等来提高系统响应速度和其他性能。

职业能力目标（含素养要点）

- 了解索引、视图的作用（探索精神）
- 掌握索引、视图的创建及使用方法

- 掌握索引、视图的修改及删除方法（学习能力）

任务 6-1　使用索引优化查询性能

【任务提出】

为了提高查询速度，王宁需要在学生信息基本表 student_new 的 sno 字段上创建唯一索引 id_sno，并通过查询 sno 为"1000000"的记录，验证查询速度是否明显提升。

【知识储备】

在关系数据库中，索引是可以加快数据检索的数据结构，主要用于提高性能。因为索引可以从大量的数据中迅速找到用户所需的数据，而不需要检索整个数据库，所以大大提高了检索的效率。

（一）索引概述

索引是一种单独的、物理的数据结构，是某个表中一列或者若干列值的集合，以及相应地标识这些值所在数据页面的逻辑指针清单。它依赖表建立，提供了数据库中编排表中数据的内部方法，使得表的存储由两部分组成，一部分是表的数据页面，另一部分是索引页面。索引就存放在索引页面上。通常，索引页面相对

微课 6-1：索引概述

于数据页面小得多。在检索数据时，系统先搜索索引页面，从中找到所需数据的指针，再通过指针直接从数据页面中读取数据。在某种程度上，可以把数据库看作一本书，把索引看作书的目录，通过目录查找书中的信息，显然比查找没有目录的书更方便、快捷。

索引一旦创建，将由数据库自动管理和维护。例如，向表中插入、更新和删除数据时，数据库会自动在索引中做出相应的修改。在编写 SQL 查询语句时，具有索引的表与不具有索引的表没有任何区别，索引只提供快速访问指定数据的方法。

1. 索引可以提高数据的访问速度

只要为适当的字段建立索引，就能大幅度提高下列操作的速度。

（1）查询操作中 WHERE 子句的数据提取。

（2）查询操作中 ORDER BY 子句的数据排序。

（3）查询操作中 GROUP BY 子句的数据分组。

（4）更新和删除数据。

2. 索引可以确保数据的唯一性

创建唯一性索引可以保证表中数据不重复。

在 MySQL 中，索引是在存储引擎中实现的，因此每种存储引擎的索引都不一定完全相同，并且每种存储引擎也不一定支持所有的索引类型，可根据存储引擎定义每个表的最大索引数和最大索引长度。所有存储引擎都支持一个表至少有 16 个索引，总索引长度至少为 256B。大多数存储引擎有更高的限制。

在 MySQL 中，索引按存储类型可分为 B 树索引和哈希索引，具体内容和表的存储引擎相关。MyISAM 和 InnoDB 存储引擎只支持 B 树索引，MEMORY 和 HEAP 存储引擎可以支持 B 树索引和哈希索引。

虽然索引具有诸多优点，但是仍要注意避免在一个表中创建大量的索引，因为这样不但会影响插入、删除、更新数据的速度，也会在更改表中的数据时增加调整所有索引的操作，降低系统的运行速度。

（二）索引的类型

MySQL 的索引可以分为以下几类。

1. 普通索引和唯一索引

普通索引是 MySQL 中的基本索引类型，允许在定义索引的字段中插入重复值和空值。

唯一索引是指索引字段的值必须唯一，但允许有空值。如果是组合索引，则字段值的组合必须唯一。主键索引是一种特殊的唯一索引，不允许有空值。

2. 单列索引和组合索引

单列索引是指一个索引只包含单个字段，一个表可以有多个单列索引。

组合索引是指在表的多个字段上创建的索引，只有在查询条件中使用了这些字段的左边字段时，索引才会被使用。使用组合索引时应遵循最左前缀原则，即查询从组合索引的最左列开始，并且不跳过索引中的列。如果跳过某一列，后面的索引字段将失效。

3. 全文索引

全文索引是指在定义索引的字段上支持值的全文查找，允许在这些索引字段中插入重复值和空值。全文索引可以在 CHAR、VARCHAR 和 TEXT 类型的字段上创建。在 MySQL 8.0 中，只有 InnoDB 和 MyISAM 存储引擎支持全文索引。

4. 空间索引

空间索引是对空间数据类型的字段建立的索引。在 MySQL 8.0 中，单一的空间数据类型有 4 种，分别是 GEOMETRY、POINT、LINESTRING 和 POLYGON；其他空间数据类型的集合有 4 种，分别是 GEOMETRYCOLLECTION、MULTIPOINT、MULTILINESTRING、MULTIPOLYGON。MySQL 使用 SPATIAL 关键字进行扩展，使其能够使用与创建正规索引类似的语法创建空间索引。必须将创建空间索引的字段声明为 NOT NULL，空间索引只在 InnoDB 表和 MyISAM 表中创建。对于初学者来说，这类索引很少会用到。

（三）索引的设计原则

索引设计不合理或缺少索引都会影响数据库的应用性能。高效的索引对于获得良好的性能非常重要。设计索引时，应该遵循以下原则。

1. 索引并非越多越好

一个表中有大量的索引，不仅占用磁盘空间，而且会影响 INSERT、DELETE、UPDATE 等语句的性能。因为在更改表中数据的同时，索引也会进行相应的调整和更新。

2. 避免对经常更新的表建立过多的索引

避免对经常更新的表建立过多的索引，并且索引中的字段应尽可能少。对于经常用于查询的字段应该建立索引，但要避免添加不必要的字段。

3. 数据量小的表最好不要使用索引

由于数据较少，查询数据花费的时间可能比遍历索引的时间还要短，因此索引可能不会产生优化效果。

4. 在不同值少的字段上不要建立索引

要在不同值较多的字段上建立索引。例如，在学生表中的"性别"字段上，只有"男"与"女"两个不同值，因此无须建立索引。如果建立索引，则不但不会提高查询效率，而且会严重降低更新速度。

5. 指定唯一索引是由某种数据本身的特征决定的

当唯一性是某种数据本身的特征时，才指定唯一索引。例如，学生表中的"学号"字段就具有唯一性，这样对该字段建立唯一索引可以很快确定某个学生的信息。使用唯一索引能确保列的数据完整性，以提高查询速度。

6. 为经常需要进行排序、分组和集合操作的字段建立索引

在频繁进行排序或分组的字段上建立索引，如果待排序的列有多个，则可以在这些字段上建立组合索引。

（四）使用 Navicat 创建索引

创建索引是指在某个表的一个字段或多个字段上建立一个索引，以提高对表的访问速度。在实际创建索引之前，需注意如下事项。

- 当给表创建 UNIQUE 约束时，MySQL 会自动创建唯一索引。
- 索引的名称必须符合 MySQL 的命名规则，且必须在表中是唯一的。
- 可以在创建表时创建索引，或给现有表创建索引。
- 只有表的所有者才能给表创建索引。

微课 6-2：在 Navicat 中创建索引

创建唯一索引时，应保证创建索引的字段不包括重复的数据，并且没有两个或两个以上的空值，因为创建索引时，MySQL 将两个空值也视为重复的数据。如果有这种数据，就必须先将其删除，否则不能成功创建索引。

微课 6-3：创建表
时创建索引

创建索引有两种方式，第 1 种是在创建表时创建索引，第 2 种是在现有表中创建索引。

1. 使用 Navicat 在创建表时创建索引

下面为 gradem 数据库中的 student 表创建一个普通索引"index_sname"，操作步骤如下。

（1）在 Navicat 中连接到 MySQL 服务器，展开【mysql80】|【gradem】|【表】节点，在创建 student 表的窗口中打开【索引】选项卡，如图 6.1 所示。

（2）分别在【索引】选项卡的【名】【字段】【索引类型】【索引方法】等列中输入索引名称、选择参与索引的字段、索引的类型及索引方法等，如图 6.2 所示。在输入注释信息时，会弹出选择字段名的对话框，如图 6.3 所示。在此对话框中选择所需字段，单击【确定】按钮即可。然后单击【保存】按钮，该索引创建成功。

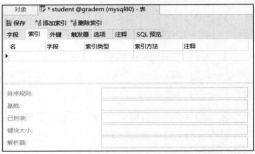

图 6.1 【索引】选项卡

图 6.2 输入索引信息后的【索引】选项卡

图 6.3 选择字段名的对话框

用 SHOW CREATE TABLE student\G;语句查看表的结构会发现，sname 字段上已经建立了一个名为 index_sname 的索引。

```
mysql> SHOW CREATE TABLE student\G;
*********************** 1. row ***********************
        Table: student
Create Table: CREATE TABLE 'student' (
  'sno' char(10) NOT NULL DEFAULT '',
  'sname' char(8) DEFAULT NULL,
  …
  'classno' char(8) DEFAULT NULL,
  PRIMARY KEY ('sno'),
  KEY 'index_sname' ('sname') USING BTREE
) ENGINE=InnoDB DEFAULT CHARSET=utf8
```

2. 使用 Navicat 在现有表中创建索引

（1）在 Navicat 中连接到 MySQL 服务器。

微课 6-4：在现有
表中创建索引

（2）展开【mysql80】|【gradem】|【表】节点，选中要创建索引的表，进入设计表窗口，在其中打开【索引】选项卡，其他操作与上一方式相同，在此不赘述。

（五）使用 SQL 语句创建索引

在实际应用场景中，通常使用 SQL 语句创建索引。

1. 使用 CREATE TABLE 语句在创建表时创建索引

在 MySQL 中，可以在使用 CREATE TABLE 语句创建表时直接创建索引，此方式简单、方便。其语法格式如下。

```
CREATE TABLE <表名>
(<字段 1> <数据类型 1> [<列级完整性约束条件 1>]
[,<字段 2> <数据类型 2> [<列级完整性约束条件 2>]] [,…]
[,<表级完整性约束条件 1>]
[,<表级完整性约束条件 2>] [,…]
[UNIQUE|FULLTEXT|SPATIAL] <INDEX|KEY> [索引名](属性名[(长度)] [,…])
);
```

各参数说明如下。

（1）UNIQUE|FULLTEXT|SPATIAL：是可选参数，三者选一，分别表示唯一索引、全文索引和空间索引。若不设置此参数，则默认为普通索引。

（2）INDEX 或 KEY：为同义词，用来指定索引。

（3）索引名：指定索引的名称，为可选参数。若不指定，则默认字段名为索引名。

（4）属性名：指定索引对应的字段名称，该字段必须为表中定义好的字段。

（5）长度：指定索引的长度，必须是字符串类型。

【例 6.1】为 student 表的 sno 字段创建唯一索引 id_sno。SQL 语句如下。

```
CREATE TABLE student
(
…
UNIQUE INDEX id_sno(sno)
);
```

【例 6.2】为 sc 表的 sno 和 cno 字段创建普通索引 id_sc。SQL 语句如下。

```
CREATE TABLE sc
(
…
INDEX id_sc(sno,cno)
);
```

2. 使用 CREATE INDEX 语句在现有表中创建索引

在 MySQL 中，可以利用 CREATE INDEX 语句在现有表中创建索引，其语法格式如下。

```
CREATE [UNIQUE|FULLTEXT|SPATIAL] INDEX <索引名>
    ON <表名> (属性名[(长度)] [,…]);
```

各参数的含义与前面介绍的相同。

【例 6.3】为 student 表的 sbirthday 字段创建一个普通索引 id_birth。

```
CREATE INDEX  id_birth ON student(sbirthday);
```

3. 使用 ALTER TABLE 语句创建索引

其语法格式如下。

```
ALTER TABLE 表名 ADD  [UNIQUE|FULLTEXT|SPATIAL] INDEX  <索引名> (属性名[(长度)] [,…]);
```
各参数的含义与前面介绍的相同。

（六）删除索引

当不再需要索引时可以将其删除。在 MySQL 中，可用 Navicat 或 SQL 语句删除索引。

1. 使用 Navicat 删除索引

微课 6-5：索引的
删除

（1）在 Navicat 中连接到 MySQL 服务器。

（2）展开【mysql80】|【gradem】|【表】节点，选中要删除索引的表，进入设计表窗口，在其中打开【索引】选项卡，单击工具栏中的【删除索引】按钮，或者用鼠标右键单击要删除的索引，在快捷菜单中选择【删除索引】命令即可删除索引。

2. 使用 SQL 语句删除索引

使用 SQL 的 DROP INDEX 语句可删除索引，语法格式如下。

```
DROP INDEX <索引名> ON <表名>;
```
以下语句用于删除 student 表中的 id_name 索引。
```
DROP INDEX id_name ON student;
```

【任务实施】

针对【任务提出】中的问题，王宁将使用 SQL 语句创建索引来解决，具体实现代码如下。

（1）使用 CREATE INDEX 语句创建索引。
```
CREATE UNIQUE INDEX id_sno ON student_new(sno);
```
（2）使用 WHERE 语句查询学号（sno）为'1000000'的记录，观察查询所用的时间。
```
SELECT * FROM student_new WHERE sno='1000000';
```
通过观察返回的查询时间，可以看出在 sno 字段上创建索引后，大大提升了查询速度。

【素养小贴士】

在实际工作中，随着公司业务的高速发展，数据库中单个表中的数据规模可能达到几百万甚至几千万条。这种情况往往会导致业务系统的响应时间过长，引起用户的不满。

为了缩短响应时间，数据库管理员要想尽各种办法优化性能，首选方案是为合适的字段创建合适的索引。建立索引后，如果依旧不能有效解决问题，再尝试其他方法进行优化。所以，在数据库的开发过程中，我们往往会根据需要逐步优化表结构，从而使性能达到最优。这就需要我们培养不断尝试和探索的精神。

任务 6-2　使用视图优化查询性能

【任务提出】

王宁已经能够熟练使用多表连接查询实现"查询 20200101 班选修了'高等数学'课程且成绩在 80～90 分的学生的姓名、学号、班级号及对应的成绩"。但是他发现，频繁使用这段代码的时候需要重写代码、重新编译、重新执行，这种实现方式存在代码复用性差、效率低等缺点。因此，王宁需要创建视图来解决这些问题。

【知识储备】

视图是一种虚拟表。

（一）视图概述

视图是从一个或者几个基本表中导出的虚拟表，是从现有基本表中抽取若干子集组成的用户"专用表"，这种表必须使用 SQL 中的 SELECT 语句来实现。在定义一个视图时，只把其定义存放在数据库中，并不直接存储视图对应的数据，直到用户使用视图时，才查找对应的数据。

微课 6-6：视图
概述

使用视图具有如下优点。

（1）简化对数据的操作。视图可以简化用户操作数据的方式。可将经常使用的连接、投影、集合查询和选择查询定义为视图，这样在每次执行相同的查询时，不必重写这些复杂的语句，只要一条简单的查询视图语句即可。视图可对用户隐藏表与表之间复杂的连接操作。

（2）自定义数据。视图能够让不同用户以不同方式看到不同或相同的数据集，即使不同的用户共用同一数据库时也是如此。

（3）数据集中显示。视图可以使用户着重于其感兴趣的某些特定数据或所负责的特定任务，提高数据操作效率，同时增强数据的安全性，因为用户只能看到视图中定义的数据，而不是基本表中的数据。例如，student 表涉及 3 个系的学生数据，可以在其上定义 3 个视图，每个视图只包含一个系的学生数据，并只允许每个系的学生查询自己所在系的学生视图。

（4）导入和导出数据。可以使用视图将数据导入或导出。

（5）合并分割数据。在某些情况下，由于表中数据量太大，在表的设计过程中可能需要经常对表进行水平分割或垂直分割，这样的表结构的变化会对应用程序产生不良的影响。使用视图可以重新保持原有的结构关系，使外模式保持不变，原有的应用程序仍可以通过视图来重载数据。

（6）视图可以作为一种安全机制。通过视图，用户只能查看和修改他们能看到的数据，其他数据库或表既不可见，也不可访问。

（二）使用 Navicat 创建视图

在 MySQL 中，用户可以使用 Navicat 创建视图。例如，为 gradem 数据库创建一个视图 view_stud，要求连接 student 表、sc 表和 course 表，视图内容包括所有男生的 sno、sname、ssex、cname 和 degree 字段信息。操作步骤如下。

（1）在 Navicat 中连接到 MySQL 服务器。

（2）展开【mysql80】|【gradem】节点，用鼠标右键单击【gradem】下的【视图】节点，在弹出的快捷菜单中选择【新建视图】命令。

（3）打开【视图】窗格，如图 6.4 所示。单击【视图创建工具】按钮，打开【视图创建工具】窗口，如图 6.5 所示。在该窗口中可以看到，视图的基本表可以是表，也可以是视图。双击 student 表、sc 表和 course 表，这 3 个表将出现在右上侧的窗格中，如图 6.6 所示。也可以选中某个表，将其拖入右上侧的窗格中。

在图 6.6 所示的对话框中可以看到，MySQL 会自动为两个表建立连接，即两个表的公共字段相等，该视图中的三个表两两连接的条件是 student.sno=sc.sno 和 sc.cno=course.cno。用鼠标右键单击该联接，可以根据需要选择"编辑联接"或"移除"，如图 6.7 所示。也可以手动设置连接条件，在右上侧的窗格中用鼠标右键单击 student 表的 sno 字段，在快捷菜单中选择【添加字段到】命令，在其弹出的子菜单中选择【WHERE】命令，再在弹出的子菜单中选择【=】命令，如图 6.8 所示。单击其右下侧窗格中的"gradem.student.sno=<值>"子句的<值>，弹出 3 个表的字段列表，在列表中选中 sc.sno，student 表和 sc 表的连接条件设置完成。用同样的方法设置 sc 表和 course 表的连接条件。

（4）确定视图中的输出字段。在【视图创建工具】窗口右上侧的窗格中显示了 student 表、sc 表和 course 表的全部字段信息。在此可以选择视图中查询的字段，如选择 student 表中的"sno""sname""ssex"字段，sc 表中的"degree"字段，course 表中的"cname"字段，如图 6.9 所示。对应地，在最右侧的语句窗格的 SELECT 子句中列出了选择的字段。

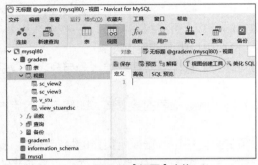

图 6.4　【视图】窗格

图 6.5　【视图创建工具】窗口

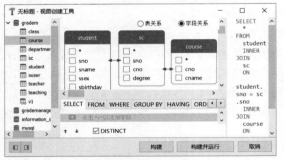

图 6.6　选择数据源

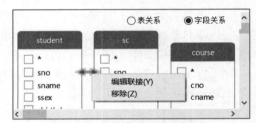

图 6.7　编辑或移除联接

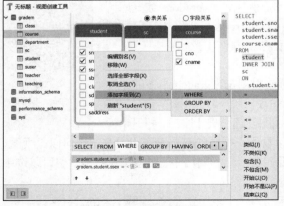

图 6.8　手动设置连接条件

图 6.9　设置输出字段

（5）设置视图的条件。在右上侧的窗格中用鼠标右键单击 student 表的 ssex 字段，在快捷菜单中选择【添加字段到】命令，在弹出的子菜单中选择【WHERE】命令，再在弹出的子菜单中选择【=】命令。单击其右下侧窗格中的"gradem.student.ssex=<值>"子句的"<值>"，弹出【自定义】选项卡，在该选项卡中输入"'男'"，视图的条件设置完成，如图 6.10 所示。此时【视图创建工具】窗口最右侧窗格中的 SELECT 语句也发生了相应变化。

（6）单击该窗口右下侧的【构建】按钮，可以返回【视图】窗格，此时，可以单击工具栏中的【保存】按钮，在弹出的【视图名】对话框中输入视图名"view_stud"，再单击【确定】按钮，如图 6.11 所示。若单击【构建并运行】按钮，则先执行相应的 SELECT 语句，显示视图对应的数据，然后返回【视图】窗格，此时，可单击【保存】按钮，确定视图名，完成视图的创建。最后可以查看【视图】节点下是否存在视图"view_stud"，如果存在，则表示创建成功。

图 6.10　设置视图的条件

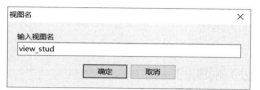

图 6.11　【视图名】对话框

提示　（1）保存视图时，实际上保存的就是视图对应的 SELECT 查询。
　　　　（2）保存的是视图的定义，而不是 SELECT 查询的结果。

（三）使用 CREATE VIEW 语句创建视图

在 SQL 中，使用 CREATE VIEW 语句创建视图，其语法格式如下。

```
CREATE [OR REPLACE] VIEW view_name [(Column [,…])]
 AS select_statement
 [WITH [CASCADED|LOCAL] CHECK OPTION];
```

其中各参数的含义如下。

（1）OR REPLACE：如果要创建的视图 view_name 已存在，则替换它，如果不存在，则创建该视图。

（2）view_name：视图名，其命名规则与标识符的相同，并且要保证它在一个数据库中是唯一的，该参数不能省略。

（3）Column：声明视图中使用的字段名。

（4）AS：说明视图要完成的操作。

（5）select_statement：定义视图的 SELECT 语句。

微课 6-8：使用
SQL 语句创建
视图

注意　视图中的 SELECT 语句不能包括 ORDER BY 等子句。

（6）WITH CHECK OPTION：强制所有通过视图修改的数据必须满足 select_statement 语句中指定的选择条件。

（7）CASCADED|LOCAL：当基于另一个视图创建视图时，用于检查依赖视图中的规则以保持数据的一致性。默认为 CASCADED。

视图创建成功后，可以利用 Navicat，在具体数据库的【视图】窗格中看到新定义的视图。视图可以由一个或多个表或视图来定义。

【例 6.4】有条件的视图定义。定义视图 v_student，查询所有选修了"数据库"课程的学生的学号（sno）、姓名（sname）、课程名（cname）和对应的成绩（degree）。

该视图的定义涉及 student 表、course 表和 sc 表。

```
CREATE VIEW v_student
AS
SELECT A.sno,sname,cname,degree
FROM student A,course B,sc C
WHERE A.sno=C.sno AND B.cno=C.cno AND cname='数据库';
```

视图定义后，可以像查询基本表一样查询视图。例如，要查询例 6.4 定义的视图 v_student，可以使用如下语句。

```
SELECT * FROM v_student;
```

（四）视图的使用

视图的使用主要包括视图的检索，以及通过视图对基本表进行插入、修改、删除操作。视图的检索几乎没有什么限制，但是通过视图实现对基本表的插入、修改、删除操作则有一定的限制条件。

微课 6-9：视图的
使用

1. 使用视图查询数据

视图的查询总是转换为对它所依赖的基本表的等价查询。利用 SQL 的 SELECT 语句和 Navicat 都可以查询视图，方法与对基本表的查询完全一样。

2. 通过视图修改数据

视图也可以使用 INSERT 语句插入数据。执行 INSERT 语句时，实际上是向视图所引用的基本表插入数据。在视图中使用 INSERT 语句与在基本表中使用 INSERT 语句完全一样。

【例 6.5】利用视图向 student 表中插入一行数据。V1_student 是创建的视图，语句如下。

```
CREATE VIEW V1_student
AS
SELECT sno,sname,saddress
FROM student;
```

执行下面的语句。

```
INSERT INTO V1_student
VALUES('2021020301','王小龙','山东省临沂市');
```

查看结果的语句如下。

```
SELECT sno,sname,ssex,saddress
FROM student ;
```

从图 6.12 所示的执行结果可以看出，数据在基本表中已经正确插入。

```
1  INSERT INTO V1_student
2  VALUES('2021020301','王小龙','山东省临沂市');
3
4  SELECT sno,sname,ssex,saddress
5  FROM student ORDER BY sno desc ;
6
```

sno	sname	ssex	saddress
2021020301	王小龙	(Null)	山东省临沂市
2020050158	王场贺	男	济宁梁山县
2020050157	魏林	男	潍坊潍城区
2020050156	薄禄梅	女	临沂昌南县
2020050155	翟慧超	女	济宁梁山县
2020050154	程蓄	女	潍坊昌乐县

图 6.12　向视图中添加数据

> **提示** 如果视图中有下列属性，则插入、更新或删除操作将失败。
> （1）视图定义中的 FROM 子句包含两个或多个表，且 SELECT 选择列表达式中的列包含来自多个表的列。
> （2）视图的列是由集合函数派生的。
> （3）视图中的 SELECT 语句包含 GROUP BY 子句或 DISTINCT 关键字。
> （4）视图的列是从常量或表达式派生的。

【例 6.6】 将例 6.5 中插入的数据删除。

```
DELETE FROM V1_student WHERE sname='王小龙';
```

执行成功后，会将基本表 student 中所有 sname 为"王小龙"的数据删除。

（五）视图的修改

视图创建之后，当基本表中的列发生改变或需要在视图中增、删若干列时，可以修改视图。

1. 使用 Navicat 修改视图

（1）展开服务器节点，再展开数据库节点。

（2）单击【视图】节点，用鼠标右键单击要修改的视图，在快捷菜单中选择【设计视图】命令，进入视图窗格，用户可以在这个窗格中修改视图。

微课 6-10：视图的修改

2. 使用 SQL 语句修改视图

在 SQL 语句中，使用 ALTER VIEW 语句可以修改视图，语法格式如下。

```
ALTER VIEW view_name [(Column[,…])]
  AS select_statement
  [WITH [CASCADED|LOCAL] CHECK OPTION];
```

各参数与 CREATE VIEW 语句中的参数含义相同。

> **提示** 如果在创建视图时使用了 WITH CHECK OPTION 参数，则在使用 ALTER VIEW 语句时，也必须包括这些参数。

【例 6.7】 修改例 6.5 中的视图 V1_student。

```
ALTER VIEW V1_student
AS SELECT sno,sname FROM student;
```

（六）视图的删除

视图创建后，随时可以删除。删除操作很简单，通过 Navicat 或 DROP VIEW 语句都可以完成。

微课 6-11：视图的删除

1. 使用 Navicat 删除视图

操作步骤如下。

（1）在当前数据库中展开【视图】节点。

（2）用鼠标右键单击要删除的视图（如 V1_student），在快捷菜单中选择【删除视图】命令；或单击要删除的视图，然后单击上方的【删除视图】按钮。

（3）在弹出的【确认删除】对话框中单击【删除】按钮即可。

> **提示** 　如果某视图在另一视图定义中被引用，删除这个视图后，调用另一视图，则会出现错误提示。因此，通常基于表定义视图，而不是基于其他视图来定义视图。

2. 使用 DROP VIEW 语句删除视图

语法格式如下。

```
DROP VIEW [IF EXISTS] {view_name} [,…];
```

使用 DROP VIEW 语句可以删除多个视图，各视图名之间用逗号分隔，删除视图时，用户必须拥有删除权限。IF EXISTS 子句是 MySQL 的扩展，如果视图不存在，则使用它可以防止发生编译错误，从而提高程序的健壮性。

【例 6.8】删除视图 V1_student。

```
DROP VIEW V1_student;
```

> **提示** 　（1）删除视图时，将从系统目录中删除视图的定义和有关视图的其他信息，还将删除视图的所有权限。
> 　　（2）使用 DROP TABLE 命令删除表时，必须先用 DROP VIEW 命令删除基于该表创建的视图，否则会导致视图不可用。

【任务实施】

针对【任务提出】中的问题，王宁将使用 SQL 语句创建视图来解决，具体实现代码如下。

（1）使用 CREATE VIEW 语句创建视图。

```
CREATE VIEW view_stuandsc
AS
SELECT sname,a.sno,classno,degree
FROM student a,sc b,course c
WHERE a.sno = b.sno
AND b.cno = c.cno
AND classno='20200101'
AND cname = '高等数学'
AND degree BETWEEN  80  AND 90;
```

（2）使用 SELECT 语句查询 view_stuandsc。

```
SELECT * FROM view_stuandsc;
```

【素养小贴士】

当删除不存在的表、视图、存储过程、函数、触发器时，会提示"Unknown ×××"，这时根据提示解决即可。但是 SQL 经常会被嵌入高级程序设计语言中，如 C 语言、Java、Python 中。这样，我们就必须保证每次编译和运行都能够正常进行，因此需要加入 IF EXISTS 子句来提高程序的健壮性。

随着学习的深入和知识的积累，我们还应该学会梳理各专业课程之间的关联，综合运用各种知识，提高业务处理能力。

项目小结

通过学习本项目，王宁了解了索引和视图的概念，掌握了索引和视图的创建方法，具备了在实际应用中通过索引和视图解决实际问题的能力。王宁针对本项目的知识点，整理出了图 6.13 所示的思维导图。

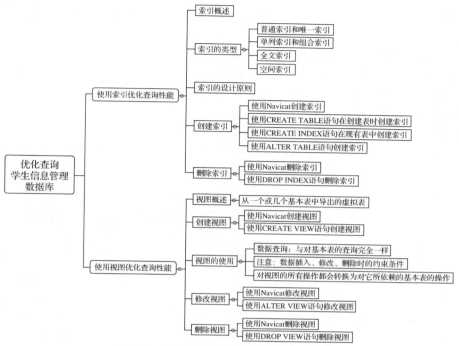

图 6.13　优化查询学生信息管理数据库思维导图

项目实训6：索引、视图的创建与管理

1. 实训目的

（1）理解索引的概念与类型。

（2）掌握创建、删除索引的方法。

（3）理解视图的概念及优点。

（4）掌握视图的创建、修改和删除。

（5）掌握使用视图来访问数据的方法。

2. 实训内容及要求

（1）使用 Navicat 为公司员工信息表 workinfo 创建并管理索引。

① 在数据库 test 下创建 workinfo 表。在创建表的同时，在 id 字段上创建名为 index_id 的唯一索引，而且以降序排列。workinfo 表的结构如表 6.1 所示。

表 6.1　workinfo 表的结构

字段名	字段描述	数据类型	是否为主键	是否为外键	是否非空	是否唯一	是否自增
id	编号	INT(10)	是	否	是	是	是
name	职位名称	VARCHAR(20)	否	否	是	否	否
type	职位类别	VARCHAR(10)	否	否	否	否	否
address	工作地址	VARCHAR(50)	否	否	否	否	否
wages	工资	INT	否	否	否	否	否
contents	工作内容	TINYTEXT	否	否	否	否	否
extra	附加信息	TEXT	否	否	否	否	否

② 创建索引。为 name 字段创建索引 index_name，在 type 和 address 字段上创建名为 index_t 的组合索引。

③ 将 workinfo 表的存储引擎更改为 MyISAM。

④ 在 extra 字段上创建名为 index_ext 的全文索引。

⑤ 重命名索引。将 index_t 索引更名为 index_taddress。

⑥ 删除索引。删除 workinfo 表的唯一索引 index_id。

（2）使用 SQL 语句为作者信息表 writers 创建与管理索引。

① 利用 CREATE TABLE 语句在 test 数据库中创建 writers 表，其结构如表 6.2 所示。在创建表的同时，在 w_id 字段上添加名为 uniqidx 的唯一索引。

表 6.2　writers 表的结构

字段名	字段描述	数据类型	是否为主键	是否为外键	是否非空	是否唯一	是否自增
w_id	作者编号	INT(10)	是	否	是	是	是
w_name	作者姓名	VARCHAR(20)	否	否	是	否	否
w_address	作者地址	VARCHAR(50)	否	否	否	否	否
w_age	年龄	INT	否	否	是	否	否
w_note	说明	TEXT	否	否	否	否	否

② 使用 ALTER TABLE 语句在 w_name 字段上建立名为 nameidx 的普通索引。

③ 使用 CREATE INDEX 语句在 w_address 和 w_age 字段上建立名为 multiidx 的组合索引。

④ 使用 CREATE INDEX 语句在 w_note 字段上建立名为 ftidx 的全文索引。

⑤ 删除索引。利用 ALTER TABLE 语句将全文索引 ftidx 删除，利用 DROP INDEX 语句将 nameidx 索引删除。

（3）使用 SQL 语句创建并管理视图。

① 创建视图。

a. 创建一个名为 sc_view1 的视图，从数据库 gradem 的 sc 表中查询成绩大于 90 分的所有学生的学号、课程号、成绩等信息。

b. 创建一个名为 sc_view2 的视图，从数据库 gradem 的 sc 表中查询成绩小于 80 分的所有学生的学号、课程号、成绩等信息。

c. 创建一个名为 sc_view3 的视图，根据数据库 gradem 的 student、course、sc 表创建一个显示"20200303"班学生选修课程的视图（包括学生姓名、课程名、成绩等信息）。

d. 创建一个从视图 sc_view1 中查询选修课程号为"C01"的所有学生的信息的视图。

② 查看视图的创建信息及视图中的数据。

a. 利用 DESC 语句和 SHOW CREATE VIEW 语句查看视图 sc_view1 的基本结构和详细结构。

b. 查看视图 sc_view1 中的所有记录。

③ 修改视图的定义。修改视图 sc_view1，使其从数据库 gradem 中查询成绩大于 90 分的所有学生第 3 学期选修课程成绩的信息。

④ 视图的删除。

将视图 sc_view1 删除。

⑤ 管理视图中的数据。

a. 从视图 sc_view2 中查询学号为"2020030125"、选修课程号为"C01"的学生的选修成绩信息。

b. 将视图 sc_view2 中学号为"2020030122"、选修课程号为"C02"的学生的成绩改为 87。

　　c.　从视图 sc_view2 中将学号为"2020030123"、选修课程号为"C01"的学生信息删除。

（4）使用 Navicat 为学生表 student 创建与管理视图。

①　创建视图。使用 Navicat 在 student 表上创建一个名为 stud_query1_view 的视图，该视图能查询 2001 年出生的学生的学号、姓名、家庭住址信息。

②　创建视图。使用 Navicat 在 student 表上创建一个名为 stud_query2_view 的视图，该视图能查询 2001 年出生的女学生的学号、姓名、家庭住址信息。

③　查看视图 stud_query1_view 的结构信息。

④　管理视图中的记录信息。

　　a.　查看视图 stud_query2_view 中的数据。

　　b.　将视图 stud_query2_view 中学号为"2020030301"的学生的姓名由"于军"改为"于君"。

3. 实训反思

（1）数据库中索引被损坏后会产生什么结果？

（2）视图上能创建索引吗？

（3）向视图中插入的数据能进入基本表中吗？

（4）修改基本表的数据操作会自动反映到相应的视图中吗？

课外拓展：在网络玩具销售系统中使用索引和视图

在数据库 GlobalToys 中完成如下有关索引和视图的操作。

（1）查询并显示购物者的名字及其所订购的玩具的总价。

```
SELECT vFirstName,mTotalCost
FROM shopper join Orders
ON shopper.cShopperId=Orders.cShopperId;
```

上述查询的执行要花费很长的时间，创建相应的索引来优化上述查询。

（2）表 Toys 经常用于查询，查询一般基于属性 cToyId，用户必须优化查询的执行，同时确保属性 cToyId 的值没有重复。

（3）表 Category 经常用于查询，查询一般基于属性 cCategory。属性 cCategoryId 被定义为主键，在表上创建相应的索引加快查询的执行，同时确保属性 cCategory 的值没有重复。

（4）完成下面的查询。

①　显示购物者的名字和他们订购的玩具的名称。

```
SELECT shopper.vFirstName, cToyName
FROM shopper JOIN orders
ON shopper.cShopperId=Orders.cShopperId
JOIN OrderDetail
ON Orders.cOrderNo=OrderDetail.cOrderNo
JOIN Toys
ON OrderDetail.cToyId=Toys.cToyId;
```

②　显示购物者的名字和他们订购的玩具的名称和数量。

```
SELECT shopper.vFirstName,cToyName,siQty
FROM shopper JOIN orders
ON shopper.cshopperId=Orders.cShopperId
JOIN OrderDetail
ON Orders.cOrderNo=OrderDetail.cOrderNo
JOIN Toys
```

```
ON OrderDetail.cToyId=Toys.cToyId;
```

③ 显示购物者的名字和他们订购的玩具的名称和价格。

```
SELECT shopper.vFirstName,cToyName,mToyCost
FROM shopper join orders
ON shopper.cShopperId=orders.cShopperId
JOIN orderDetail
ON orders.cOrderNo=orderDetail.cOrderNo
JOIN Toys
ON OrderDetail.cToyId=Toys.cToyId;
```

简化这些查询。

（5）视图定义。

定义视图 vwOrderWrapper，查询所有的订单编号、玩具编号、玩具数量、包装描述、包装费用。

```
CREATE VIEW vwOrderWrapper
AS
SELECT cOrderNO, cToyId, siQty, vDescription, mWrapperRate
FROM OrderDetail JOIN Wrapper
ON OrderDetail.cWrapperId=Wrapper.cWrapperId;
```

习题

1. 选择题

（1）下列关于 SQL 索引的叙述中，哪一条是不正确的？（　　）。

    A. 索引是外模式

    B. 在一个基本表上可以创建多个索引

    C. 索引可以加快查询的执行速度

    D. 系统在存取数据时会自动选择合适的索引作为存取路径

（2）为了提高特定查询的速度，对 sc(sno, cno, degree)关系创建唯一索引，应该创建在哪一个属性（组）上？（　　）。

    A. (sno, cno)　　　　　B. (sno, degree)　　　　　C. (cno, degree)　　　　　D. degree

（3）设 s_avg(sno,avg_grade)是一个基于关系 SC(sno,cno,grade)定义的学号及其平均成绩的视图。下面对该视图的操作语句中，（　　）是不能正确执行的。

  Ⅰ. UPDATE s_avg SET avg_grade=90 WHERE sno='2004010601';

  Ⅱ. SELECT sno,avg_grade FROM s_avg WHERE sno='2004010601';

    A. 仅Ⅰ　　　　　　　B. 仅Ⅱ　　　　　　　C. 都能　　　　　D. 都不能

（4）在视图上不能完成的操作是（　　）。

    A. 更新视图　　　　　　　　　　　　B. 查询

    C. 在视图上定义新的基本表　　　　　D. 在视图上定义新视图

（5）在 SQL 中，删除一个视图的语句是（　　）。

    A. DELETE　　　　　B. DROP　　　　　C. CLEAR　　　　　D. REMOVE

（6）为了使索引键的值在基本表中唯一，在创建索引的语句中应使用（　　）。

    A. UNIQUE　　　　　B. COUNT　　　　　C. DISTINCT　　　　　D. UNION

（7）创建索引是为了（　　）。

    A. 提高存取速度　　　B. 减少 I/O　　　　　C. 节约空间　　　　　D. 减少缓冲区个数

（8）在关系数据库中，视图是三级模式中的（　　）。

   A．内模式   B．模式   C．存储模式   D．外模式

（9）视图是一种虚拟表，视图的构造基于（ ）。

 Ⅰ．基本表 Ⅱ．视图 Ⅲ．索引

   A．Ⅰ或Ⅱ   B．Ⅰ或Ⅲ   C．Ⅱ或Ⅲ   D．Ⅰ、Ⅱ或Ⅲ

（10）已知关系 student(sno,sname,grade)，以下关于语句 CREATE INDEX s_index ON student (grade)的描述中，正确的是（ ）。

   A．按成绩降序创建了一个普通索引   B．按成绩升序创建了一个普通索引

   C．按成绩降序创建了一个全文索引   D．按成绩升序创建了一个全文索引

（11）在关系数据库中，为了简化用户的查询操作，而且不增加数据的存储空间，应该创建的数据库对象是（ ）。

   A．Table（表） B．Index（索引） C．Cursor（游标） D．View（视图）

（12）下面关于关系数据库视图的描述，不正确的是（ ）。

   A．视图是关系数据库三级模式中的内模式

   B．视图能够对机密数据提供安全保护

   C．视图对重构数据库提供了一定程度的逻辑独立性

   D．对视图的一切操作最终要转换为对基本表的操作

（13）在下列几种情况下，不适合创建索引的是（ ）。

   A．字段的取值范围很小   B．用作查询条件的字段

   C．频繁搜索的字段   D．连接中频繁使用的字段

（14）CREATE UNIQUE INDEX writer_index ON 作者信息(作者编号)语句创建了一个（ ）。

   A．唯一索引   B．全文索引   C．普通索引   D．空间索引

2．填空题

（1）视图是从_____中导出的表，数据库中实际存放的是视图的_____，而不是_____。

（2）当对视图进行修改数据、修改视图和删除视图操作时，为了保证被操作的行满足视图定义中子查询语句的条件，应在视图定义语句中使用可选项_____。

（3）SQL 支持数据库三级模式。在 SQL 中，外模式对应_____和部分基本表，模式对应基本表全体，内模式对应存储文件。

（4）在视图中删除或修改一条记录，相应的_____也随着视图更新。

（5）在 MySQL 中，有两种基本类型的索引：_____和_____。

（6）创建唯一索引时，应保证创建索引的字段不包括重复的数据，并且没有两个或两个以上的空值。如果有这种数据，就必须先将其_____，否则索引不能成功创建。

3．简答题

（1）简述索引的作用。

（2）视图与表有何不同？

（3）简述视图的优缺点。

（4）通过视图修改数据需要遵循哪些准则？

（5）利用索引检索数据有哪些优点？

项目7
以程序方式处理学生信息管理数据表

07

情景导入

我们通过批量执行 100 万条 INSERT INTO 语句，实现了"向学生基本信息表 student_new 中插入 100 万条记录"。但是，这种方式存在代码冗余、可读性低、可维护性差和执行效率低等缺点。

王宁仔细分析了李老师提供的 SQL 脚本，发现每一条 INSERT INTO 语句中的学号（sno）都是有规律的，相邻学号之间相差1。王宁思考能不能像其他编程语言一样，借助循环来实现批量插入数据的功能呢？具体又该如何实现呢？王宁带着这些问题投入本项目的学习。

职业能力目标（含素养要点）

- 了解 SQL 编程基础、游标、存储过程和存储函数、触发器及事务的作用（编码规范意识）
- 掌握游标、存储过程和存储函数、触发器及事务的创建方法
- 掌握游标、存储过程和存储函数、触发器及事务的修改及删除方法（持之以恒，锲而不舍）

任务 7-1 掌握 SQL 编程基础

【任务提出】

王宁想以程序方式向学生基本信息表 student_new 中插入 100 万条记录，但是他在 SQL 编程方面的基础为零，因此，王宁需要先掌握 SQL 编程的基础知识。

【知识储备】

（一）SQL 基础

SQL 是一系列操作数据库及数据库对象的命令语句，因此了解其基本语法和流程语句的构成是必须的，SQL 主要包括常量与变量、表达式、运算符、控制语句等。

微课 7-1：常量与变量

1. 常量与变量

常量也称为文字值或标量值，是指程序运行过程中值始终不变的量。变量就是在程序运行过程中，值可以改变的量。

（1）常量

在 SQL 程序设计过程中，定义常量的格式取决于它所表示的值的数据类型。表 7.1 列出了 MySQL

中的常量类型及说明。

表 7.1　MySQL 中的常量类型及说明

常量类型	说明
字符串常量	包含在单引号""或双引号""中，由字母（a～z、A～Z）、数字字符（0～9）及特殊字符（如感叹号"!"、@符号和井号"#"）组成。 示例：'China'、"Output X is:"、N'hello'（Unicode 字符串常量只能用单引号标注字符串）
十进制整型常量	使用不带小数点的十进制数据表示。 示例：1234、654、+2008、−123
十六进制整型常量	使用前缀 0x 后接十六进制数字串表示。 示例：0x1F00、0xEEC、0x19
日期常量	使用单引号将日期时间字符串引起来。MySQL 是按"年-月-日"的顺序表示日期的。中间的间隔符可以用"-"，也可以使用"\""/""@""%"等特殊符号。 示例：'2009-01-03'、'2008/01/09'、'2010@12@10'
实型常量	有定点表示和浮点表示两种方式。 示例：897.1、−123.03、19E24、−83E2
位字段值	使用 b'value'表示位字段值。value 是一个用 0 和 1 组成的二进制值。直接显示 b'value'的值可能出现一系列特殊的符号。例如，b'0'显示为空白，b'1'显示为一个笑脸图标。 示例：SELECT BIN(b'111101'+0)、OCT(b'111101'+0)
布尔常量	布尔常量只包含两个可能的值：true 和 false。false 的值为"0"，true 的值为"1"。 示例：获取 true 和 false 的值——SELECT true, false
空值	空值适用于各种列类型，它通常用来表示"没有值""无数据"等意义，并且不同于数字类型的"0"或字符串类型的空字符串

（2）变量

用户可以利用变量存储程序执行过程中涉及的数据，如计算结果、用户输入的字符串及对象的状态等。

变量由变量名和变量值构成，其类型与常量一样。变量名不能与命令名和函数名相同，这里的变量和在数学中遇到的变量基本相同，可以随时改变它对应的数值。

在 MySQL 中存在 3 种类型的变量：系统变量、用户变量和局部变量。其中系统变量又分为全局（Global）变量和会话（Session）变量两种。

① 全局变量和会话变量

全局变量在 MySQL 启动时由服务器自动将它们初始化为默认值，这些默认值可以通过更改 my.ini 文件来更改。

会话变量在每次建立一个新的连接时，由 MySQL 初始化。MySQL 会将当前所有全局变量的值复制一份作为会话变量。也就是说，如果在建立会话以后，没有手动更改过会话变量与全局变量的值，则这些变量的值都是一样的。

全局变量与会话变量的区别在于，全局变量主要影响整个 MySQL 实例的全局设置。大部分全局变量都作为 MySQL 的服务器调节参数存在。对全局变量的修改会影响到整个服务器，但是对会话变量的修改只会影响到当前的会话，也就是当前的数据库连接。

大多数的系统变量在应用于其他 SQL 语句中时，必须在名称前加两个"@"，而为了与其他 SQL 产品保持一致，某些特定的系统变量要省略这两个"@"，如 CURRENT_DATE（系统日期）、

CURRENT_TIME（系统时间）、CURRENT_TIMESTAMP（系统日期和时间）和 CURRENT_USER（SQL 用户的名字）等。

例如，可以使用全局变量@@VERSION 和 CURRENT_DATE 查看当前使用的 MySQL 的版本信息和当前的系统日期，执行命令如下。

```
SELECT @@version AS '当前 MySQL 版本',current_date;
```

a. 显示系统变量清单

用于显示系统变量清单的命令是 SHOW VARIABLES 语句，其语法格式如下。

```
SHOW [GLOBAL|SESSION] VARIABLES [LIKE '字符串'];
```

其中，GLOBAL 表示全局变量，SESSION 表示会话变量。如果此选项省略，则默认显示会话变量。LIKE 子句用于显示与字符串匹配的具体的变量名称或名称清单，字符串中可以使用通配符 "%" 和 "_"。

例如，显示所有的全局变量，执行命令如下。

```
SHOW GLOBAL VARIABLES;
```

显示以 "a" 开头的所有会话变量的值，执行命令如下。

```
SHOW VARIABLES LIKE 'a%';
```

b. 修改系统变量的值

在 MySQL 中，有些系统变量的值是不可以改变的，如@@VERSION 和系统日期。而有些系统变量的值可以通过 SET 语句来修改，其语法格式如下。

```
SET  system_var_name = expression
  | [global | session] system_var_name = expression
  | @@ [global.| session.] system_var_name = expression;
```

其中，system_var_name 为系统变量名，expression 是为系统变量设定的新值。名称的前面可以添加 GLOBAL 或 SESSION 等关键字。

指定了 GLOBAL 或@@GLOBAL 关键字的是全局变量，指定了 SESSION 或@@SESSION 关键字的是会话变量，SESSION 和@@SESSION 与 LOCAL 和@@LOCAL 的含义相同。如果在使用系统变量时不指定关键字，则默认为会话变量。

> **注意** 修改全局变量的值需要拥有 SUPER 权限，并且修改后的值要大于等于修改前的值，这样的修改操作才可以生效。

【例 7.1】将全局变量 sort_buffer_size 的值改为 400000（默认为 262144），执行命令如下。

```
SET @@GLOBAL.sort_buffer_size=400000;
```

【例 7.2】对于当前会话，把系统变量 SQL_SELECT_LIMIT 的值设置为 100。这个变量决定了 SELECT 语句的结果集中的最大行数。

```
SET @@SESSION.SQL_SELECT_LIMIT=100;
SELECT  @@LOCAL.SQL_SELECT_LIMIT;
```

> **说明** 在例 7.2 中，关键字 SESSION 放在系统变量的名称前（SESSION 和 LOCAL 可以通用）。这明确表示会话变量 SQL_SELECT_LIMIT 的值和 SET 语句指定的值保持一致。但是，名为 SQL_SELECT_LIMIT 的全局变量的值仍然不变。同样地，改变了全局变量的值，同名的会话变量的值也会保持不变。

要将一个系统变量的值设置为 MySQL 默认值，可以使用 DEFAULT 关键字。

例如，把 SQL_SELECT_LIMIT 的值恢复为默认值，代码如下。

```
SET @@LOCAL.SQL_SELECT_LIMIT=DEFAULT;
```

② 用户变量

用户可以在表达式中使用自己定义的变量，这样的变量叫作用户变量。

用户可以先在用户变量中保存值，再引用它，这样可以将值从一个语句传递到另一个语句。用户变量在使用前必须定义和初始化。如果使用没有初始化的变量，则它的值为 NULL。

微课 7-2：用户
变量

用户变量与连接有关。也就是说，一个客户端定义的变量不能被其他客户端看到或使用。当该客户端退出时，其所有变量将自动释放。用户变量被引用时要在其名称前加上"@"。

定义和初始化一个用户变量可以使用 SET 语句，其语法格式如下。

```
SET @user_variable1[:]=expression1 [,user_variable2= expression2 ,…];
```

或使用 SELECT 语句，其语法格式如下。

```
SELECT @user_variable1:=expression1[,user_variable2:= expression2,…];
```

其中，user_variable1、user_variable2 为用户变量名，用户变量名可以由当前字符集的中文、英文字母、数字字符、"."、"_"和"$"组成。当变量名中需要包含一些特殊符号（如空格、井号等）时，可以使用双引号或单引号将整个变量引起来。expression1、expression2 为要给变量赋的值，该值可以是常量、变量或表达式。

对于 SET 语句，可以使用"="或":="作为分配符。分配给每个变量的值可以为整数、实数、字符串和空值。也可以用 SELECT 语句代替 SET 语句来为用户变量分配一个值。在这种情况下，分配符必须为":="，而不能用"="，因为在非 SET 语句中，"="被视为比较操作符。

例如，创建用户变量 name 并为该变量赋值"王小强"。

```
SET @name='王小强';
```

或使用如下语句。

```
SET @name:='王小强';
```

或使用如下语句。

```
SELECT @name:='王小强';
```

> **说明**　"@"必须放在一个用户变量的前面，以便将它和列名区分开。"王小强"是给变量 name 指定的值。name 的数据类型是根据后面的赋值表达式自动分配的。也就是说，name 的数据类型与"王小强"的数据类型相同，字符集和校对规则也相同。如果给 name 变量重新赋予不同类型的值，则 name 的数据类型也会随之改变。

【例 7.3】创建用户变量 user1、user2、user3，并分别为它们赋值 1、2、3。

```
SET @user1=1,@user2=2,@user3=3;
```

或使用如下语句。

```
SELECT @user1:=1,@user2:=2,@user3:=3;
```

【例 7.4】创建用户变量 user4，它的值为 user3 的值加 1。

```
SET @user4=@user3+1;
```

或使用如下语句。

```
SELECT @user4:=@user3+1;
```
用户变量创建后，它可以以一种特殊形式的表达式作用于其他 SQL 语句中。

【例 7.5】查询例 7.3 和例 7.4 中创建的变量 user1、user2、user3 和 user4 的值。
```
SELECT @user1,@user2,@user3,@user4;
+--------+--------+--------+--------+
| @user1 | @user2 | @user3 | @user4 |
+--------+--------+--------+--------+
|    1   |    2   |    3   |    4   |
+--------+--------+--------+--------+
1 row in set
```
【例 7.6】使用查询结果给变量赋值。
```
USE gradem;
SET @student=(SELECT sname FROM student WHERE sno='2020010120');
SELECT @student;
```
【例 7.7】查询 student 表中名字等于例 7.6 中 student 值的学生的信息。
```
SELECT sno, sname, sbirthday  FROM student WHERE sname=@student;
```
【例 7.8】利用 SELECT 语句将表中数据赋给变量。
```
SELECT @name:=username FROM suser LIMIT 0,1;
```

> **说明** 在 SELECT 语句中，表达式发送到客户端后才进行计算。这说明在 HAVING、GROUP BY 或 ORDER BY 子句中，不能使用包含 SELECT 列表中所设的变量的表达式。

【例 7.9】查看 gradem 数据库中的 student 表中"系别"为"软件工程系"的学生信息。
```
USE gradem;
SET @系别='软件工程系';
SELECT sno,sname,saddress  FROM  student WHERE  sdept=@系别;
```
在该语句中，首先打开要使用的 gradem 数据库，然后定义字符串变量"系别"并为其赋值"软件工程系"，最后在 WHERE 语句中使用带变量的表达式。

③ 局部变量

局部变量的作用范围是 BEGIN…END 语句块。可以使用 DECLARE 语句定义局部变量，然后可以为变量赋值。赋值的方法与为用户变量赋值相同。但与用户变量不同的是，用户变量是以"@"开头的，局部变量不用该符号。

需要注意的是，局部变量与 BEGIN…END 语句块、流程控制语句只能用于函数、存储过程、触发器和事务的定义中。

在 MySQL 中，定义局部变量的基本语法格式如下。
```
DECLARE var_name [,…] type [DEFAULT value];
```
其中，var_name 参数是局部变量的名称，这里可以同时定义多个局部变量。type 参数用来指定变量的类型。DEFAULT value 子句将变量默认值设置为 value，没有使用 DEFAULT 子句时，默认值为 NULL。

例如，定义局部变量 myvar，数据类型为 INT，默认值为 10，代码如下。
```
DECLARE myvar INT DEFAULT 10;
```
为局部变量 myvar 赋值 100，代码如下。
```
SET myvar=100;
```

2. 表达式

在 SQL 中，表达式就是常量、变量、列名、复杂计算、运算符和函数的组合。与常量和变量一样，表达式的值也具有某种数据类型。根据表达式的值的类型，表达式可分为字符型表达式、数值型表达式和日期型表达式。

表达式一般用在 SELECT 及 SELECT 语句的 WHERE 子句中。

例如，使用表达式的 SELECT 查询语句如下。

```
SELECT A.sno,AVG(degree) AS '平均成绩',
CONCAT(sname,SPACE(6),ssex,SPACE(4),classno,'班',
SPACE(4),left(A.sno,4),'年级') AS '考生信息'
FROM sc A INNER JOIN student B ON A.sno=B.sno
GROUP BY A.sno
ORDER BY 平均成绩 DESC;
```

```
+------------+----------+------------------------------------+
| sno        | 平均成绩 | 考生信息                            |
+------------+----------+------------------------------------+
| 2020030436 | 94.5000  | 徐小栋      男    20200304 班   2020 年级 |
| 2020030409 | 94.0000  | 刘明海      男    20200304 班   2020 年级 |
| 2020010106 | 92.6667  | 孙晋梅      女    20200101 班   2020 年级 |
...
```

在上述语句中同时使用了表别名、列别名、字符串连接函数、求平均值函数、字符串函数、内连接和各种数据列等。查询的结果为一个按平均成绩降序排列的结果集，包括学生学号"sno""平均成绩""考生信息"3 列，其中"考生信息"列又由学生"姓名""性别""班级编号""年级"这些来自 student 表的数据组成。

（二）SQL 的流程控制

为了实现更加复杂的功能和提高程序的健壮性，SQL 提供了流程控制语句、条件和处理程序。

1. 流程控制语句

SQL 的基本结构是顺序结构、条件分支结构和循环结构。顺序结构是一种自然结构，条件分支结构和循环结构需要根据程序的执行情况调整和控制程序的执行顺序。

在 SQL 中，流程控制语句就是用来控制程序执行流程的语句，也称流控制语句或控制流语句。在 MySQL 中，这些流程控制语句和局部变量只能用于存储过程、函数、触发器或事务的定义中。

（1）BEGIN…END 语句块

BEGIN…END 可以定义 SQL 语句块，这些语句块作为一组语句执行，允许语句嵌套。关键字 BEGIN 定义 SQL 语句块的起始位置，END 定义同一 SQL 语句块的结束位置。该语句块的语法格式如下。

```
BEGIN
sql_statement|statement_block;
END;
```

其中，sql_statement 是使用语句块定义的任何有效的 SQL 语句，statement_block 是使用语句块定义的任何有效的 SQL 语句块。

（2）IF…ELSE 条件语句

IF…ELSE 条件语句用于指定 SQL 语句的执行条件。如果条件为真，则执行条件表达式后面的 SQL 语句。当条件为假时，可以用 ELSE 关键字指定要执行的 SQL 语句。其语法格式如下。

微课 7-3：IF…
ELSE 条件语句

```
IF search_condition THEN
statement_list
[ELSEIF search_condition THEN statement_list]…
[ELSE statement_list]
END IF;
```

其中，search_condition 是用于返回 true 或 false 的逻辑表达。如果逻辑表达式中含有 SELECT 语句，则必须用圆括号将 SELECT 语句括起来。

【例 7.10】使用 IF…ELSE 条件语句查询计算机工程系的办公室位置。如果查询结果为空值，则显示"办公地点不详"，否则显示其办公地点。

```
IF (SELECT office FROM department WHERE deptname='计算机工程系') IS NULL THEN
BEGIN
    SELECT '办公地点不详' AS 办公地点;
    SELECT * FROM department WHERE deptname='计算机工程系';
END;
ELSE
    SELECT office FROM department WHERE deptname='计算机工程系';
END IF;
```

提示 （1）上述语句块需定义在存储过程或者函数中，才可以执行成功。
（2）IF…ELSE 条件语句可以嵌套，即在 SQL 语句块中可以包含一个或多个 IF…ELSE 条件语句。

（3）CASE 分支语句

CASE 关键字可根据表达式的真假来确定是否返回某个值，允许在表达式的任何位置使用这一关键字。使用 CASE 分支语句可以选择多个分支，CASE 分支语句具有如下两种格式。

① 简单格式

简单格式将某个表达式与一组简单表达式进行比较以确定结果。

简单格式的语法格式如下。

```
CASE input_expression
WHEN when_expression THEN result_expression;
[…n]
[ELSE else_result_expression;]
END CASE;
```

上述语法格式中各参数的说明如下。

a．input_expression：使用 CASE 分支语句时计算的表达式，可以是任何有效的表达式。

b．when_expression：用来和 input_expression 表达式做比较的表达式，input_expression 表达式的数据类型和每个 when_expression 表达式的数据类型必须相同，或者可以隐性转换。

c．result_expression：当 input_expression=when_expression 的取值为 true 时，需要返回的表达式。

d．else_result_expression：当 input_expression=when_expression 的取值为 false 时，需要返回的表达式。

② 搜索格式

搜索格式用于计算一组布尔表达式以确定结果。

搜索格式的语法格式如下。

```
CASE
WHEN Boolean_expression THEN result_expression;
[…n]
[ELSE else_result_expression;]
END CASE;
```

上述语法格式中各参数的含义与简单格式的语法格式中各参数的含义类似。Boolean_expression 是布尔表达式，用来判断一个值与另一个值是否相等，其值只能是 true 或 false。例如，统计学生的不及格门数，利用 CASE 语句显示结果（较多、一般、较少、没有）。

```
DECLARE dj INT DEFAULT 0;
SELECT count(*) INTO dj FROM sc WHERE degree<60;
CASE
    WHEN dj>=100 THEN SELECT '不及格门数较多' as 档次;
    WHEN dj>=50 AND dj<100  THEN SELECT '不及格门数一般' as 档次;
    WHEN dj>=1 AND dj <50 THEN SELECT '不及格门数较少' as 档次;
    ELSE SELECT '没有不及格的' as 档次;
END CASE;
```

【素养小贴士】

使用 IF…ELSE 条件语句和 CASE 分支语句都可以实现多分支程序，但是不管哪种实现方式，在运行程序时，同一时刻都只能选择其中一个分支运行。在日常生活中，我们也经常面临各种各样的选择，有时选择比努力重要，但只有努力才能拥有更多选择。

（4）循环语句

① WHILE…END WHILE 语句

WHILE…END WHILE 语句可以设置重复执行 SQL 语句的条件。当指定的条件为真时，重复执行循环语句。可以在循环体内使用 LEAVE 和 ITERATE 语句，以便控制循环语句的执行过程，其语法格式如下。

```
[begin_label:]WHILE Boolean_expression DO
    {sql_statement|statement_block};
    [LEAVE begin_label;]
    {sql_statement|statement_block};
    [ITERATE begin_label;]
    {sql_statement|statement_block};
END WHILE;
```

其中，Boolean_expression、sql_statement、statement_block 的含义与前面介绍的相同。

LEAVE begin_label：用于从 WHILE 循环中退出，执行出现在 END WHILE 关键字后面的任何语句，END WHILE 关键字为循环结束标记。

ITERATE begin_label：用于跳出本次循环，然后直接进入下一次循环，忽略 ITERATE 语句后的任何语句。

【例 7.11】使用 WHILE…END WHILE 语句求 1～100 之和。

```
SET @i=1,@sum=0;
WHILE @i<=100 DO
    BEGIN
        SET @sum=@sum+@i;
        SET @i=@i+1;
    END;
END WHILE;
SELECT @sum;
```

微课 7-4：WHILE 循环

> 提示 和 IF…ELSE 条件语句一样，WHILE…END WHILE 语句也可以嵌套，即循环体仍然可以包含一条或多条 WHILE…END WHILE 语句。

② REPEAT…END REPEAT 语句

REPEAT…END REPEAT 语句在执行操作后检查结果，而 WHILE…END WHILE 语句则在执行操作前检查结果。其语法格式如下。

微课 7-5：
REPEAT 循环

```
[begin_label:]REPEAT
    {sql_statement|statement_block};
    [LEAVE begin_label;]
    {sql_statement|statement_block};
    [ITERATE begin_label;]
    {sql_statement|statement_block};
    UNTIL Boolean_expression
END REPEAT;
```

【例 7.12】使用 REPEAT…END REPEAT 语句求 1～100 之和。

```
SET @i=1,@sum=0;
REPEAT
    BEGIN
        SET @sum=@sum+@i;
        SET @i=@i+1;
    END;
UNTIL  @i>100
END REPEAT;
SELECT @sum;
```

③ LOOP…END LOOP 语句

LOOP…END LOOP 语句可以使某些特定的语句重复执行，实现一个简单的循环。但是 LOOP…END LOOP 语句本身没有停止循环的语句，必须遇到 LEAVE 语句才能停止循环。其语法格式如下。

```
begin_label:LOOP
    {sql_statement|statement_block};
    LEAVE begin_label;
    {sql_statement|statement_block};
    [ITERATE begin_label;]
    {sql_statement|statement_block};
END LOOP;
```

【例 7.13】使用 LOOP…END LOOP 语句求 1～100 之和。

```
SET @i=1,@sum=0;
add_sum:LOOP
    SET @sum=@sum+@i;
    SET @i=@i+1;
    IF @i>100 THEN
        LEAVE add_sum;
    END IF;
END LOOP;
SELECT @sum;
```

2. 条件和处理程序

特定条件需要特定处理。这些条件可能涉及错误或子程序中的一般流程控制。定义条件和处理程序是指事先定义程序执行过程中可能遇到的问题，并且可以在处理程序中定义解决这些问题的办法。这种方式可以提前预测可能出现的问题，并提出解决办法。这样可以增强程序处理问题的能力，避免程序异常停止。在 MySQL 中，都是通过 DECLARE 关键字来定义条件和处理程序的。

（1）定义条件

在 MySQL 中，使用 DECLARE 关键字来定义条件，其基本语法格式如下。

```
DECLARE  condition_name  CONDITION  FOR  condition_value;
condition_value:
        SQLSTATE [VALUE] sqlstate_value | mysql_error_code
```

其中，condition_name 表示条件的名称；condition_value 表示条件的类型；sqlstate_value 和 mysql_error_code 都可以表示 MySQL 的错误，sqlstate_value 表示长度为 5 的字符串类型的错误代码，mysql_error_code 表示数值类型的错误代码。例如，在 ERROR 1146（42S02）中，sqlstate_value 的值是 42S02，mysql_error_code 的值是 1146。

【例 7.14】定义"ERROR 1146 (42S02)"这个错误，名称为 can_not_find。可以用两种方法来定义，代码如下。

```
#方法 1: 使用 sqlstate_value
DECLARE  can_not_find  CONDITION  FOR  SQLSTATE  '42S02' ;
#方法 2: 使用 mysql_error_code
DECLARE  can_not_find  CONDITION  FOR  1146 ;
```

（2）定义处理程序

在 MySQL 中可以使用 DECLARE 关键字来定义处理程序，其基本语法格式如下。

```
DECLARE handler_type HANDLER FOR condition_value[,…] sp_statement
handler_type:
CONTINUE | EXIT | UNDO
condition_value:
SQLSTATE [VALUE] sqlstate_value |condition_name | SQLWARNING
| NOT FOUND | SQLEXCEPTION | mysql_error_code
```

其中，handler_type 用于指明错误的处理方式，该参数有 3 个取值，分别是 CONTINUE、EXIT 和 UNDO，CONTINUE 表示遇到错误不进行处理，继续向下执行；EXIT 表示遇到错误后马上退出；UNDO 表示遇到错误后撤回之前的操作，MySQL 暂时还不支持 UNDO 操作。

 注意 在执行过程中遇到错误时通常应该立刻停止执行下面的语句，并且撤回前面的操作。但是，MySQL 现在还不支持 UNDO 操作，因此，遇到错误时最好执行 EXIT 操作。如果事先能够预测错误类型，并且进行相应的处理，那么可以执行 CONTINUE 操作。

condition_value 用于指明错误类型，该参数有 6 个取值。

① SQLSTATE [VALUE] sqlstate_value：包含 5 个字符的字符串类型的错误代码。

② condition_name：表示用 DECLARE CONDITION 定义的错误条件名称。

③ SQLWARNING：表示所有以"01"开头的 sqlstate_value 值。

④ NOT FOUND：表示所有以"02"开头的 sqlstate_value 值。

⑤ SQLEXCEPTION：表示所有没有被 SQLWARNING 或 NOT FOUND 捕获的 sqlstate_value 值。

⑥ mysql_error_code：表示数值类型的错误代码。

sp_statement 参数表示一些存储过程或函数的执行语句，在遇到定义的错误时，指定需要执行哪些存储过程或函数。

下面是定义处理程序的几种方法，代码如下。

```
#方法1: 捕获 sqlstate_value 值
DECLARE CONTINUE HANDLER FOR SQLSTATE '42S02'
SET @info='CAN NOT FIND';
#方法2: 捕获 mysql_error_code 值
DECLARE CONTINUE HANDLER FOR 1146 SET @info='CAN NOT FIND';
#方法3: 先定义条件，然后调用条件
DECLARE  can_not_find  CONDITION  FOR  1146 ;
DECLARE CONTINUE HANDLER FOR can_not_find SET @info='CAN NOT FIND';
#方法4: 使用 SQLWARNING
DECLARE EXIT HANDLER FOR SQLWARNING SET @info='ERROR';
#方法5: 使用 NOT FOUND
DECLARE EXIT HANDLER FOR NOT FOUND SET @info='CAN NOT FIND';
#方法6: 使用 SQLEXCEPTION
DECLARE EXIT HANDLER FOR SQLEXCEPTION SET @info='ERROR';
```

上述代码是 6 种定义处理程序的方法。

方法 1: 捕获 sqlstate_value 值。如果遇到的 sqlstate_value 值为 42S02，则执行 CONTINUE 操作，并输出"CAN NOT FIND"信息。

方法 2: 捕获 mysql_error_code 值。如果遇到的 mysql_error_code 值为 1146，则执行 CONTINUE 操作，并输出"CAN NOT FIND"信息。

方法 3: 先定义条件，然后调用条件。这里先定义 can_not_find 条件，如果遇到 1146 错误就执行 CONTINUE 操作。

方法 4: 使用 SQLWARNING。SQLWARNING 捕获所有以"01"开头的 sqlstate_value 值，然后执行 EXIT 操作，并输出"ERROR"信息。

方法 5: 使用 NOT FOUND。NOT FOUND 捕获所有以"02"开头的 sqlstate_value 值，然后执行 EXIT 操作，并输出"CAN NOT FIND"信息。

方法 6: 使用 SQLEXCEPTION。SQLEXCEPTION 捕获所有没有被 SQLWARNING 或 NOT FOUND 捕获的 sqlstate_value 值，然后执行 EXIT 操作，并输出"ERROR"信息。

【例 7.15】定义条件和处理程序，具体的执行代码如下。

```
-- 首先建立测试表 test
CREATE TABLE test(t1 int,primary key(t1));
-- 定义存储过程
CREATE PROCEDURE handlertest()
BEGIN
    DECLARE CONTINUE handler FOR SQLSTATE '23000' SET @x1=1;
    SET @x=1;
    INSERT INTO test VALUES(1);
    SET @x=2;
    INSERT INTO test VALUES(1);
    SET @x=3;
    SELECT @x,@x1;
END;
    /*调用存储过程 */
CALL handlertest();
+----+-----+
| @x | @x1 |
+----+-----+
| 3  | 1   |
```

```
+----+-----+
1 row in set
Query OK, 0 rows affected
```

从执行结果可以看出，程序执行完毕。如果没有"DECLARE CONTINUE handler FOR SQLSTATE '23000' SET @x1=1;"这一行，则第 2 个 INSERT 语句因为主键约束而操作失败，MySQL 会采取默认处理方式（EXIT 操作），并且@x 会返回 2。

```
CALL handlertest();
1062 - Duplicate entry '1' for key 'PRIMARY'
select @x;
+----+
| @x |
+----+
| 2 |
+----+
1 row in set
```

3. 注释

注释是程序代码中不被执行的文本字符串，是用于说明或解释代码的语句。MySQL 支持 3 种注释方式，即井号"#"注释方式、双连线"--"注释方式、正斜线和星号"/*…*/"注释方式。

（1）井号：从井号到行尾都是注释内容。

（2）双连线：从双连线字符到行尾都是注释内容。注意，双连线后一定要加一个空格。

（3）正斜线和星号：开始注释对"/*"和结束注释对"*/"之间的所有内容均为注释内容。

例如，下面的程序代码中包含注释内容。

```
USE gradem;      -- 打开数据库
#查看学生的所有信息
SELECT * FROM student;
/*  查看所有学生的学号、姓名、系名及性别
附加条件是女生  */
SELECT sno,sname,sdeptname,ssex
FROM student a,department b
WHERE a.deptno=b.deptno
AND ssex='女';
```

（三）MySQL 常用函数

MySQL 提供了大量的系统函数，它们功能强大、方便易用。使用这些函数，可以极大地提高用户对数据库的管理效率，更加灵活地满足不同用户的需求。从功能上可以将函数分为以下几类：字符串函数、数学函数、日期时间函数、条件判断函数、系统信息函数和加密函数等。表 7.2 所示为部分 MySQL 常用函数。

表 7.2　部分 MySQL 常用函数

函数类型	函数名称	功能描述
字符串函数	CHAR_LENGTH(str)	计算字符串字符数函数，返回字符串 str 的字符数
	CONCAT(str1,str2,…)	合并字符串函数，返回由多个字符串连接成的字符串
	INSERT(str1,x,len,str2)	替换字符串函数，将 str1 字符串中从 x 位置开始的 len 个字符用 str2 替换
	LEFT(str,n)	左子字符串函数，返回字符串从左边开始的 n 个字符

函数类型	函数名称	功能描述
字符串函数	RIGHT(str,n)	右子字符串函数，返回字符串从右边开始的 n 个字符
	SPACE(n)	空格函数，返回由 n 个空格组成的字符串
	LOWER(str)或 LCASE(str)	小写字母转换函数，将字符串 str 中的字母转换为小写字母
	UPPER(str)或 UCASE(str)	大写字母转换函数，与 LOWER 函数的功能相反
	LTRIM(str)	删除前导空格函数，返回删除了前导空格的字符串
	RTRIM(str)	删除尾随空格函数，返回删除了尾随空格的字符串
	TRIM(str)	删除空格函数，返回删除了前导空格和尾随空格的字符串
	REPLACE(str,str1,str2)	替换函数，使用 str2 代替字符串 str 中的所有字符串 str1
	STR()	数字向字符转换函数，返回由数字数据转换来的字符数据
	SUBSTRING(str,n,len)或 MID(str,n,len)	获取子字符串函数，从字符串 str 中返回一个长度与 len 相同的子字符串，起始于位置 n
	REVERSE(str)	字符串逆序函数。将字符串 str 反转，返回的字符串的顺序和 str 字符串的顺序相反
数学函数	ABS(x)	返回数值表达式 x 的绝对值
	CEILING(x)或 CEIL(x)	返回大于或等于数值表达式 x 的最小整数
	FLOOR(x)	返回小于或等于数值表达式 x 的最大整数
	ROUND(x[,n])	四舍五入函数，对数值表达式 x 进行四舍五入，n 为保留的小数位数
	SIGN(x)	返回数值表达式 x 的正号、负号或零
	RAND()或 RAND(x)	获取随机数函数，其中 x 被用作种子值，用来产生随机序列
	SQRT(x)	返回数值表达式 x 的平方根
日期时间函数	CURDATE()、CURTIME()	获取当前的系统日期或系统时间
	NOW()	返回当前日期和时间值，格式为 YYYY-MM-DD HH:MM:SS
	DAYNAME(date)	返回 date 对应的工作日的英文名称，如 Sunday 等
	MONTH(date)	返回 date 对应的月份，范围为 1～12
	DAY(date)、YEAR(date)	分别返回 date 对应的天和年份。天的范围是 1～31，年份的范围是 1970～2069
	WEEKDAY(date)	返回 date 对应的工作日索引，0 表示周一，6 表示周日
	TIME_TO_SEC(time)	时间和秒转换函数，将 time 转换为秒数

（四）游标

游标（Cursor）是类似于 C 语言中的指针的结构，在 MySQL 中它是一种数据访问机制，允许用户访问单独的数据行，而不是对整个结果集进行操作。

在 MySQL 中，游标主要包括游标结果集和游标位置两部分，游标结果集是由定义游标的 SELECT 语句返回的行集合，游标位置则是指向这个结果集中的某一行的指针。

在使用游标之前首先要声明游标，定义 MySQL 服务器游标的属性，如游标的滚动行为和用于生成游标所操作的结果集的查询。声明游标的语法格式如下。

```
DECLARE cursor_name CURSOR
FOR select_statement;
```

例如，在 gradem 数据库中为 teacher 表创建一个普通的游标，其名称为 T_cursor，语句如下。

```
DECLARE T_cursor CURSOR
```

```
FOR SELECT Tno,Tname FROM teacher;
```

在声明游标以后，就可对游标进行操作，主要包括打开游标、检索游标、关闭游标等。

1. 打开游标

使用游标之前必须打开游标，打开游标的语法格式如下。

```
OPEN   cursor_name;
```

例如，打开前面创建的 T_cursor 游标，语句如下。

```
OPEN T_cursor;
```

2. 检索游标

打开游标以后，就可以提取数据了。FETCH 语句的功能是获取游标的当前指针指向的记录，并将其传给指定变量列表，注意变量数必须与 MySQL 游标返回的字段数一致。要获得多行数据，需要在循环语句中执行 FETCH 语句，其语法格式如下。

```
FETCH cursor_name INTO var1[,var2,…];
```

其中，var1[,var2,…]就是变量列表，这些变量必须在声明之前就定义好。游标是带指针的记录集，其中指针指向记录集中的某一条特定记录。从 FETCH 语句的上述定义中不难看出，FETCH 语句用来移动这个记录指针。

> **注意** MySQL 的游标是向前只读的，也就是说，只能顺序地从开始往后读取结果集，不能从后往前，也不能直接跳到中间。

首先，FETCH 语句离不开循环语句。一般使用 LOOP…END LOOP 语句和 WHILE…END WHILE 语句。这里以 LOOP…END LOOP 语句为例，代码如下。

```
fetchLoop:LOOP
    FETCH T_Cursor INTO v_tno,v_tname;
END LOOP;
```

上述循环是死循环，没有退出的条件。与 SQL Server 和 Oracle 不同，MySQL 通过一个错误处理的声明来判断是否结束循环。

```
DECLARE CONTINUE handler FOR NOT FOUND …;
```

在 MySQL 中，当游标遍历溢出时，会出现一个预定义的 NOT FOUND 错误(SQLSTATE '02000')，读者只需在处理这个错误时定义一个继续运行的处理程序即可。在定义处理程序时定义一个标志，在循环语句中以这个标志为结束循环的判断条件。

【例 7.16】使用游标检索 teacher 表中所有教师的教师号和姓名。

```
CREATE PROCEDURE proccursor()
BEGIN
    DECLARE done INT DEFAULT 0;
    DECLARE v_tno VARCHAR(4) DEFAULT "";
    DECLARE v_tname VARCHAR(8) DEFAULT "";
    DECLARE T_cursor CURSOR FOR SELECT Tno,Tname FROM teacher;     #定义游标
    DECLARE CONTINUE HANDLER FOR NOT FOUND SET done = 1;          #定义处理程序
    SET done=0;
    OPEN T_Cursor;        #打开游标
    fetch_Loop:LOOP
        FETCH T_Cursor INTO v_tno,v_tname;  #检索游标
        IF done=1 THEN
            LEAVE fetch_Loop;
        ELSE
```

```
                SELECT v_tno,v_tname;
            END IF;
        END LOOP fetch_Loop;
    END;
```

上述语句中的变量 done 保存的就是 FETCH 语句的结束信息。如果其值为零，则表示有记录检索成功；如果其值不为零，则表示 FETCH 语句由于某种原因执行失败。

3．关闭游标

打开游标以后，MySQL 服务器会专门为游标开辟一定的内存空间，以存放游标操作的数据结果集。所以在不使用游标时，一定要关闭游标，以通知 MySQL 服务器释放游标占用的资源。

某个游标关闭后，如果没有重新打开，则不能使用它。但是，使用声明过的游标不需要再次声明。如果不明确关闭游标，MySQL 将会在到达 END 语句时自动关闭它。

关闭游标的语法格式如下。

```
CLOSE cursor_name;
```

在检索游标 T_cursor 后可用如下语句来关闭它。

```
CLOSE T_cursor;
```

经过上面的操作，完成了对游标 T_cursor 的声明、打开、检索和关闭操作。

【任务实施】

王宁使用编程基础知识来解决【任务提出】中的问题，具体实现代码如下。

```
BEGIN
    DECLARE i INT DEFAULT 1;
    WHILE(i <= 1000000 ) DO
    BEGIN
        INSERT INTO student_new(sno) VALUES(i+1);
    END;
    END WHILE;
END;
```

任务 7-2　创建与使用存储过程和存储函数

【任务提出】

在任务 7-1 中，王宁利用编程基础知识实现了"向学生基本信息表 student_new 中插入 100 万条记录"的基本代码，但运行时会出现语法错误。原因在于局部变量和循环语句必须嵌套在存储过程中才能成功运行。

王宁需要使用存储过程来验证上述代码的业务逻辑是否正确，以及是否可以成功运行。

【知识储备】

（一）存储过程和存储函数概述

1．存储过程和存储函数的定义

存储过程（Stored Procedure）和存储函数（Stored Function）是在数据库中定义的一组完成特定功能的 SQL 语句集合，经编译和优化后存储在数据库服务器中。

存储过程和存储函数中可包含流程控制语句及各种 SQL 语句。它们可以接收参数、输出参数、返回单个或者多个结果。

2. 存储过程的优点

在 MySQL 中，存储过程有如下优点。

（1）存储过程增强了 SQL 的功能性和灵活性。存储过程可以用流程控制语句编写，有很强的灵活性，可以完成复杂的判断和运算。

（2）存储过程允许模块化程序设计。存储过程创建后，可以在程序中多次调用，而不必重新编写该存储过程的 SQL 语句，而且数据库专业人员可以随时修改存储过程，对应用程序源代码毫无影响。

（3）存储过程能实现较快的执行速度。如果某一操作包含大量的 SQL 语句或被多次执行，那么存储过程要比批处理的执行速度快很多，因为存储过程是预编译的。在首次运行一个存储过程时，查询优化器对其进行分析优化，并且给出最终被存储在系统表中的执行计划。而批处理的 SQL 语句在每次运行时都要进行编译和优化，速度相对较慢。

（4）存储过程能够减少网络流量。针对同一个数据库对象的操作（如查询、修改），如果这一操作涉及的 SQL 语句被组织成存储过程，那么当在客户计算机上调用该存储过程时，网络中传送的只是对应的调用语句，从而大大减少了网络流量并降低了网络负载。

（5）存储过程可作为一种安全机制来充分利用。系统管理员对执行某一存储过程的权限进行限制后，将限制相应数据的访问权限，避免了非授权用户对数据的访问，保证了数据的安全。

（二）创建存储过程

在 MySQL 中创建存储过程和存储函数时，创建者必须具有 CREATE ROUTINE 权限，ALTER ROUTINE 和 EXECUTE 权限被自动授予它的创建者。

创建存储过程有两种方式，具体介绍如下。

1. 利用 CREATE PROCEDURE 语句创建

用户可以使用 CREATE PROCEDURE 语句创建存储过程，其基本语法格式如下。

微课 7-6：利用
SQL 语句创建存
储过程

```
CREATE PROCEDURE procedure_name([proc_parameter[,…]])
[characteristic[,…]]
Routine_body;
```

其中各参数的含义如下。

（1）procedure_name：存储过程的名称。

（2）proc_parameter：存储过程中的参数列表，其形式如下。

```
[IN|OUT|INOUT] param_name type
```

其中，IN 表示输入参数，OUT 表示输出参数，INOUT 表示既可以输入参数，也可以输出参数，默认为 IN；param_name 表示参数名称；type 表示参数的类型；可以声明一个或多个参数。

（3）Routine_body：是包含在存储过程中的 SQL 语句，可以用 BEGIN 和 END 来表示 SQL 语句的开始与结束。

（4）characteristic：该参数有多个取值，其取值说明如下。

① LANGUAGE SQL：说明 sql_statement 部分由 SQL 语句组成，这也是数据库系统默认的语言。

② [NOT] DETERMINISTIC：指明存储过程的执行结果是否是确定的。DETERMINISTIC 表示结果是确定的，每次执行存储过程时，相同的输入会得到相同的输出。NOT DETERMINISTIC 表示结果是不确定的，相同的输入可能得到不同的输出。在默认情况下，结果是不确定的。

③ { CONTAINS SQL | NO SQL | READS SQL DATA | MODIFIES SQL DATA }：指明子程序使用

SQL 语句的限制。CONTAINS SQL 表示子程序包含 SQL 语句，但不包含读或写数据的语句；NO SQL 表示子程序不包含 SQL 语句；READS SQL DATA 表示子程序包含读数据的语句；MODIFIES SQL DATA 表示子程序包含写数据的语句。在默认情况下，系统会指定为 CONTAINS SQL。

④ SQL SECURITY { DEFINER | INVOKER }：指明谁有权限来执行该存储过程。DEFINER 表示只有定义者自己才能够执行；INVOKER 表示调用者可以执行。在默认情况下，系统指定的是 DEFINER。

⑤ COMMENT 'string'：注释信息。

> **技巧** 在创建存储过程时，系统默认指定 CONTAINS SQL，表示存储过程中使用了 SQL 语句。但是，如果存储过程中没有使用 SQL 语句，则最好设置为 NO SQL。而且，最好在存储过程的 COMMENT 部分对存储过程进行简单的注释，以便以后在阅读存储过程的代码时理解代码。

【例 7.17】创建一个存储过程，从数据库 gradem 的 student 表中检索出所有籍贯为"青岛"的学生的学号、姓名、班级号及家庭住址等信息。具体代码如下。

```
-- 打开 gradem 数据库
USE gradem;
-- 创建存储过程
CREATE PROCEDURE proc_stud()
BEGIN
    SELECT sno,sname,classno,saddress FROM student
    WHERE saddress LIKE '%青岛%' ORDER BY sno;
END;
CALL proc_stud();
```

执行存储过程 proc_stud，返回所有"青岛"籍的学生信息。

【强化训练 7-1】

请思考，如何使用命令行工具实现例 7.17。

【例 7.18】创建一个名为 num_sc 的存储过程，统计某位学生的考试门数，代码如下。

```
-- 打开 gradem 数据库
USE gradem;
-- 创建存储过程
CREATE PROCEDURE num_sc(IN tmp_sno char(10), OUT count_num INT )
BEGIN
    SELECT COUNT(*) INTO count_num FROM sc
    WHERE sno=tmp_sno;
END;
CALL num_sc('2020030101',@num);
```

在上述存储过程中，输入参数为 tmp_sno，输出参数为 count_num，SELECT 语句用 COUNT(*) 计算某位学生的考试门数，最后将计算结果存入 count_num 中。

代码执行完毕，没有提示任何出错信息表示存储过程已经创建成功，以后就可以调用这个存储过程了。

请读者根据例 7.10 的要求创建一个存储过程，输入某系别的名称，显示该系别的办公地点。

2. 利用 Navicat 创建

利用 Navicat 创建存储过程方便、简单，且易操作。下面为 gradem 数据库创建一个存储过程 proc1，统计某位学生的考试门数，操作步骤如下。

（1）在 Navicat 中连接到 MySQL 服务器。

（2）展开【mysql80】|【gradem】节点，单击工具栏中的【函数】按钮，再单击窗格上方的【新建函数】按钮，或用鼠标右键单击【gradem】节点下的【函数】节点，在快捷菜单中选择【新建函数】命令。

微课 7-7：在 Navicat 中创建存储过程

（3）打开【函数向导】对话框，如图 7.1 所示。选择要创建的例程类型，若创建存储过程，则选择【过程】；若创建存储函数，则选择【函数】，并输入名称。单击【下一步】按钮，进入参数设置界面，如图 7.2 所示。其中"模式"表示参数的类型（IN、OUT、INOUT），"名"表示参数的名称，"类型"表示该参数的数据类型。如果参数不止一个，则可以单击左下方的【+】按钮添加参数，如果要删除参数，则可以在选中参数后单击【-】按钮，单击【↑】按钮和【↓】按钮可以使光标在各参数之间移动。

> **注意** 在设置参数时，要注意参数的数据类型长度，确保参数的数据类型长度与表中字段的数据类型长度一致。

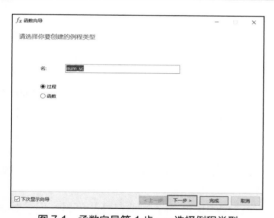

图 7.1 函数向导第 1 步——选择例程类型

图 7.2 函数向导第 2 步——设置参数

（4）参数设置完成后，单击【完成】按钮，进入下一步操作，如图 7.3 所示。此时用户就可以在 BEGIN 和 END 之间输入 SQL 语句了。输入完成后，单击窗格上方的【保存】按钮。如果在保存时出现图 7.4 所示的语法错误，则用户应返回图 7.3 所示的界面进行修改。

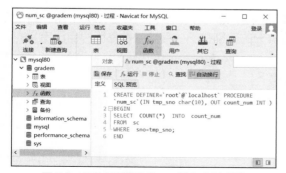

图 7.3 函数向导第 3 步——输入 SQL 语句

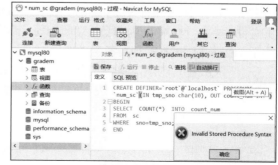

图 7.4 函数向导第 4 步——保存

（三）调用存储过程

在 MySQL 中，因为存储过程和数据库相关，所以要执行其他数据库中的存储过程，就需要打开相应的数据库或指定数据库名称。

在 Navicat 中，调用存储过程非常简单，展开【mysql80】|【gradem】节点，单击工具栏中的【函数】按钮，再单击窗格上方的【运行】按钮，或用鼠标右键单击相应函数，在快捷菜单中选择【运行函数】命令，根据系统的提示，输入相应的参数即可。

也可以利用 CALL 语句调用存储过程，其语法格式如下。

```
CALL [dbname.]sp_name([parameter[,…]]);
```

其中，dbname 是数据库名称，默认为当前数据库；sp_name 是存储过程的名称；parameter 是存储过程的参数。

【例 7.19】调用例 7.18 创建的存储过程 num_sc，代码如下。

```
CALL num_sc('2020030101',@num);    #调用存储过程
SELECT @num;    #查询输出结果
+------+
| @num |
+------+
|   4  |
+------+
1 row in set
```

由上面的代码可以看出，使用 CALL 语句调用存储过程，使用 SELECT 语句查询存储过程的输出结果。

【素养小贴士】

在传统认知中，SQL 是用来完成数据查询和更新的。其实它功能强大，可以像 C 语言、Java、Python 等程序设计语言一样，利用存储过程和存储函数实现更加复杂的功能，便于在处理业务数据之前完成数据的合法性检测。

也许读者一开始并不适应 SQL 的编码规范，在实现过程中也遇到了各种各样的问题。但是我们不能轻言放弃，要根据错误提示，一步步解决问题。

（四）创建存储函数

1. 利用 CREATE FUNCTION 语句创建

在 MySQL 中，存储函数的使用方法与 MySQL 内部函数的使用方法一样。换言之，用户自己定义的存储函数与 MySQL 内部函数性质相同。两者唯一的区别在于，存储函数是用户自己定义的，而内部函数是 MySQL 的开发者定义的。

在 MySQL 中，创建存储函数的基本语法格式如下。

```
CREATE FUNCTION func_name([func_parameter[,…]])
   RETURNS type
   [characteristic[,…]]
   Routine_body
```

其中各参数的含义如下。

（1）func_name：存储函数的名称。

（2）func_parameter：存储函数中的参数列表。其形式与存储过程相同，在此不赘述。

（3）RETURNS type：指定返回值的类型。

（4）characteristic：指定存储函数的特性，该参数的取值与存储过程中 characteristic 的取值一样，在此不赘述。

（5）Routine_body：是包含在存储函数中的 SQL 语句，可以用 BEGIN 和 END 来表示 SQL 语句的开始与结束。

【例 7.20】 创建一个名为 func_name 的存储函数，返回某班级的辅导员姓名，代码如下。

```
CREATE  FUNCTION  func_name(class_no VARCHAR(8))
RETURNS VARCHAR(8)
READS SQL DATA
BEGIN
    RETURN (SELECT  header  FROM  class  WHERE  classno=class_no);
END;
```

在上述代码中，该函数的参数为 class_no，返回值是 VARCHAR 类型的。SELECT 语句从 class 表中查询 classno 值等于 class_no 的记录，并将该记录的 header 字段的值返回。执行结果显示，存储函数已经创建成功。该函数的使用方法和 MySQL 内部函数的使用方法一样。

> **提示** （1）PROCEDURE 可以指定 IN、OUT 或 INOUT 类型的参数，而 FUNCTION 的参数类型默认为 IN。RETURNS 子句只能包含在 FUNCTION 中，它用来指定函数的返回值类型，而且函数体必须包含在一个 RETURN value 语句中。
>
> （2）本例中的 READS SQL DATA 不能省略，如果省略则会出现图 7.5 所示的错误提示。原因是本例的代码实现仅仅涉及了读取表中的数据，而没有涉及数据的修改，这时需要在函数体的开头处加上 READS SQL DATA 声明。

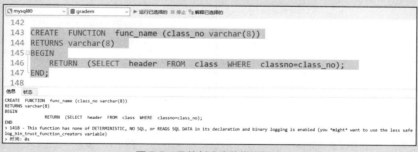

图 7.5　函数创建失败错误提示

2. 利用 Navicat 创建

利用 Navicat 创建存储函数的方法与创建存储过程的方法相似。下面为 gradem 数据库创建一个存储函数 func_teacher，要求返回某位老师所在的系别。操作步骤如下。

（1）在 Navicat 中连接到 MySQL 服务器。

（2）展开【mysql80】|【gradem】节点，单击工具栏中的【函数】按钮，再单击窗格上方的【新建函数】按钮，或用鼠标右键单击【gradem】节点下的【函数】节点，在快捷菜单中选择【新建函数】命令。

（3）打开【函数向导】窗口，选择要创建的例程类型，在此选择【函数】，如图 7.6 所示，并输入函数名称，单击【下一步】按钮。

（4）进入参数设置界面，如图 7.7 所示。其中"名"表示参数的名称，"类型"表示该参数的数据类型。各按钮的功能与创建存储过程中的相同。参数设置完成后，单击【下一步】按钮，进入返回值设置界面，如图 7.8 所示。可以设置返回值的类型、长度及字符集等信息。设置完成后，单击【完成】按钮。

（5）进入定义窗口，输入存储函数代码，如图 7.9 所示，单击【保存】按钮，即可创建该函数。使用此种方式创建函数，依然需要注意在函数体开头处加上 READS SQL DATA 声明。

图 7.6　选择例程类型

图 7.7　设置存储函数的参数

图 7.8　设置存储函数的返回值

图 7.9　输入存储函数代码

（五）调用存储函数

在 Navicat 中，调用存储函数的方法也非常简单，展开【mysql80】|【gradem】节点，单击工具

栏中的【函数】按钮，再单击窗格上方的【运行】按钮，或用鼠标右键单击相应函数，在快捷菜单中选择【运行函数】命令。根据系统的提示，输入相应的参数即可。

也可以利用 SELECT 语句调用存储函数，其语法格式如下。

```
SELECT  [dbname.]func_name([parameter[,…]]);
```

其中，dbname 是数据库名称，默认为当前数据库；func_name 是存储函数的名称；parameter 是存储函数的参数。

【例 7.21】调用存储函数 func_teacher，代码如下。

```
SELECT func_teacher('李新');       #调用存储函数
+---------------------+
| func_teacher('李新')  |
+---------------------+
|d02                  |
+---------------------+
1 row in set
```

（六）查看存储过程和存储函数

可以使用 SHOW STATUS 语句或 SHOW CREATE 语句查看存储过程和存储函数的状态，也可以通过查询 information_schema 数据库下的 routines 表来查看存储过程和存储函数的定义。

1. 利用 SHOW STATUS 语句查看

在 MySQL 中，可以通过 SHOW STATUS 语句查看存储过程和存储函数的状态，其基本语法格式如下。

微课 7-8：查看存储过程和存储函数

```
SHOW {PROCEDURE | FUNCTION} STATUS [LIKE 'pattern'];
```

其中，PROCEDURE 表示查询存储过程，FUNCTION 表示查询存储函数；LIKE 'pattern'用来匹配存储过程或存储函数的名称。

【例 7.22】查询名为 num_sc 的存储过程的状态，代码如下。

```
SHOW PROCEDURE STATUS LIKE 'num_sc';
```

查询结果将显示存储过程的创建时间、修改时间和字符集等信息。

2. 利用 SHOW CREATE 语句查看

除了 SHOW STATUS 语句之外，还可以通过 SHOW CREATE 语句查看存储过程和存储函数的定义或结构，其基本语法格式如下。

```
SHOW CREATE {PROCEDURE | FUNCTION} sp_name;
```

其中，PROCEDURE 表示查询存储过程，FUNCTION 表示查询存储函数；sp_name 表示存储过程或存储函数的名称。

【例 7.23】查询名为 func_teacher 的存储函数的状态，代码如下。

```
SHOW CREATE FUNCTION func_teacher;
```

> **注意** SHOW STATUS 语句只能查看存储过程或存储函数操作的是哪一个数据库，以及存储过程或存储函数的名称、类型、定义者、创建和修改时间、字符集等信息。但是，这个语句不能查询存储过程或存储函数的具体定义。如果需要查看详细定义，就需要使用 SHOW CREATE 语句。

3. 从 information_schema.routines 表中查看存储过程和存储函数的信息

存储过程和存储函数的信息存储在 information_schema 数据库下的 routines 表中。可以通过查询该表的记录来查询存储过程和存储函数的信息，其基本语法格式如下。

```
SELECT * FROM information_schema.routines
WHERE ROUTINE_NAME='sp_name';
```

其中，ROUTINE_NAME 字段中存储的是存储过程和存储函数的名称，sp_name 表示存储过程或存储函数的名称。

【例 7.24】从 routines 表中查询名为 num_sc 的存储过程的信息，代码如下。

```
SELECT * FROM information_schema.routines
WHERE ROUTINE_NAME='num_sc';
```

> **注意** information_schema 数据库下的 routines 表中存储着所有存储过程和存储函数的定义。使用 SELECT 语句查询 routines 表中的存储过程和存储函数的定义时，一定要使用 ROUTINE_NAME 字段指定存储过程或存储函数的名称，否则将查询出所有的存储过程或存储函数的定义。

（七）删除存储过程和存储函数

可使用 DROP PROCEDURE 或者 DROP FUNCTION 语句从当前的数据库中删除用户定义的存储过程或存储函数。删除存储过程或存储函数的基本语法格式如下。

```
DROP {PROCEDURE | FUNCTION}[IF EXISTS]sp_name;
```

其中，sp_name 表示要删除的存储过程或存储函数的名称。

IF EXISTS 子句是 MySQL 的扩展，如果存储过程或存储函数不存在，则使用它可以防止发生错误。

【例 7.25】删除存储过程 proc1。

```
DROP PROCEDURE IF EXISTS proc1;
```

如果另一个存储过程要调用某个已被删除的存储过程，则 MySQL 将在执行调用进程时显示一条错误消息。

微课 7-9：删除存储过程和存储函数

【任务实施】

王宁使用 SQL 语句创建存储过程，具体实现代码如下。

（1）使用 CREATE PROCEDURE 创建存储过程 while_insert。

```
CREATE PROCEDURE while_insert()
BEGIN
    DECLARE i INT DEFAULT 1;
    WHILE(i <= 1000000 ) DO
    BEGIN
        INSERT INTO student_new(sno) VALUES(i+1);
    END;
    END WHILE;
END;
```

（2）通过 CALL 语句调用存储过程，验证学生信息基本表 student_new 中是否成功插入记录。

```
CALL while_insert();
```

任务 7-3　创建和使用触发器

【任务提出】

一天，王宁向李老师请教问题："老师，我向 student 表中添加了一条学生记录，但是忘了修改 class 表中 number 列的值，导致 class 表中统计的学生人数与实际人数不符。"

李老师告诉王宁，为了防止出现这种情况，MySQL 提供了触发器机制，当我们向 student 表中添加一条学生记录时，会自动触发修改 class 表的 number 列的值的操作，从而解决数据不一致的问题。

【知识储备】

（一）触发器概述

触发器（Trigger）是一种特殊的存储过程，它与表紧密相连，可以是表定义的一部分。当预定义的事件（如用户修改指定表或者视图中的数据）发生时，触发器将自动执行。

触发器基于一个表创建，但是可以针对多个表进行操作，因此触发器可以用来对表实施复杂的完整性约束。当触发器保存的数据发生改变时，触发器被自动激活，从而防止对数据进行不正确的修改。触发器的优点如下。

微课 7-10：触发器概述

（1）触发器自动执行，用户对表中的数据做了任何修改（比如手动输入数据或者使用程序采集数据）之后立即激活。

（2）触发器可以通过数据库中的相关表进行层叠更改。这比直接把代码写在前台的做法更安全合理。

（3）触发器可以对表进行强制限制，这些限制比用 CHECK 约束定义的更复杂。与 CHECK 约束不同的是，触发器可以引用其他表中的列。

（二）创建触发器

1. 利用 SQL 命令创建

因为触发器是一种特殊的存储过程，所以触发器的创建和存储过程的创建有很多相似之处，创建触发器的基本语法格式如下。

```
CREATE TRIGGER trig_name trig_time trig_event
    ON tb_name FOR EACH ROW trig_statement;
```

微课 7-11：利用 SQL 命令创建触发器

（1）trig_name：要创建的触发器的名称。

（2）trig_time：指定触发器触发的时机，以指明触发程序是在激活它的语句之前或之后触发，可以指定为 BEFORE 或 AFTER。

（3）trig_event：指明激活触发程序的语句的类型。trig_event 可以是下述值之一。

① INSERT。将新行插入表中时激活触发程序。例如，通过 INSERT、LOAD DATA 和 REPLACE 语句向表中插入记录。

② UPDATE。更改某一行时激活触发程序。例如，通过 UPDATE 语句更新表中的记录。

③ DELETE。从表中删除某一行时激活触发程序。例如，通过 DELETE 和 REPLACE 语句删除表中的记录。

（4）tb_name：建立触发器的表名，即在哪个表上建立触发器。tb_name 必须引用永久性表。

（5）FOR EACH ROW：触发器的执行间隔，通知触发器每隔一行执行一次动作，而不是对整个表执行一次。

（6）trig_statement：指定触发器执行的 SQL 语句。可以使用 BEGIN 和 END 来表示 SQL 语句的开始和结束。

在触发器执行的 SQL 语句中，可以关联表中的任何列，关联时使用 OLD 和 NEW 加列名来标识，如 OLD.col_name、NEW.col_name。OLD.col_name 关联现有行的一列在被更新或删除前的值。NEW.col_name 关联一个新行的插入或更新现有行的一列值。

对于 INSERT 语句，只有 NEW 是合法的；对于 DELETE 语句，只有 OLD 是合法的；对于 UPDATE 语句，NEW 和 OLD 可以同时使用。

微课 7-12：创建
触发器举例

【例 7.26】在 gradem 数据库的 teacher 表中创建一个触发器，当一个教师的信息被删除时，把该教师的编号和姓名添加到 delteacher 表中。具体代码如下。

```
USE gradem;
# 创建一个空表 delteacher，表由 tno 和 tname 两列组成
CREATE TABLE delteacher SELECT tno,tname FROM teacher WHERE 1=0;
# 创建 teacher 表的触发器
CREATE TRIGGER trig_teacher
AFTER DELETE ON teacher  FOR EACH ROW
INSERT INTO delteacher(tno,tname) values(old.tno, old.tname);
```

执行上述代码后，在 teacher 表上就创建了一个 trig_teacher 触发器。

执行下面的代码，验证触发器是否可以触发。

```
DELETE FROM teacher WHERE tname='李新';
SELECT * FROM delteacher;
+-----+-------+
| tno | tname |
+-----+-------+
| 101 | 李新  |
+-----+-------+
1 row in set
```

【强化训练 7-2】

在 gradem 数据库中定义一个触发器 trig_snoupdate，当 student 表中的学生学号变更时，同时更新 sc 表中相应的学生学号信息。

2. 利用 Navicat 创建

使用 Navicat 在 course 表中创建触发器，具体操作步骤如下。

（1）在 Navicat 中连接到 MySQL 服务器。

微课 7-13：在
Navicat 中创建
触发器

（2）展开【 mysql80 】|【 gradem 】|【 表 】节点，用鼠标右键单击要创建触发器的表，在快捷菜单中选择【 设计表 】命令，然后在弹出的窗口中打开【 触发器 】选项卡，如图 7.10 所示。

（3）在"名"列中输入触发器的名称，在"触发"列设置触发的时机，"插入"、"更新"和"删除"列决定激活触发程序的语句的类型。

（4）在窗口下方的【定义】选项卡中指定触发器执行的 SQL 语句，如图 7.11 所示。

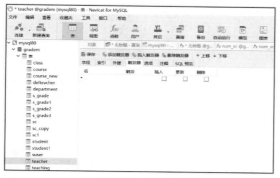

图 7.10　创建触发器

图 7.11　指定触发器执行的 SQL 语句

（5）指定完毕，单击工具栏中的【保存】按钮进行保存。在此窗口中可以添加、修改和删除触发器。

（三）查看触发器

查看触发器是指查看数据库中已存在的触发器的定义、状态和语法信息等。可以使用以下 3 种方法查看已经创建的触发器。

1.　使用 SHOW TRIGGERS 语句查看

使用 SHOW TRIGGERS 语句查看触发器的基本语法格式如下。

```
SHOW TRIGGERS;
```

2.　在 triggers 表中查看

在 MySQL 中，所有触发器的定义都保存在 information_schema 数据库下的 triggers 表中。查询 triggers 表可以查看数据库中所有触发器的详细信息。查询的语句如下。

```
SELECT * FROM information_schema.triggers;
```

也可以查询指定触发器的详细信息，其基本语法格式如下。

```
SELECT * FROM information_schema.triggers WHERE trigger_name='触发器名称';
```

其中，触发器名称要用单引号 """ 引起来。

【例 7.27】利用 SELECT 语句查询触发器 trig_teacher 的信息。

```
SELECT * FROM information_schema.triggers
WHERE trigger_name='trig_teacher';
```

3.　使用 Navicat 查看

使用 Navicat 可以查看触发器的定义信息，具体步骤如下。

（1）在 Navicat 中连接到 MySQL 服务器。

（2）展开【mysql80】|【gradem】|【表】节点，用鼠标右键单击拥有触发器的表，在快捷菜单中选择【设计表】命令，在打开的窗口中打开【触发器】选项卡，查看该表的触发器的定义信息。

另一种查看触发器定义信息的方法如下。

（1）在 Navicat 中连接到 MySQL 服务器。

（2）展开【mysql80】|【gradem】|【表】节点，用鼠标右键单击拥有触发器的表，在快捷菜单中选择【对象信息】命令，这时右下方的窗格中显示两个选项卡，打开【DDL】选项卡，可以查看该表的结构定义信息和触发器的定义信息，如图 7.12 所示。在此界面下只能查看触发器，不能修改触发器。

微课 7-14：查看触发器

图 7.12　触发器的定义信息

（四）删除触发器

使用 DROP TRIGGER 语句可删除当前数据库的触发器。其基本语法格式如下。

```
DROP TRIGGER [IF EXISTS][dbname.]trig_name;
```

其中，dbname 表示数据库名，如果省略，则表示删除当前数据库中的触发器。trig_name 表示要删除的触发器的名称。

IF EXISTS 子句是 MySQL 的扩展，如果触发器不存在，则使用它可以防止发生错误。

【例 7.28】删除触发器 trig_teacher。

```
DROP TRIGGER IF EXISTS trig_teacher;
```

【任务实施】

王宁根据所学的触发器知识，写出了以下代码。

（1）使用 CREATE TRIGGER 语句创建触发器 trig_classnum

```
USE gradem;
CREATE TRIGGER trig_classnum
AFTER INSERT ON student FOR EACH ROW
UPDATE class SET number=number+1  WHERE classno = left(new.sno,8);
```

> **提示**　为确保找到学生的班号，利用 left()函数取学生学号的前 8 位。这样，在输入学生信息时，即使 classno 列为空值，也不会出现在 student 表中找不到班号的情况。

执行上面的语句，即可创建触发器 trig_classnum。

（2）验证触发器是否会自动执行

在 INSERT 语句之前、之后各执行一条 SELECT 语句，比较插入记录前后处理状态的变化。具体验证步骤如下。

① SELECT number as 插入前班级人数
　 FROM class
　 WHERE classno='20200301';

```
+----------------+
| 插入前班级人数  |
+----------------+
|             47 |
+----------------+
1 row in set
```

② `INSERT INTO student(sno,sname,ssex) VALUES('2020030148','李勇','男');`

③ `SELECT number as 插入后班级人数`
   `FROM class`
   `WHERE classno='20200301';`

```
+----------------+
| 插入后班级人数    |
+----------------+
|             48 |
+----------------+
1 row in set
```

从执行结果可以看出，执行 INSERT 语句后，班级人数已经更改，比执行 INSERT 语句前多 1，说明触发器已经成功执行。

任务 7-4 掌握事务、锁的概念和应用

【任务提出】

学期末，王宁的同学李四向他借 1000 元。于是，王宁到自动存取款机上转账。如果余额足够，则转账成功后，王宁的账户减少 1000 元，李四的账户增加 1000 元；如果转账过程中发生异常情况，则需把所有数据回退，从而保证数据一致。王宁需要用存储过程、事务和锁等相关知识模拟实现转账过程。

【知识储备】

事务在 MySQL 中相当于一个工作单元，使用事务可以确保同时发生的行为不发生冲突，并且维护数据的完整性，确保数据的有效性。

（一）事务概述

所谓事务，就是用户定义的一个数据库操作序列，这些操作要么全做，要么全不做，是一个不可分割的工作单位。事务是单个的工作单元，是数据库中不可再分的基本部分。

1. 为什么要引入事务

事务处理机制在程序开发过程中有非常重要的作用，它可以使整个系统更加安全。例如，在银行处理转账业务时，如果 A 账户中的金额刚被转出，而 B 账户还没来得及接收就发生停电；或 A 账户中的金额在转出过程中因出现错误而未被转出，但 B 账户已完成转入工作，这就会给银行或个人带来很大的经济损失。采用事务处理机制后，一旦在转账过程中发生意外，则整个转账业务将全部撤销，不做任何处理，从而确保数据的一致性和有效性。

微课 7-15：事务
概述

2. MySQL 事务处理机制

MySQL 具有事务处理功能，但是并不是所有的存储引擎都支持事务，如 InnoDB 和 BDB 存储引擎支持，而 MyISAM 和 MEMORY 存储引擎不支持。

（二）事务的特性

事务是由有限的数据库操作序列组成的，但并不是任意的数据库操作序列都能成为事务。为了保护数据的完整性，一般要求事务具有以下 4 个特性。

微课 7-16：事务
的特性

1. 原子性

一个事务是一个不可分割的工作单位，事务在执行时，应该遵守"要么不做，要么全做"（Nothing or All）的原则，即不允许事务部分完成，即使因为故障而使事务未能完成，它执行的部分结果也要被取消。

保证原子性（Atomic）是数据系统本身的职责，由数据库管理系统的事务管理子系统实现。

2. 一致性

事务的作用是使数据库从一个一致状态转变到另一个一致状态。

所谓数据库的一致状态，是指数据库中的数据满足完整性约束。例如，在银行中，"从账号 A 转移金额 R 到账号 B"是一个典型的事务。这个事务包括两个操作，从账号 A 中减去金额 R 和在账号 B 中增加金额 R。如果只执行其中的一个操作，则数据库将处于不一致状态，账务会出现问题。也就是说，两个操作要么全做，要么全不做，否则就不能成为事务。可见事务的一致性（Consistency）与原子性是密切相关的。

确保单个事务的一致性是编写事务的应用程序员的职责，在系统运行过程中，由数据库管理系统的完整性子系统实现。

3. 隔离性

如果多个事务并发执行，就应像各个事务独立执行一样，一个事务的执行不能被其他事务干扰，即一个事务内部的操作及使用的数据对并发的其他事务是隔离的。并发控制就是为了保证事务间的隔离性（Isolation）。

隔离性是由数据库管理系统的并发控制子系统实现的。

4. 持久性

一个事务一旦提交，它对数据库中数据的改变就应该具有持久性（Durability）。如果提交一个事务以后计算机"瘫痪"，或数据库因故障而受到破坏，那么重新启动计算机后，数据库管理系统也应该能够恢复，该事务的结果将依然存在。

上述 4 个事务特性的英语单词中第 1 个字母的组合为 ACID，因此这 4 个事务特性被称为事务的 ACID 特性。

（三）事务的定义

微课 7-17：事务的
定义

一个事务可以是一组 SQL 语句、一条 SQL 语句或整个程序，一个应用程序可以包括多个事务。

事务的开始与结束可以由用户显式控制。如果用户没有显式地定义事务，则由数据库管理系统按照默认规则自动划分事务。在 MySQL 中，定义事务的语句主要有 3 条：START TRANSACTION、COMMIT 和 ROLLBACK。

1. 开始事务

START TRANSACTION 语句标识一个用户自定义事务的开始，其语法格式如下。

```
START TRANSACTION | BEGIN WORK;
```

BEGIN WORK 语句可以用来代替 START TRANSACTION 语句。

MySQL 使用的是平面事务模型，因此不允许嵌套事务。在第 1 个事务中使用 START TRANSACTION 语句后，当第 2 个事务开始时，系统会自动提交第 1 个事务。

2. 结束事务

COMMIT 语句用于结束一个用户定义的事务，保证对数据的修改已经成功地写入数据库，此时事务正常结束，其语法格式如下。

```
COMMIT [WORK] [AND [NO] CHAIN] [[NO] RELEASE];
```

> **说明** AND CHAIN 子句是可选的，其会在当前事务结束时，立刻启动一个新事务，并且新事务与刚结束的事务有相同的隔离等级。RELEASE 子句在终止当前事务后，会让服务器断开与当前客户端的连接。包含 NO 关键字可以阻止 CHAIN 或 RELEASE 完成。

下面这些语句运行时都会隐式地执行一个 COMMIT 语句。

```
DROP DATABASE | DROP TABLE
CREATE INDEX | DROP INDEX
ALTER TABLE | RENAME TABLE
LOCK TABLES | UNLOCK TABLES
SET @@AUTOCOMMIT=1
```

3. 撤销事务

ROLLBACK 语句用于撤销事务，可撤销事务所做的修改，并结束当前事务，其语法格式如下。

```
ROLLBACK [WORK] [AND [NO] CHAIN] [[NO] RELEASE];
```

4. 回滚事务

除了撤销整个事务，用户还可以使用 ROLLBACK TO 语句使事务回滚到某个点，在这之前需要使用 SAVEPOINT 语句设置一个保存点。SAVEPOINT 语句的语法格式如下。

```
SAVEPOINT identifier;
```

其中，identifier 为保存点的名称。

ROLLBACK TO SAVEPOINT 语句会使事务回滚到已命名的保存点。如果在设置保存点后，当前事务对数据进行了更改，则这些更改会在回滚中被撤销。该语句的语法格式如下。

```
ROLLBACK [WORK] TO SAVEPOINT identifier ;
```

当事务回滚到某个保存点后，在该保存点之后设置的保存点将被删除。RELEASE SAVEPOINT 语句会从当前事务的一组保存点中删除已命名的保存点，从而不提交事务或直接回滚。如果保存点不存在，就会出现错误。删除已命名的保存点的语法格式如下。

```
RELEASE SAVEPOINT identifier;
```

例如，下面几个语句说明了有关事务的处理过程。

```
START TRANSACTION;
UPDATE sc SET degree = 99 WHERE sno = '2020010105';
DELETE FROM sc WHERE sno= '2020010106';
SAVEPOINT S1;
DELETE FROM sc WHERE sno= '2020010107';
ROLLBACK WORK TO SAVEPOINT S1;
INSERT INTO sc VALUES('2020010108','c01',99);
COMMIT WORK;
```

在以上语句中，第 1 行标志事务的开始；第 2、3 行对数据进行了修改，但没有提交；第 4 行设置了一个保存点；第 5 行删除了数据，但没有提交；第 6 行将事务回滚到保存点 S1，这时第 5 行所做的修改被撤销了；第 7 行修改了数据；第 8 行结束了这个事务，这时第 2、3、7 行对数据库做的修改被持久化。

5. 改变自动提交功能

在 MySQL 中，当一个会话开始时，系统变量@@AUTOCOMMIT 的值为 1，即自动提交功能是开启的，用户每执行一条 SQL 语句，该语句对数据库的修改就立即被提交成持久性修改并保存到磁盘上，一个事务也就结束了。因此，用户只有关闭自动提交功能，事务才能由多条 SQL 语句组成，使用语句"SET @@AUTOCOMMIT=0;"关闭自动提交功能。执行此语句后，必须明确指示每个事务的终止，这样事务中的 SQL 语句对数据库所做的修改才能成为持久性修改。例如，执行如下语句。

```
SET @@AUTOCOMMIT=0;
DELETE FROM student WHERE sno='2020010101';
SELECT * FROM student;
```

执行 SELECT * FROM student 语句后，会返回结果，在结果集中发现，表中已经删去了一行数据。但是，这个修改并没有被持久化，因为自动提交功能已经关闭了。用户可以通过 ROLLBACK 撤销这一修改，或者使用 COMMIT 语句持久化这一修改。

若想恢复事务的自动提交功能，则执行如下语句即可。

```
SET @@AUTOCOMMIT=1;
```

（四）事务并发操作引起的问题

当同一数据库系统中有多个事务并发运行时，如果不加以适当的控制，就可能产生数据不一致的问题。

例如，并发取款操作。假设存款余额 $R=1000$ 元，事务 T1 取走存款 100 元，事务 T2 取走存款 200 元，如果正常操作，即事务 T1 执行完毕再执行事务 T2，存款余额更新后应该是 700 元，但是如果按照如下顺序操作，则会有不同的结果。

（1）事务 T1 读取存款余额 $R=1000$ 元。

（2）事务 T2 读取存款余额 $R=1000$ 元。

（3）事务 T1 取走存款 100 元，MySQL 修改存款余额 $R=R-100=900$，把 $R=900$ 写回到数据库。

（4）事务 T2 取走存款 200 元，修改存款余额 $R=R-200=800$，把 $R=800$ 写回到数据库。

结果两个事务共取走存款 300 元，而数据库中的存款却只少了 200 元。

这种错误是 T1、T2 两个事务并发操作导致的，数据库的并发操作导致的数据不一致问题主要有 3 种：丢失更新、脏读和不可重复读。

微课 7-18：丢失更新

1. 丢失更新

当两个事务 T1 和 T2 读入同一数据并且修改数据并发执行时，事务 T2 把事务 T1 或事务 T1 把事务 T2 的修改结果覆盖掉，造成了数据的丢失更新（Lost Update），导致数据不一致。

仍以上例中的操作为例进行分析。

在表 7.3 中，数据库中 R 的初始值是 1000，事务 T1 包含 3 个操作：读入 R 初始值（Find R），计算 R（$R=R-100$），更新 R（Update R）。

表 7.3　丢失更新问题

时间	事务 T1	R 的值	事务 T2
$t0$		1000	
$t1$	Find R		
$t2$			Find R
$t3$	$R=R-100$		
$t4$			$R=R-200$
$t5$	Update R		
$t6$		900	Update R
$t7$		800	

事务 T2 也包含 3 个操作：Find R，计算 R（$R=R-200$），Update R。

如果事务 T1 和 T2 顺序执行，则更新后，R 的值是 700。但如果事务 T1 和事务 T2 按照表 7.3 所示并发执行，则 R 的值是 800，得到了错误的结果，原因在于 $t7$ 时刻丢失了事务 T1 对数据库的更新操作。

因此，这个并发操作不正确。

微课 7-19：
脏读

2. 脏读

脏读（Dirty Read）也称"污读"，即事务 T1 更新了数据 R，事务 T2 读取了更新后的数据 R，但事务 T1 由于某种原因被撤销，修改无效，数据 R 恢复原值。这样事务 T2 得到的数据与数据库中的内容不一致，这种情况称为脏读。

在表 7.4 中，事务 T1 把 R 的值改为 900，但此时尚未执行 COMMIT 操作，事务 T2 将修改过的值 900 读出来；之后事务 T1 执行 ROLLBACK 操作，R 的值恢复为 1000，而事务 T2 将仍使用已被修改了的 R 值 900。原因在于在 $t4$ 时刻，事务 T2 读取了事务 T1 未提交的更新操作结果，这种值是不稳定的，事务 T1 在结束前随时可能执行 ROLLBACK 操作。

这些未提交的随后又被撤销的更新数据被称为"脏"数据。例如，事务 T2 在 $t4$ 时刻读取的就是"脏"数据。

表 7.4　脏读问题

时间	事务 T1	R 的值	事务 T2
$t0$		1000	
$t1$	Find R		
$t2$	$R=R-100$		
$t3$	Update R		
$t4$		900	Find R
$t5$	ROLLBACK		
$t6$		1000	

3. 不可重复读

不可重复读是指一个事务对同一行数据在不同的时刻进行读取，但是得到了不同的结果。不可重复读（Non-repeatable Read）包括以下情况。

微课 7-20：不可
重复读

（1）事务 T1 读取了数据 R，事务 T2 读取并更新了数据 R，当事务 T1 再读取数据 R 以进行核对时，得到的值与第一次读取的值不一致。

（2）事务在操作过程中查询两次数据库，第 2 次查询的结果包含第 1 次查询中未出现的数据或者缺少了第 1 次查询中出现的数据（这里并不要求两次查询的 SQL 语句相同），这种现象就称为幻读（Phantom Read）。这是因为在两次查询过程中有另一个事务插入或删除了数据。

在表 7.5 中，在 $t1$ 时刻，事务 T1 读取 R 的值为 1000，但事务 T2 在 $t4$ 时刻将 R 的值更新为 800，因此事务 T1 在 $t5$ 时刻读取的值与开始读取的值不一致。

表 7.5　不可重复读问题

时间	事务 T1	R 的值	事务 T2
$t0$		1000	
$t1$	Find R		
$t2$			Find R

续表

时间	事务 T1	R 的值		事务 T2
t3				$R=R-200$
t4				Update R
t5	Find R	800		

（五）事务隔离级别

在并发操作带来的问题中，丢失更新是应该完全避免的。但丢失更新并不能单靠数据库事务控制器来解决，还需要通过应用程序对要更新的数据加必要的锁，因此防止丢失更新应该是应用程序的责任。

脏读和不可重复读其实都是数据库的一致性问题，必须由数据库提供一定的事务隔离机制来解决。数据库实现事务隔离的方式基本上可分为以下两种。

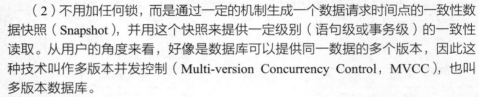

微课 7-21：事务
隔离级别

（1）在读取数据前，对其加锁，阻止其他事务对数据进行修改。

（2）不用加任何锁，而是通过一定的机制生成一个数据请求时间点的一致性数据快照（Snapshot），并用这个快照来提供一定级别（语句级或事务级）的一致性读取。从用户的角度来看，好像是数据库可以提供同一数据的多个版本，因此这种技术叫作多版本并发控制（Multi-version Concurrency Control，MVCC），也叫多版本数据库。

为了解决"隔离"与"并发"的矛盾，ANSI/ISO SQL-92 定义了 4 个事务隔离级别，每个级别的隔离程度不同，允许出现的副作用也不同，用户可以根据自己的业务逻辑要求选择不同的隔离级别，从而平衡"隔离"与"并发"的矛盾。

1. 未提交读

未提交读（Read Uncommitted）级别允许脏读，但不允许丢失更新。如果一个事务已经开始写数据，则不允许另外一个事务同时进行写操作，但允许其他事务读此行数据。该隔离级别可以通过"排他写锁"实现。

2. 已提交读

已提交读（Read Committed）级别允许不可重复读，但不允许脏读。这可以通过"共享读锁"和"排他写锁"实现。当一个事务读取数据时允许其他事务访问该行数据，但是当一个写事务未提交时将会禁止其他事务访问该行数据。

3. 可重复读

可重复读（Repeatable Read）级别禁止不可重复读和脏读，但是有时可能出现幻读。这可以通过"共享读锁"和"排他写锁"实现。当一个事务读取数据时将会禁止写事务（但允许读事务），当执行写事务时则禁止任何其他事务。

4. 序列化

序列化（Serializable）级别提供严格的事务隔离。它要求事务序列化执行，即事务只能一个接着一个地执行，不能并发执行。仅仅通过"行级锁定"是无法实现事务序列化的，必须通过其他机制保证新插入的数据不会被刚执行查询操作的事务访问。

隔离级别越高，越能保证数据的完整性和一致性，但是对并发性能的影响也越大。对于多数应用程序，可以优先考虑把数据库系统的隔离级别设为已提交读。它能够避免脏读，而且具有较好的并发性能。尽管它会导致不可重复读、幻读等并发问题，但在可能出现这些问题的个别场合，可以由应用程序采用悲观锁或乐观锁来控制。表 7.6 中列出了 4 种隔离级别的不同。

表 7.6　4 种隔离级别的不同

隔离级别	读数据一致性	是否脏读	是否不可重复读	是否幻读
未提交读	最低级别，只能保证不读取物理上损坏的数据	是	是	是
已提交读	语句级	否	是	是
可重复读	事务级	否	否	是
可序列化	最高级别，事务级	否	否	否

（六）MySQL 的锁定机制

MySQL 通过锁来避免数据并发操作过程中引起的问题。锁就是防止其他事务访问指定资源的手段，它是实现并发控制的主要方法，是多个用户能够同时操作同一个数据库中的数据而不发生数据不一致现象的重要保障。

在 MySQL 中有 3 种锁定机制：表级锁定、行级锁定和页级锁定。

1. 表级锁定

表级锁定是 MySQL 中粒度最大的一种锁，它实现简单，资源消耗较少，被大部分 MySQL 存储引擎支持。常使用的 MyISAM 存储引擎与 InnoDB 存储引擎都支持表级锁定。

微课 7-22：
MySQL 锁定
机制

表级锁定包括两种类型：读锁和写锁。

（1）读锁。MySQL 中用于 READ（读）的表级锁定的实现机制如下：如果表没有加写锁，就加一个读锁；否则，将请求放到读锁队列中。

（2）写锁。MySQL 中用于 WRITE（写）的表级锁定的实现机制如下：如果表没有加锁，就加一个写锁；否则，将请求放到写锁队列中。

2. 行级锁定

行级锁定并不是由 MySQL 提供的锁定机制，而是由存储引擎实现的，其中 InnoDB 存储引擎的锁定机制就是行级锁定。

行级锁定的类型包括 3 种：排他锁、共享锁和意向锁。

（1）排他锁（Exclusive Lock）

排他锁又称为 X 锁。如果事务 T1 获得了数据行 R 上的排他锁，则事务 T1 对数据行既可读又可写。事务 T1 对数据行 R 加上排他锁后，其他事务对数据行 R 的任何封锁请求都不会成功，直至事务 T1 释放数据行 R 上的排他锁。

（2）共享锁（Share Lock）

共享锁又称为 S 锁。如果事务 T1 获得了数据行 R 上的共享锁，则事务 T1 对数据行 R 可以读但不可以写。如果事务 T1 对数据行 R 加上共享锁，则其他事务对数据行 R 的排他锁请求不会成功，而对数据行 R 的共享锁请求可以成功。

（3）意向锁（Intention Lock）

意向锁是一种表锁，锁定的粒度是整个表，分为意向共享锁和意向排他锁两类。意向锁表示一个事务有意对数据加共享锁或排他锁。

① 意向共享锁：又称 IS 锁，事务在取得一个数据行的共享锁之前必须先取得该表的 IS 锁。

② 意向排他锁：又称 IX 锁，事务在取得一个数据行的排他锁之前必须先取得该表的 IX 锁。

表 7.7 列出了 4 种锁模式的兼容性。

表 7.7　4 种锁模式的兼容性

当前锁模式	X 锁	IX 锁	S 锁	IS 锁
X 锁	冲突	冲突	冲突	冲突
IX 锁	冲突	兼容	冲突	兼容
S 锁	冲突	冲突	兼容	兼容
IS 锁	冲突	兼容	兼容	兼容

如果一个事务请求的锁与当前的锁兼容，InnoDB 存储引擎就将请求的锁授予该事务；反之，如果两者不兼容，该事务就要等待锁释放。

意向锁是 InnoDB 存储引擎自动加的，不需要用户干预。对于 UPDATE、DELETE 和 INSERT 语句，InnoDB 存储引擎会自动给数据集加排他锁；对于 SELECT 语句，InnoDB 存储引擎不会加任何锁；但是可以通过以下语句显式地给记录集加共享锁或排他锁。

共享锁：SELECT * FROM table_name WHERE…LOCK IN SHARE MODE。

排他锁：SELECT * FROM table_name WHERE…FOR UPDATE。

用 SELECT…IN SHARE MODE 获得共享锁，主要用于需要数据依存关系时确认某行记录是否存在，并确保没有人对这个记录进行更新或者删除操作。但是如果当前事务也需要对该记录进行更新操作，则很有可能造成死锁。对于锁定行记录后需要进行更新操作的应用，应该使用 SELECT…FOR UPDATE 方式获得排他锁。

InnoDB 存储引擎的行级锁定是在指向数据记录的第 1 个索引键之后和最后一个索引键之后的空域空间上标记锁定信息，这种锁定方式被称为"间隙锁"。这种锁定方式是通过索引来实现的。也就是说，无法利用索引时，InnoDB 存储引擎会放弃使用行级锁定而改用表级锁定。

3. 页级锁定

BDB 表支持页级锁定。页级锁定的开锁时间和加锁时间介于表级锁定和行级锁定之间，会出现死锁，锁定粒度介于表级锁定和行级锁定之间。

微课 7-23：死锁

（七）活锁和死锁

1. 活锁

如果事务 T1 封锁了数据 R，事务 T2 又请求封锁数据 R，于是事务 T2 开始等待。事务 T3 也请求封锁数据 R，当事务 T1 释放了数据 R 上的封锁之后，系统首先批准了事务 T3 的请求，事务 T2 仍在等待。然后 T4 又请求封锁数据 R，当事务 T3 释放了数据 R 上的封锁之后，系统又批准了事务 T4 的请求……事务 T2 有可能永远在等待，这就是活锁的情形。

避免活锁的简单方法是采用先来先服务的策略。

2. 死锁

两个或两个以上的事务分别申请封锁对方已经封锁的数据对象，导致长期等待而无法继续运行下去的现象称为死锁。死锁现象如图 7.13 所示。

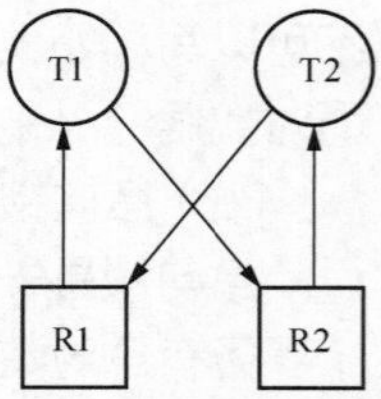

（1）事务 T1 具有资源 R1 的锁（用从资源 R1 指向事务 T1 的箭头指示），并请求资源 R2 的锁（用从事务 T1 指向资源 R2 的箭头指示）。

（2）事务 T2 具有资源 R2 的锁（用从资源 R2 指向事务 T2 的箭头指示），并

图 7.13　死锁现象

请求资源 R1 的锁（用从事务 T2 指向资源 R1 的箭头指示）。

两个用户分别锁定一个资源，之后双方又都等待对方释放锁定的资源，产生一个锁定请求环，从而出现死锁现象。死锁会造成资源大量浪费，甚至会使系统崩溃。

死锁往往在行级锁定中出现，两个线程互相等待对方的资源释放之后才能释放自己的资源，这样就造成了死锁。

在 InnoDB 存储引擎的事务管理和锁定机制中，有专门用于检测死锁的机制。当检测到死锁时，InnoDB 存储引擎会使产生死锁的两个事务中较小的一个回滚，而让另外一个较大的事务成功完成。那么如何判断事务的大小呢？主要是通过计算两个事务各自插入、更新或者删除的数据量来判断，也就是说，哪个事务改变的记录数越多，发生死锁时就越不会被回滚。需要注意的是，在产生死锁的场景中不只涉及 InnoDB 存储引擎时，InnoDB 存储引擎是检测不到该死锁的，这时只能通过锁定超时限制来解决该死锁了。

【任务实施】

掌握了事务的相关知识后，王宁编写了转账业务的存储过程，并按照实际应用场景设定 bank 表中 currentMoney 字段的值不能小于 1，具体代码如下。

```
CREATE DATABASE bankinfo;    -- 创建数据库 bankinfo
USE bankinfo;
DROP TABLE IF EXISTS bank;
CREATE TABLE bank            -- 创建表 bank
(
 customerName VARCHAR (10),
 currentMoney DECIMAL(13,2)
);
INSERT INTO bank VALUES ('王宁',1000);
INSERT INTO bank VALUES ('李四',1);
SELECT * FROM bank;
DROP PROCEDURE IF EXISTS banktrans;
CREATE PROCEDURE banktrans()
BEGIN
    DECLARE money DECIMAL(13,2) DEFAULT 0.0;
    START TRANSACTION;
    UPDATE bank SET currentMoney = currentMoney-1000 WHERE customerName='王宁';
    UPDATE bank SET currentMoney = currentMoney+1000 WHERE customerName='李四';
    SELECT currentMoney INTO money FROM bank WHERE customerName='王宁';
    IF money < 1  THEN
    BEGIN
        SELECT '交易失败，回滚事务';
        ROLLBACK;
    END;
    ELSE
    BEGIN
        SELECT '交易成功，提交事务，写入硬盘，永久保存';
        COMMIT;
    END;
    END IF;
END;
CALL banktrans();
```

微课 7-24：事务
举例

项目小结

通过学习本项目，王宁了解了 SQL 的特点，掌握了存储过程、存储函数和触发器的创建方式，提升了利用存储过程和事务解决实际问题的能力。王宁针对本项目的知识点，整理出了图 7.14 所示的思维导图。

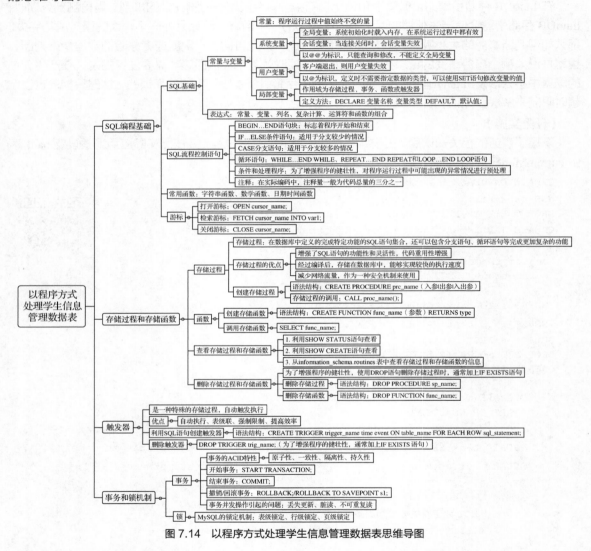

图 7.14　以程序方式处理学生信息管理数据表思维导图

项目实训 7：以程序方式处理 MySQL 数据表的数据

（一）SQL 基础

1. 实训目的

（1）理解常量与变量的概念。

（2）掌握常量与变量的使用方法。

（3）掌握表达式的使用方法。

（4）掌握 SQL 流程控制语句的使用方法。

（5）掌握常用函数的功能及使用方法。

2. 实训内容和要求

（1）定义一个整型局部变量 iAge 和一个可变长度的字符型局部变量 vAddress，并分别为它们赋值"20"和"中国山东"，最后输出变量的值，并要求通过注释说明语句的功能。

（2）通过全局变量获得当前服务器进程的 ID 和 MySQL 服务器的版本。

（3）利用存储过程或存储函数，求 1～100 的偶数和及所有的质数和。

（4）对字符串"Welcome to MySQL"进行以下操作。

① 将字符串中的字母全部转换为大写字母。

② 将字符串中的字母全部转换为小写字母。

③ 截取从第 12 个字符开始的 10 个字符。

（5）使用日期时间函数获得表 7.8 所示的输出结果。

表 7.8 输出结果

年份	月份	日期	星期几
2009	11	16	星期一

（6）根据 sc 表中的成绩进行处理：成绩大于等于 60 分的显示"及格"，小于 60 分的显示"不及格"，为空值的显示"无成绩"。

（7）利用 SQL 条件语句，在 student 表中查找"李艳"同学的信息，若找到，则显示该学生的学号、姓名、班级名称及班主任，否则显示"查无此人"。

3. 实训反思

（1）全局变量与局部变量的区别是什么？

（2）使用变量的前提是什么？

（二）存储过程和存储函数

1. 实训目的

（1）理解存储过程和存储函数的概念。

（2）掌握创建存储过程和存储函数的方法。

（3）掌握执行存储过程和存储函数的方法。

（4）掌握查看、修改、删除存储过程和存储函数的方法。

2. 实训内容和要求

（1）利用 SQL 语句创建存储过程和存储函数

① 创建不带参数的存储过程。

a. 创建一个从 student 表中查询班级号为"20200301"的学生资料的存储过程 proc_1，查询的信息包括学号、姓名、性别、出生年月等。调用 proc_1 存储过程，观察执行结果。

b. 在 gradem 数据库中创建存储过程 proc_2，要求实现如下功能：查询存在不及格情况的学生的选课信息，其中包括学号、姓名、性别、课程号、课程名、成绩、系别等。调用 proc_2 存储过程，观察执行结果。

② 创建带输入参数的存储过程。创建一个从 student 表中查询学生资料的存储过程 proc_3，查询的信息包括学号、姓名、性别、出生年月、班级等。要查询的班级号通过输入参数 no 传递给存储过程。执行此存储过程，查看执行结果。

③ 创建带输入参数、输出参数的存储过程。创建一个从 sc 表中查询某一门课程考试成绩总分的存储过程 proc_4。

在以上存储过程中，要查询的课程号通过输入参数 cno 传递给存储过程，sum_degree 作为输出参数，用来存放查询得到的总分。执行此存储过程，观察执行结果。

④ 创建存储函数 func_1、func_2、func_3、func_4，功能分别对应 proc_1～proc_4。

⑤ 创建存储函数。在 sc 表中创建一个存储函数 func_5，实现如下功能：输入学生学号，根据该学生所选课程的平均分显示提示信息，平均分大于等于 90，显示"该生成绩优秀"；平均分小于90 但大于等于 80，显示"该生成绩良好"；平均分小于 80 但大于等于 60，显示"该生成绩合格"；小于 60 则显示"该生成绩不及格"。调用此存储函数显示学号为"2020030301"的学生的成绩情况。

（2）使用 SQL 语句查看、修改和删除存储过程和存储函数

① 查看存储过程

a. 分别利用 SHOW STATUS 语句和 SHOW CREATE 语句查看存储过程 proc_1～proc_4、存储函数 func_1～func_5 的状态和定义。

b. 从 information_schema.routines 表中查看存储过程 proc_1～proc_4、存储函数 func_1～func_5 的信息。

② 删除存储过程和存储函数

将存储过程 proc_1 和存储函数 func_1 删除。

（3）使用 Navicat 创建、查看、修改和删除存储过程

① 创建存储过程。创建一个从 student 表中查询班级号为"20200303"的学生资料的存储过程 proc_5。

② 查看存储过程和存储函数。分别查看存储过程 proc_2～proc_5、存储函数 func_2～func_5，观察它们的区别。

③ 修改存储过程。将存储过程 proc_3 的功能改为从 student 表查询某班男生的信息。

④ 删除存储过程和存储函数。将存储过程 proc_5 和存储函数 func_5 删除。

3. 实训反思

（1）功能相同的存储过程和存储函数的不同点是什么？

（2）如何在不影响现有权限的情况下修改存储过程？

（三）触发器

1. 实训目的

（1）理解触发器的概念与类型。

（2）理解触发器的功能及工作原理。

（3）掌握创建、查看、删除触发器的方法。

（4）掌握利用触发器维护数据完整性的方法。

2. 实训内容和要求

（1）使用 SQL 语句创建触发器

① 创建插入触发器并进行触发器的触发执行。为表 sc 创建一个插入触发器 student_sc_insert，

当向表 sc 中插入数据时，必须保证插入的学号存在于 student 表中。如果插入的学号在 student 表中不存在，则给出错误提示。

向表 sc 中插入一行数据：sno、cno、degree 分别是'2020030215'、'c01'、78。插入该行数据后，观察插入触发器 student_sc_insert 是否触发。

② 创建删除触发器。为表 student 创建一个删除触发器 student_delete，当删除表 student 中一个学生的基本信息时，将表 sc 中该学生相应的课程成绩删除。

将学生"张小燕"的资料从表 student 中删除，观察删除触发器 student_delete 是否触发，即 sc 表中该学生相应的课程成绩是否被删除。

③ 创建更新触发器。为 student 表创建一个更新触发器 student_sno，当更改 student 表中某学生的学号时，同时更新 sc 表中该学生的学号。

将 student 表中的学号"2020030112"改为"2020030122"，观察更新触发器 student_sno 是否触发，即 sc 表中对应学号是否也全部改为"2020030122"。

（2）查看、删除触发器

① 查看触发器的定义、状态和语法信息。

a. 利用 SHOW TRIGGERS 语句查看。

b. 在 triggers 表中查看触发器的相关信息。

② 删除触发器。使用 DROP TRIGGER 语句删除 student_sno 触发器。

（3）使用 Navicat

使用 Navicat 创建、查看和删除触发器 student_sc_insert、触发器 student_delete 和触发器 student_sno。

3. 实训反思

（1）能否在当前数据库中为其他数据库创建触发器？

（2）触发器何时被激发？

（四）游标及事务的使用

1. 实训目的

（1）理解游标的概念。

（2）掌握定义、使用游标的方法。

（3）理解事务的概念及事务的结构。

（4）掌握事务的使用方法。

2. 实训内容和要求

（1）使用游标

① 定义及使用游标。在 student 表中定义一个学号为"2020030101"，包含 sno、sname、ssex 的只读游标 stud01_cursor，并将游标中的记录逐条显示出来。

② 使用游标修改数据。在 student 表中定义一个游标 stud02_cursor，将游标中绝对位置为 3 的学生姓名改为"李平"，性别改为"女"。

③ 使用游标删除数据。将游标 stud02_cursor 中绝对位置为 3 的学生记录删除。

（2）使用事务

① 比较以非事务方式及事务方式执行 SQL 脚本的异同

a. 以事务方式修改 student 表中学号为"2020020101"的学生的姓名及出生年月。修改完成后，查看 student 表中该学号的记录。

　　b. 以非事务方式修改 student 表中学号为"2020020101"的学生的姓名及出生年月。执行脚本后，查看 student 表中该学号的记录。比较两种方式对执行结果的影响有何不同。

　　② 以事务方式向表中插入数据

　　以事务方式向 class 表中插入 3 个班的资料，内容自定。其中 header 字段的属性为 NOT NULL。编写事务脚本并执行，分析回滚操作如何影响分布于事务不同部分的 3 条 INSERT 语句。

3. 实训反思

（1）使用游标对数据检索有什么好处？

（2）事务的特点是什么？

课外拓展：针对网络玩具销售系统创建存储过程和触发器

操作内容及要求如下。

1. 存储过程和触发器

（1）需要频繁使用一份包含所有玩具的名称、说明、价格的报表。在数据库中创建一个对象，消除获得报表时因网络阻塞造成的延时。

（2）对数据库的查询如下。

```
SELECT vFirstName,vLastName,vEmailId
FROM shopper;
```

为上述查询创建存储过程。

（3）创建存储过程，接收一个玩具编号，显示该玩具的名称和价格。

（4）创建一个存储过程，将表 7.9 所示的数据添加到表 ToyBrand 中。

表 7.9　ToyBrand

cBrandId（品牌编号）	cBrandName（品牌名称）
009	Fun World

（5）创建一个名为 prcAddCategory 的存储过程，将表 7.10 中的数据添加到表 Category 中。

表 7.10　Category

cCategoryId（类别代码）	cCategory（类别名称）	vDescription（类别描述）
018	Electronic Games	这些游戏中包含一个和孩子们交互的屏幕

（6）删除存储过程 prcAddCategory。

（7）创建一个名为 prcCharges 的触发器，按照给定的订单编号返回运货费用和包装费用。

（8）创建一个名为 prcHandlingChanges 的触发器，接收一个订单编号并显示处理费。触发器 prcHandlingCharges 中应该用到触发器 prcCharges，以获得运货费用和包装费用。

提示　处理费=运货费用+包装费用。

2. 事务

（1）完成订购之后，订购信息被存放在表 OrderDetail 中，系统应当从玩具的现有数量中减去购物者订购的数量。

（2）存储过程 prcGenOrder 生成数据库中现有的订单编号。

```
CREATE PROCEDURE prcGenOrder (IN OrderNo CHAR(6))
BEGIN
    DECLARE OrderNo CHAR(6);
    SELECT MAX(cOrderNo) INTO OrderNo FROM orders;
    CASE
        WHEN OrderNo>=0 AND OrderNo<9  THEN SELECT CONCAT('00000',OrderNO);
        WHEN OrderNo>=9 AND OrderNo<99  THEN SELECT CONCAT('0000',OrderNO);
        WHEN OrderNo>=99 AND OrderNo<999 THEN SELECT CONCAT('000',OrderNO);
        WHEN OrderNo>=999 AND OrderNo<9999  THEN SELECT CONCAT('00', OrderNO);
        WHEN OrderNo>=9999 AND OrderNo<99999  THEN SELECT CONCAT('0', OrderNO);
        WHEN OrderNo>=99999  THEN  SELECT OrderNO;
    END CASE;
END;
```

当购物者完成一次订购时，依次执行下列步骤。

① 通过上述过程生成订单编号。

② 将订单编号、当前日期、购物者编号添加到 Orders 表中。

③ 将订单编号、玩具编号、玩具数量添加到 OrderDetail 表中。

④ 更新 OrderDetail 表中的玩具总价。

提示　玩具总价=数量×玩具单价。

注意　上述步骤应当具有原子性。

将上述事务转换成存储过程，该过程接收购物车编号和购物者编号作为参数。

（3）当购物者为某个特定的玩具选择礼品包装时，依次执行下列步骤。

① 属性 cGiftWrap 中应当存放"Y"，属性 cWrapperId 应根据选择的包装代码进行更新。

② 礼品包装费用应当更新。

注意　上述步骤应当具有原子性。

将上述事务转换成存储过程，该存储过程接收订单编号、玩具编号和包装编号作为参数。

（4）如果购物者改变了订货数量，则玩具总价应自动修改。

习题

1. 选择题

（1）触发器的触发事件有 3 种，下面哪一种是错误的？（　　）。

    A．UPDATE   B．DELETE   C．ALTER   D．INSERT

（2）存储过程和存储函数的相关信息存放在（　　　　）数据库中。

    A．mysql   B．information_schema

    C．performance_schema   D．test

（3）一个触发器能定义在多少个表中？（　　　　）。

    A．只有一个   B．一个或者多个   C．1～3 个   D．任意多个

（4）下面选项中不属于存储过程和存储函数优点的是（　　　　）。

    A．增强代码的重用性和共享性   B．可以加快运行速度，减少网络流量

    C．可以作为安全性机制   D．编辑简单

（5）在一个表上可以有（　　　　）不同类型的触发器。

    A．1 种   B．2 种   C．3 种   D．无限制

（6）使用（　　　　）语句可删除触发器 trig_Test。

    A．DROP * FROM trig_Test   B．DROP trig_Test

    C．DROP TRIGGER WHERE NAME='trig_Test'   D．DROP TRIGGER trig_Test

（7）（　　　　）是数据库管理系统的基本单位，它是用户定义的一组逻辑一致的程序序列。

    A．程序   B．命令   C．事务   D．文件

（8）事务的原子性是指（　　　　）。

    A．事务中包括的所有操作要么都做，要么都不做

    B．事务一旦提交，对数据库的改变是永久的

    C．一个事务内部的操作及使用的数据对并发的其他事务是隔离的

    D．事务必须使数据库从一个一致性状态变到另一个一致性状态

（9）多用户数据库系统的目标之一，是指系统中每个用户好像面对着一个单用户的数据库一样使用它，为此数据库系统必须进行（　　　　）。

    A．安全性控制   B．完整性控制   C．并发控制   D．可靠性控制

2．填空题

（1）存储过程和存储函数的相关信息存放在_____表中，触发器的相关信息存放在_____表中。

（2）在 MySQL 中，触发器的执行时间有两种：_____ 和_____。

3．简答题

（1）简述存储过程、触发器各自的特点，总结并讨论它们分别适用于何处。

（2）什么是游标？为什么要使用游标？

（3）如何创建一个存储过程和存储函数？

（4）在什么情况下要使用事务？事务有哪些特性？

（5）各种触发器的触发顺序是什么？

项目8
维护学生信息管理数据库的安全性

情景导入

王宁了解到数据库管理员还有 3 个重要职责。一是尽量使 MySQL 免遭非法用户的侵入，拒绝其访问数据库，保证数据库的安全性。二是防止数据丢失，及时对数据进行备份，保证数据的完整性，从而保证系统业务正常运行。三是当数据库管理系统不能正常运行时，能够根据日志信息进行恢复。

李老师告诉王宁，在实际应用开发中，一般要定期对数据进行备份，防止重要数据丢失。

职业能力目标（含素养要点）

- 了解 MySQL 的权限系统
- 掌握 MySQL 的用户管理和权限管理的方法（信息安全）
- 掌握各种数据备份和数据恢复的方法

- 掌握数据库迁移的方法（责任担当）
- 掌握表的导入与导出方法
- 了解什么是 MySQL 日志
- 掌握 MySQL 日志的用法（综合素养）

任务 8-1　了解 MySQL 的权限系统

【任务提出】

王宁在使用 Navicat 连接 MySQL 服务器时，有一次误将 root 用户的密码输入为 123（正确密码是 123456），单击【确定】按钮后，双击生成的连接，结果返回了图 8.1 所示的错误提示。

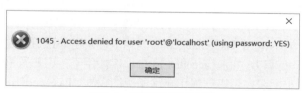

图 8.1　拒绝访问错误提示

因此，他需要根据 MySQL 权限系统的相关知识来解决这个问题。

【知识储备】

MySQL 是一个多用户数据库管理系统，具有功能强大的访问控制系统，可以为不同用户指定不同的权限。掌握其授权机制是开始操作 MySQL 数据库的第 1 步。下面简单介绍如何利用 MySQL 权限表的结构和服务器来决定访问权限。

（一）权限表

通过网络连接服务器的客户对 MySQL 数据库的访问由权限表内容来控制。这些表位于 MySQL 数据库中，并在第 1 次安装 MySQL 的过程中初始化，权限表共有 5 个：user、db、tables_priv、columns_priv 和 procs_priv。

当 MySQL 服务器启动时，首先读取 MySQL 数据库中的权限表，并将表中的数据装入内存。当用户进行存取操作时，MySQL 会根据这些表中的数据进行相应的权限控制。

1．user 表和 db 表的结构和作用

user 表和 db 表是两个非常重要的权限表。user 表记录了允许连接到服务器的账号信息。db 表存储了用户对某个数据库的操作权限，决定用户能从哪个主机存取哪个数据库。

（1）user 表

user 表是 MySQL 数据库中最重要的权限表之一，列出了可以连接服务器的用户及其口令，并且指定它们有哪种全局（超级）权限。在 user 表中启用的权限均是全局权限，并适用于所有数据库。例如，如果用户启用了 DELETE 权限，则该用户可以从任何表中删除记录。MySQL 8.0 中的 user 表有 51 个字段，共分为 4 类，分别是用户列、权限列、安全列和资源控制列，各类字段的作用如下。

① 用户列。user 表的用户列包括 Host、User 字段，分别表示主机名、用户名。其中 Host 和 User 字段为 user 表的联合主键。当用户和服务器之间建立连接时，输入的账户信息中的用户名、主机名必须匹配 user 表中对应的字段。只有两个值都匹配时，才会检测该表安全列中 authentication_string 字段的值是否与用户输入的密码相匹配；只有这些都匹配，才允许建立连接。这 3 个字段的值是在创建账户时保存的账户信息。修改用户密码实际上是修改 user 表的 authentication_string 字段的值。

② 权限列。user 表的权限列包括 Select_priv、Insert_priv 等以 priv 结尾的字段。这些字段决定了用户的权限，描述了在全局范围内允许用户对数据和数据库进行的操作，包括查询权限、修改权限等普通权限，还包括关闭服务器、超级权限和加载用户等高级权限。普通权限用于操作数据库，高级权限用于管理数据库。

这些字段的类型为 ENUM，可以取的值只有 Y 和 N，Y 表示该权限可以用到所有数据库上，N 表示用户没有该权限。从安全角度考虑，这些字段的默认值都为 N。如果要修改权限，则可以使用 GRANT 语句或 UPDATE 语句更改 user 表的相应字段值。

③ 安全列。共有 15 个字段，ssl 开头的字段用于加密，x509 开头的字段用于标识用户，plugin 字段用于验证用户身份，authentication_string 字段用于保存用户的密码，password_expired 字段用于标识账号的密码过期时间，password_last_changed 字段用于标识密码最近一次的修改时间，password_lifetime 字段用于标识密码的有效时间，account_locked 字段用于标识账号是否锁定，Create_role_priv 和 Drop_role_priv 字段用于标识是否有创建和删除角色的权限，Password_reuse_history 和 Password_reuse_time 字段用于标识密码重复使用的历史和时间，Password_require_current 字段用于标识修改密码是否需要提供当前密码。

④ 资源控制列。资源控制列的字段用来限制用户使用的资源。这些字段的默认值为 0，表示没有限制。

（2）db 表

db 表也是 MySQL 数据库中非常重要的权限表，它可以对给定主机上的数据库级操作权限进行更细致的控制。其字段大致可以分为两类：用户列和权限列。

　　① 用户列。db 表的用户列包括 Host、User 和 Db 字段，分别表示主机名、用户名和数据库名，标识从某个主机连接某个用户对某个数据库的操作权限，这 3 个字段的组合构成了 db 表的主键。

　　② 权限列。user 表的权限是针对所有数据库的，如果希望用户只对某个数据库有操作权限，那么需要将 user 表中对应的权限设置为 N，然后在 db 表中设置用户对对应数据库的操作权限。例如，只为某用户设置了查询 test 表的权限，那么 user 表中 Select_priv 字段的取值为 N，而 SELECT 权限则记录在 db 表中，db 表中 Select_priv 字段的取值将会是 Y。由此可见，用户先根据 user 表的内容获取权限，再根据 db 表的内容获取权限。

2. tables_priv 表、columns_priv 表和 procs_priv 表

　　tables_priv 表用来对表设置操作权限，包括 SELECT、INSERT、UPDATE、DELETE、CREATE、DROP、GRANT、REFERENCES、INDEX、ALTER 等。columns_priv 表用来对表的某一列设置操作权限，包括 SELECT、INSERT、UPDATE 和 REFERENCES 等。procs_priv 表用来对存储过程和存储函数设置操作权限，包括 ALTER ROUTINE、EXECUTE 和 GRANT OPTION 3 种。

（二）权限系统的工作原理

　　当 MySQL 允许一个用户执行各种操作时，它将先核实用户向 MySQL 服务器发送的连接请求，然后确认用户的操作请求是否被允许。下面简单介绍 MySQL 权限系统的工作原理。

　　MySQL 的访问控制分为两个阶段：连接核实阶段和请求核实阶段。

1. 连接核实阶段

　　当用户试图连接到 MySQL 服务器时，服务器基于用户提供的信息来验证用户身份，如果不能通过身份验证，服务器就完全拒绝该用户的访问。如果能够通过身份验证，则服务器接受连接，然后进入请求核实阶段等待用户请求。

微课 8-1：权限系统的工作原理

　　MySQL 使用 user 表中的 3 个字段（Host、User 和 authentication_string）检查用户身份，服务器只有在用户提供主机名、用户名和密码并与 user 表中对应的字段值完全匹配时才接受连接。

　　（1）指定 Host 值。Host 值可以是主机名或一个 IP 地址，如果 Host 值设置为 localhost，则说明是本地主机。另外也可以在 Host 值中使用通配符 "%" 和 "_"，这两个通配符的含义与 LIKE 运算符的模糊匹配操作相同。"%" 匹配任何主机名，空 Host 值等价于 "%"。注意这些值进行匹配时能创建一个连接到服务器的任何主机。

　　（2）指定 User 值。在 User 值中不允许使用通配符，但是可以指定空白的值，表示匹配任何名字。如果 user 表匹配到的连接的条目有一个空值用户名，则用户被认为是匿名用户（没有名字的用户），而非客户实际指定的名字。这表示一个空值用户名将被用于在连接期间进行进一步访问检查（在请求核实阶段）。

　　（3）指定 authentication_string 值。authentication_string 值可以是空值。这并不表示匹配任何密码，而是表示用户在连接时不能指定任何密码进行连接。

　　user 表中的非空 authentication_string 值是经过加密的用户密码。MySQL 不以任何人可见的纯文本格式存储密码。当正在试图连接的一个用户提供的被加密后的密码与存储在 user 表中的已经加密的密码匹配时，则说明密码是正确的，服务器将允许连接。

2. 请求核实阶段

　　一旦连接得到许可，服务器便进入请求核实阶段。在这一阶段，MySQL 服务器对当前用户的每

个操作都进行权限检查，判断用户是否有足够的权限来执行它。用户的权限保存在 user、db、tables_priv 或 columns_priv 权限表中。

在 MySQL 权限表的结构中，user 表在最顶层，是全局级的。下面是 db 表，是数据库层级的。最后才是 tables_priv 表和 columns_priv 表，它们是表级和列级的。低等级的表只能从高等级的表中得到必要的范围或权限。

确认权限时，MySQL 服务器首先检查 user 表，如果指定的权限没有在 user 表中被授予，则检查 db 表，在该层级的 SELECT 权限允许用户查看指定数据库中所有表的数据。如果在该层级没有找到指定的权限，则 MySQL 服务器继续检查 tables_priv 表及 columns_priv 表。如果所有权限表都检查完毕，依旧没有找到允许的权限操作，则 MySQL 服务器将返回错误信息，用户操作不能执行。MySQL 请求核实阶段的过程如图 8.2 所示。

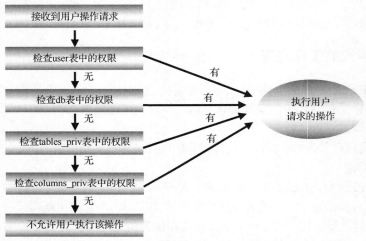

图 8.2　MySQL 请求核实阶段的过程

> **提示**　MySQL 服务器以自高等级向低等级的顺序检查权限表（从 user 表到 columns_priv 表），但并不是所有的权限检查都要执行该过程。例如，一个用户登录到 MySQL 服务器后，只执行对 MySQL 的管理操作（如 Reload、Process、Shutdown 等），此时只涉及管理权限，MySQL 服务器将只检查 user 表。另外，如果请求的权限不被允许，MySQL 服务器就不会继续检查下一层级的表。

【任务实施】

王宁掌握了用户权限验证的方法和步骤后，根据错误提示信息，将 root 用户的密码修正为 123456，成功使 Navicat 连接到 MySQL 服务器。

任务 8-2　管理数据库用户权限

【任务提出】

在实际应用中，一般不会以 root 用户直接操作数据库，而是由新建的普通用户进行操作。王宁尝试着创建了一个用户 test。但是当他以 test 用户连接服务器时，出现图 8.3 所示的错误提示。

图 8.3　无权限的错误提示

王宁需要掌握用户权限的相关知识，从而解决这个问题。

【知识储备】

（一）用户管理

MySQL 的用户管理包括登录和退出 MySQL 服务器、创建新用户、删除用户、密码管理等内容。合理进行用户管理，可以保证 MySQL 数据库的安全。有关登录和退出 MySQL 服务器的内容在项目 3 中已详细讲述，在此不赘述。

1. 创建新用户

在 MySQL 数据库中，有 3 种创建新用户的方式：利用图形化管理工具 Navicat、使用 SQL 语句（CREATE USER 语句）和直接操作 MySQL 权限表。最好的方法是前两种，因为操作更精确，错误少。

（1）使用 Navicat 创建新用户

创建一个用户，用户名是 tom，密码是 mypass，主机名为 localhost。操作步骤如下。

① 在 Navicat 中连接到 MySQL 服务器。

② 单击工具栏中的【用户】按钮，在右侧窗格显示用户列表，如图 8.4 所示。

③ 单击右侧窗格上方的【新建用户】按钮，或用鼠标右键单击窗格的空白处，执行快捷菜单中的【新建用户】命令，弹出新建用户的窗格，在窗格中输入相应内容，如图 8.5 所示。

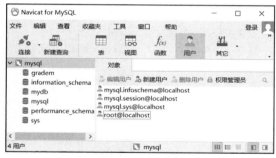

图 8.4　用户列表

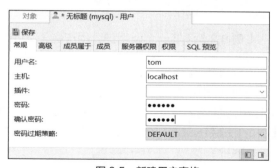

图 8.5　新建用户窗格

④ 单击【保存】按钮，新用户创建成功。

⑤ 可以在【高级】【服务器权限】【权限】选项卡中设置该用户的权限、安全连接和限制服务器资源等。

微课 8-2：创建
新用户

（2）使用 CREATE USER 语句创建新用户

执行 CREATE USER 或 GRANT 语句时，服务器会在相应的用户权限表中添加或修改用户及其权限。CREATE USER 语句的基本语法格式如下。

```
CREATE USER user[IDENTIFIED [WITH caching_sha2_password] BY 'password']
[,user [IDENTIFIED [WITH caching_sha2_password] BY 'password']][,…];
```

参数说明如下。

① user。表示用户的名称，其格式为'user_name'@'host_name'。其中，user_name 为用户名，host_name 为主机名。如果只指定 user_name 部分，则 host_name 部分默认为"%"（对所有主机开放权限）。

② IDENTIFIED…BY。用来设置用户的密码。该参数可选，即用户登录时可不设置密码。

③ WITH caching_sha2_password。表示使用 caching_sha2_password 设置密码（不以明文的方式发送密码），该参数可选。

④ 'password'。表示用户登录时使用的普通明文密码。

CREATE USER 语句会在系统本身的 MySQL 数据库的 user 表中添加一个新记录。要使用 CREATE USER 语句，就必须拥有 MySQL 数据库的全局 CREATE USER 权限或 INSERT 权限。如果用户已经存在，则会出现错误提示。

【例 8.1】添加两个新用户，king 的密码为 queen，palo 的密码为 530415。

```
CREATE USER
    'king'@'localhost' IDENTIFIED BY 'queen',
    'palo'@'localhost' IDENTIFIED BY '530415';
```

> **说明** ① localhost 关键字指定了主机名。如果一个用户名和主机名中包含特殊符号（如"_"）或通配符（如"%"），则需要用单引号将其引起来。
> ② 如果两个用户具有相同的用户名，但主机不同，则 MySQL 将它们视为不同的用户，允许为这两个用户分配不同的权限集合。
> ③ 如果没有输入密码，那么 MySQL 允许相关的用户不使用密码登录。但是从安全的角度并不推荐这种做法。
> ④ 刚创建的新用户没有很多权限。用户可以登录到 MySQL，但是不能使用 USE 语句让用户已经创建的任何数据库成为当前数据库。因此，他们无法访问那些数据库的表，只能进行不需要权限的操作。

【例 8.2】添加一个新用户，用户名为 bana，密码为 440432，不指定明文。

```
CREATE USER 'bana'@'localhost' IDENTIFIED WITH caching_sha2_password BY '440432';
```

（3）直接操作 MySQL 用户表

创建新用户实际上就是在 user 表中添加一条新记录。因此，可以使用 INSERT 语句直接将用户的信息添加到 mysql.user 表中。要想使用 INSERT 语句，用户必须拥有对 mysql.user 表的 INSERT 权限。使用 INSERT 语句添加新用户的基本语法格式如下。

```
INSERT INTO mysql.user
    (HOST,User,authentication_string,ssl_cipher,x509_issuer,x509_subject)
    VALUES('hostname','username',MD5('authentication_string'),'', '','');
```

参数说明如下。

① MD5()函数：用来给密码加密。

② ssl_cipher、x509_issuer、x509_subject：这 3 个字段在表中没有默认值，在添加新记录时需要为这 3 个字段设置初始值。

> **提示** 在 MySQL 数据库的 user 表中，ssl_cipher、x509_issuer 和 x509_subject 这 3 个字段没有默认值。向 user 表添加新记录时，一定要设置这 3 个字段的值，否则 INSERT 语句将不能执行。而且，对 authentication_string 字段一定要使用 MD5()函数加密。

【例 8.3】使用 INSERT 语句创建一个新用户 student，主机名为 localhost，密码为 infomation。

```
INSERT INTO mysql.user
(Host,User,authentication_string,ssl_cipher,x509_issuer,x509_subject)
VALUES('localhost','student',MD5('infomation'),'','','');
```

此时，新添加的用户还无法使用其账号、密码登录 MySQL，需要通过 FLUSH 语句使用户生效，具体语句如下。

```
FLUSH PRIVILEGES;
```

使用这个语句可以从 MySQL 数据库的 user 表中重新加载权限。但是执行 FLUSH 语句需要 RELOAD 权限。

微课 8-3：删除用户

2. 删除用户

在 MySQL 数据库中，可以使用 Navicat 删除用户，也可以使用 DROP USER 语句删除用户，或使用 DELETE 语句从 mysql.user 表中删除对应的记录来删除用户。

（1）使用 Navicat 删除用户

打开显示用户的窗格，单击窗格上方的【删除用户】按钮，或用鼠标右键单击要删除的用户，在快捷菜单中选择【删除用户】命令，在弹出的【确认删除】对话框中单击【删除】按钮即可。因后文中要用到 palo 用户，所以此处单击【取消】按钮，如图 8.6 所示。

图 8.6【确认删除】对话框

（2）使用 DROP USER 语句删除用户

DROP USER 语句的语法格式如下。

```
DROP USER [IF EXISTS] user_name[, user_name] [,…];
```

DROP USER 语句用于删除一个或多个用户，并取消其权限。要使用 DROP USER 语句，必须拥有 MySQL 数据库的全局 CREATE USER 权限或 DELETE 权限。

IF EXISTS 用于判断被删除的用户是否存在。加上该参数后，即使删除的用户不存在，SQL 语句也可以顺利执行，不会发出警告。

【例 8.4】删除用户 tom。

```
DROP USER IF EXISTS 'tom'@'localhost';
```

（3）使用 DELETE 语句删除用户

DELETE 语句的基本语法格式如下。

```
DELETE FROM mysql.user WHERE Host='hostname' AND User='username';
```

Host 和 User 为 user 表中的两个字段。

【例 8.5】使用 DELETE 语句删除用户 bana。

```
DELETE FROM mysql.user
WHERE Host='localhost'
AND User='bana';
```

用户可以使用 SELECT 语句查询 user 表中的记录，确认删除操作是否成功。

如果删除的用户已经创建了表、索引或其他的数据库对象，这些数据库对象将继续保留，因为 MySQL 并没有记录是谁创建了这些数据库对象。

3. 修改用户名称

修改用户名称可以用 Navicat 和 RENAME USER 语句来实现。

（1）使用 Navicat 修改用户名称。打开显示用户的窗格，选中要修改的用户名称，单击窗格上方的【编辑用户】按钮，或双击要修改的用户名称，在打开的对话框中直接修改即可。在对话框中，还可以修改用户的主机名、密码等内容，修改完后单击【保存】按钮。

（2）使用 RENAME USER 语句修改用户名称。基本语法格式如下。

```
RENAME USER old_user TO new_user [, old_user TO new_user] [,…];
```

参数说明如下。

old_user 为已经存在的用户名，new_user 为新的用户名。

RENAME USER 语句用于重命名原有用户。要使用 RENAME USER 语句，必须拥有全局 CREATE USER 权限或 MySQL 数据库的 UPDATE 权限。如果旧用户不存在或者新用户已存在，则会出现错误提示。

【例 8.6】将用户 king 和 palo 的名称分别修改为 ken1 和 palo1。

```
RENAME USER
    'king'@'localhost' TO 'ken1'@'localhost',
    'palo'@'localhost' TO 'palo1'@'localhost';
```

4. 修改用户密码

微课 8-4：修改
用户密码

要修改某个用户的密码，可以使用 mysqladmin 命令、UPDATE 语句或 SET PASSWORD 语句来实现。

修改 root 用户的密码。root 用户的安全对于保证 MySQL 的安全非常重要，因为 root 用户拥有全部权限。修改 root 用户密码的方式有多种。

① 使用 mysqladmin 命令。mysqladmin 命令的语法格式如下。

```
mysqladmin -u username -h localhost -p password "newpassword";
```

参数说明如下。

- username：是要修改密码的用户名称，在这里指定为 root 用户。
- –h：是需要修改的、对应哪个主机名的密码，该参数可以不写，默认值是 localhost。
- –p：表示输入用户的旧密码。
- password：是关键字，不是旧密码。
- "newpassword"：为新设置的密码，此参数必须用双引号"""引起来。

【例 8.7】使用 mysqladmin 命令将 root 用户的密码修改为 rootpwd，具体命令如下。

```
mysqladmin -u root -p password "rootpwd";
Enter password: ******
```

按照要求输入 root 用户的旧密码，执行完毕，新的密码将被设定。root 用户登录时将使用新的密码。

> **注意** mysqladmin 命令为 MySQL 安装后自带的服务器应用程序，因此需按照以下步骤执行该命令：在 Windows 10 左下角的搜索框中输入"cmd"，按【Enter】键后弹出【命令提示符】窗口，然后输入该命令。mysqldump 命令、mysql 命令、SOURCE 命令、mysqlimport 命令也是类似的执行方法，后续不赘述。

② 使用 UPDATE 语句修改 MySQL 数据库中的 user 表。由于所有用户信息都保存在 user 表中，因此可以直接修改 user 表来改变 root 用户的密码。root 用户登录到 MySQL 服务器后，使用 UPDATE 语句修改 MySQL 数据库中 user 表的 authentication_string 字段值，从而修改用户密码。使用 UPDATE 语句修改 root 用户密码的语句如下。

```
UPDATE mysql.user SET authentication_string=MD5('newpassword')
WHERE user='root' AND host='localhost';
```

注意 执行 UPDATE 语句后，需要执行 FLUSH PRIVILEGES 语句重新加载用户权限表。

③ 使用 SET PASSWORD 语句修改密码。其基本语法格式如下。

```
SET PASSWORD [FOR user] = 'newpassword';
```

参数说明如下。

如果不加 FOR user，则表示修改当前用户的密码。加了 FOR user 表示修改当前主机上特定用户的密码，user 为用户名。user 的值必须以'user_name'@'host_name'的格式给定。

【例 8.8】将用户 ken1 的密码修改为 queen1。

```
SET PASSWORD FOR 'ken1'@'localhost' = 'queen1';
```

【例 8.9】将当前登录的 root 用户的密码修改为 123456。

```
SET PASSWORD = '123456';
```

注意 修改完 root 用户的密码后，需要重新启动 MySQL 或执行 FLUSH PRIVILEGES 语句重新加载用户权限表。

【素养小贴士】

在学习过程中，为了方便使用 MySQL，无论是 root 用户的密码还是普通用户的密码，都设置得非常简单。但是，在实际工作中，我们要有数据保护意识。

在大数据时代，数据安全面临严峻考验，用户信息保护已成为全球网络空间安全监管的巨大难题。为保护自身信息安全，防止遭受不法分子攻击，强烈建议读者在设置各类密码时，一定要选择复杂的密码。

（二）权限管理

权限管理主要是指对登录到 MySQL 的用户进行权限验证。所有用户的权限都存储在 MySQL 的权限表中。合理的权限管理能够保证数据库系统的安全性，不合理的权限设置会给 MySQL 服务器带来安全隐患。

微课 8-5：权限
类型

1. MySQL 的权限类型

MySQL 中有多种类型的权限，这些权限都存储在 MySQL 数据库的权限表中。在 MySQL 启动时，服务器将 MySQL 中的权限信息读入内存。

表 8.1 列出了 MySQL 的部分权限。

表 8.1 MySQL 的部分权限

权限名称	对应 user 表中的列	权限范围
CREATE	Create_priv	数据库、表或索引
DROP	Drop_priv	数据库、表或视图
GRANT OPTION	Grant_priv	数据库、表或存储过程
REFERENCES	References_priv	数据库或表
EVENT	Event_priv	数据库
ALTER	Alter_priv	数据库

续表

权限名称	对应 user 表中的列	权限范围
DELETE	Delete_priv	数据表
INDEX	Index_priv	用索引查询的表
INSERT	Insert_priv	数据表
SELECT	Select_priv	数据表或列
UPDATE	Update_priv	数据表或列
CREATE VIEW	Create_view_priv	视图
SHOW VIEW	Show_view_priv	视图
CREATE ROUTINE	Create_routine_priv	存储过程或存储函数
ALTER ROUTINE	Alter_routine_priv	存储过程或存储函数
EXECUTE	Execute_priv	存储过程或存储函数
FILE	File_priv	服务器上的文件
CREATE TEMPORARY TABLES	Create_tmp_table_priv	数据表
LOCK TABLES	Lock_tables_priv	数据表
CREATE USER	Create_user_priv	服务器管理
PROCESS	Process_priv	存储过程或存储函数
RELOAD	Reload_priv	服务器上的文件
REPLICATION CLIENT	Repl_client_priv	服务器
REPLICATION SLAVE	Repl_slave_priv	服务器
SHOW DATABASES	Show_db_priv	服务器
SHUTDOWN	Shutdown_priv	服务器
SUPER	Super_priv	服务器

通过权限设置，用户可以拥有不同的权限。拥有 GRANT 权限的用户可以为其他用户设置权限。拥有 REVOKE 权限的用户可以收回自己的权限。合理设置权限能够保证 MySQL 数据库的安全性。

2. 授权

授权就是为某个用户授予权限。在 MySQL 中，可以使用 GRANT 语句为用户授予权限。

（1）权限的级别

授予的权限可以分为多个级别。

① 全局权限。全局权限作用于一个给定服务器上的所有数据库。这些权限存储在 mysql.user 表中。可以使用 GRANT ALL ON *.*设置全局权限。

② 数据库权限。数据库权限作用于一个给定数据库的所有表。这些权限存储在 mysql.db 表中。可以使用 GRANT ON db_name.*设置数据库权限。

③ 表权限。表权限作用于一个给定表的所有列。这些权限存储在 mysql.tables_priv 表中。可以通过 GRANT ON table_name 为具体的表设置权限。

④ 列权限。列权限作用于一个给定表的单个列。这些权限存储在 mysql.columns_priv 表中。可以指定一个 COLUMNS 子句将权限授予特定的列，同时要在 ON 子句中指定具体的表。

⑤ 子程序权限。CREATE ROUTINE、ALTER ROUTINE、EXECUTE 和 GRANT OPTION 权限适用于已存储的子程序（存储过程或函数）。这些权限可以被授予全局权限和数据库权限。而且，除了 CREATE ROUTINE 权限外，这些权限均可以被授予子程序权限，并存储在 mysql.procs_priv 表中。

微课 8-6：授权

（2）授权语句 GRANT

在 MySQL 中，必须是拥有 GRANT 权限的用户才可以执行 GRANT 语句。

GRANT 语句的基本语法格式如下。

```
GRANT priv_type [(column_list)] [,priv_type [(column_list)]] [,…]
    ON {table_name|*|*.*|database_name.*|database_name.table_name}
 TO username [,username1]…[,usernamen]
[WITH GRANT OPTION];
```

各参数的含义如下。

① priv_type。表示权限的类型。具体的权限类型如表 8.1 所示。

② column_list。表示权限作用于哪些列，列名与列名之间用逗号隔开。不指定该参数时，表示作用于整个表。

③ ON 子句。指出所授的权限范围，它可能有以下几种情况。

- *.*：全局权限，适用于所有数据库和所有表。
- *：如果未选择或缺少数据库，则它的含义同*.*，否则为当前数据库的数据库权限。
- database_name.*：数据库权限，适用于指定数据库中的所有表。
- table_name：表权限，适用于指定表中的所有列。
- database_name.table_name：表权限，适用于指定表中的所有列。

> **提示** 如果在 ON 子句中使用 database_name.table_name 或 table_name 的形式指定了一个表，就可以在 column_list 子句中指定一个或多个用逗号分隔的列，用于对它们定义权限。

④ TO 子句。用于指定一个或多个 MySQL 用户。

- username：由用户名和主机名构成，形式是'username'@'hostname'。

⑤ WITH GRANT OPTION。GRANT OPTION 的取值有 5 个，含义如下。

- GRANT OPTION：将自己的权限授予其他用户。
- MAX_QUERIES_PER_HOUR count：设置每小时可以执行 count 次查询。
- MAX_UPDATES_PER_HOUR count：设置每小时可以执行 count 次更新。
- MAX_CONNECTIONS_PER_HOUR count：设置每小时可以建立 count 个连接。
- MAX_USER_PER_HOUR count：设置单个用户可以同时建立 count 个连接。

【例 8.10】使用 GRANT 语句为用户 ken1 授权，使其对所有的数据有查询、插入权限，并被授予其 GRANT 权限。

```
GRANT SELECT,INSERT on *.* TO 'ken1'@'localhost' WITH GRANT OPTION;
```

结果显示执行成功，可以利用 Navicat 打开该用户，查看其服务器权限，也可以使用 SELECT 语句查询用户 ken1 的权限。

```
SELECT Host,User,Select_priv,Insert_priv,Grant_priv
FROM mysql.user
WHERE User='ken1';
```

查询结果显示用户 ken1 被授予了 SELECT、INSERT 和 GRANT 权限，相应的字段值均为"Y"。

【强化训练 8-1】

（1）使用 GRANT 语句将 gradem 数据库中 student 表的 DELETE 权限授予用户 ken1。

（2）使用 GRANT 语句将 gradem 数据库中 sc 表的 degree 字段的 UPDATE 权限授予用户 palo1。

3. 收回权限

收回权限就是收回已经授予给用户的某些权限。收回用户不必要的权限在一定程度上可以保

微课 8-7：收回
权限

证数据的安全性。权限收回后，用户的记录将从 db、tables_priv 和 columns_priv
表中删除，但是用户记录仍然保存在 user 表中。收回权限使用 REVOKE 语句来
实现，其语法格式有两种，一种是收回用户的所有权限，另一种是收回用户的指
定权限。

（1）收回所有权限

其基本语法格式如下。

```
REVOKE ALL PRIVILEGES,GRANT OPTION
FROM 'username'@'hostname'[,'username'@'hostname'][,…];
```

其中，**ALL PRIVILEGES** 表示所有权限，**GRANT OPTION** 表示授权权限。

【例 8.11】使用 REVOKE 语句收回用户 ken1 的所有权限，包括 GRANT 权限。

```
REVOKE ALL PRIVILEGES,GRANT OPTION
FROM 'ken1'@'localhost';
```

（2）收回指定权限

其基本语法格式如下。

```
REVOKE priv_type [(column_list)] [,priv_type [(column_list)]] [,…]
  ON {table_name|*|*.*|database_name.*|database_name.table_name}
FROM 'username'@'hostname'[,'username'@'hostname'][,…];
```

参数含义与 GRANT 语句中各参数的含义相同。

要使用 REVOKE 语句，就必须拥有 MySQL 数据库的全局 CREATE USER 权限或 UPDATE 权限。

【例 8.12】收回 palo1 用户对 gradem 数据库中 sc 表的 degree 列的 UPDATE 权限。

```
REVOKE UPDATE(degree) ON gradem.sc
FROM 'palo1'@'localhost';
```

4. 查看权限

SHOW GRANTS 语句可以显示指定用户的权限信息，使用 SHOW GRANTS 语句查看用户权限
信息的基本语法格式如下。

```
SHOW GRANTS FOR 'username'@'hostname';
```

【例 8.13】使用 SHOW GRANTS 语句查看用户 ken1 的权限信息。

```
SHOW GRANTS FOR 'ken1'@'localhost';
```

【任务实施】

王宁已经学会使用 GRANT 语句对用户进行授权，于是他成功解决了【任务提出】中的问题，
具体代码如下。

```
GRANT SELECT,INSERT on *.* TO 'test'@'localhost' WITH GRANT OPTION;
```

任务 8-3　备份与恢复数据库

【任务提出】

在学习任务 5-4 时，王宁可能会由于操作不当误将 sc 表和 student 表中的数据清空，导致学生选
课信息和基本信息丢失。因此，王宁需要使用备份命令对 sc 表和 student 表进行备份。

【知识储备】

（一）数据备份与恢复

数据备份就是制作数据库结构、对象和数据的副本，以便在数据库遭到破坏或因需求改变而需

要把数据还原到改变以前的状态时恢复数据库。数据恢复就是将数据备份加载到系统中。数据备份和恢复可以用于保护数据库的关键数据。

1. 数据损失

用户之所以使用数据库，是因为要利用数据库来管理和操作数据，数据对用户来说是非常宝贵的资产。数据存放在计算机上，但是即使是非常可靠的硬件和软件，也会出现系统故障或意外。所以，应该在意外发生之前进行充分的准备工作，以便在意外发生之后采取相应的措施快速恢复数据库，并将丢失的数据量减少到最小。可能造成数据损失的原因有很多种，大致可分为以下几类。

（1）存储介质故障。即外部存储介质故障，如磁盘损坏、磁头碰撞、瞬时强磁场干扰等。这类故障使数据库受到破坏，并影响正在存取的这部分数据的事务。存储介质故障发生的可能性较小，但破坏性很强，有时会使数据库无法恢复。

（2）系统故障。通常称为软故障，是指造成系统停止运行，使得系统要重新启动的任何事件，如突然停电、CPU 故障、操作系统故障等。发生这类故障时，系统必须重新启动。

（3）用户的错误操作。如果用户无意或恶意地在数据库上进行了大量的非法操作，如删除了某些重要数据，甚至删除了整个数据库等，则数据库系统将处于难以使用和管理的混乱局面。

（4）服务器彻底崩溃。再好的计算机、再稳定的软件也可能有漏洞存在，如果某一天数据库服务器彻底崩溃，用户面对的将是重建系统的艰巨局面。如果事先进行完善而彻底的备份操作，就可以迅速完成系统的重建工作，并将数据灾难造成的损失减少到最小。

（5）自然灾害。不管硬件性能有多么出色，如果遇到台风、水灾、火灾、地震，则这些出色的性能都可能无济于事。

（6）计算机病毒。这是人为故障，轻则使部分数据不正确，重则使整个数据库遭到破坏。

2. 数据备份的分类

针对不同的应用场景，数据备份有不同的分类。

（1）按备份时服务器是否在线划分

① 热备份。热备份是指数据库在线时，在数据库服务正常运行的情况下进行数据备份。

② 温备份。温备份是指进行数据备份时，数据库服务正常运行，但数据只能读不能写。

③ 冷备份。冷备份是指在数据库已经正常关闭的情况下进行的数据备份。当数据库正常关闭时会提供一个完整的数据库。

（2）按备份的内容划分

① 逻辑备份。逻辑备份是指使用软件技术从数据库中导出数据并写入一个输出文件，该文件格式一般与原数据库的文件格式不同，该文件只是原数据库中数据内容的一个映像。

逻辑备份支持跨平台，备份的是 SQL 语句（DDL 和 INSERT 语句），以文本形式存储。在恢复时执行备份的 SQL 语句可以实现数据库数据的重现。

② 物理备份。物理备份是指通过直接复制数据库文件进行的备份。与逻辑备份相比，其速度较快，但占用空间比较大。

（3）按备份涉及的数据范围来划分

① 完整备份。完整备份是指备份整个数据库。这是任何备份策略中都要求完成的第一种备份类型，因为其他所有备份类型都依赖于完整备份。

② 增量备份。增量备份是指备份数据库从上一次完整备份或者最近一次的增量备份以来发生改变的内容。

③ 差异备份。差异备份是指备份从最近一次完整备份以后发生改变的数据。差异备份仅捕获自该次完整备份后发生更改的数据。

> **提示** 备份是一种十分耗费时间和资源的操作，不能频繁操作，应该根据数据库使用情况确定适当的备份周期。

3. 数据恢复的手段

数据恢复就是指当数据库出现故障时，将备份的数据库加载到系统，从而使数据库恢复到备份时的正确状态。MySQL 有 3 种保证数据安全的方法。

（1）数据库备份。通过导出数据或者表文件的副本来保护数据。

（2）二进制日志文件。保存更新数据的所有语句。

（3）数据库复制。利用 MySQL 内部复制功能，在两个或两个以上服务器之间，通过设定它们之间的主从关系来实现，其中一个作为主服务器，其他的作为从服务器。在此主要介绍前两种方法。

（二）数据备份的方法

微课 8-8：使用
Navicat 备份
数据库

数据备份是数据库管理员的工作。系统意外崩溃或者硬件损坏都可能导致数据丢失，因此 MySQL 管理员应该定期对数据库进行数据备份，以便在意外情况发生时，尽可能减少损失。下面介绍数据备份的 3 种方法。

1. 使用 Navicat 完成数据备份

使用 Navicat 备份 gradem 数据库的操作步骤如下。

（1）在 Navicat 中连接到 MySQL 服务器。

（2）双击 gradem 数据库使其处于打开状态，单击【gradem】节点下的【备份】节点或单击工具栏中的【备份】按钮，如图 8.7 所示。

（3）单击工具栏下方的【新建备份】按钮，或用鼠标右键单击左侧窗格中的【备份】节点，执行快捷菜单中的【新建备份】命令，弹出【新建备份】对话框，如图 8.8 所示。

图 8.7　开始备份界面

图 8.8　【新建备份】对话框

（4）在【新建备份】对话框中打开【对象选择】选项卡，选择要备份的内容，可以备份运行期间的全部表、视图、函数或事件，也可以自定义备份（选中相应复选框即可），如图 8.9 所示。

（5）在【高级】选项卡中，可以给备份文件指定名称，如果不指定，则以当时的日期和时间作为备份文件的名称，如图 8.10 所示。

（6）单击【备份】按钮，系统开始进行备份，如图 8.11 所示。

（7）单击【保存】按钮，系统会生成备份文件的配置文件名，如图 8.12 所示。输入配置文件名后，单击【确定】按钮，返回图 8.11 所示的界面，单击【关闭】按钮即可。创建好的备份文件如图 8.13 所示。

图 8.9 【对象选择】选项卡

图 8.10 【高级】选项卡

图 8.11 开始进行备份

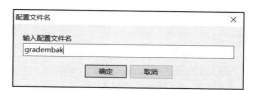

图 8.12 输入配置文件名

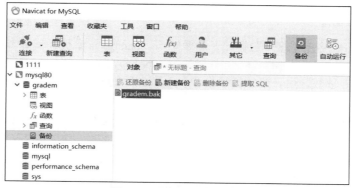

图 8.13 创建好的备份文件

> **提示** 利用 Navicat 备份数据后，备份文件一般存放在 C:\用户目录\Navicat\MySQL\Servers\mysql 文件夹下，具体位置由用户在安装 Navicat 时决定。

2. 使用 mysqldump 命令完成数据备份

mysqldump 命令是 MySQL 提供的一个非常有用的数据备份工具。其存储在 C:\Program Files\MySQL\MySQLServer 8.0\bin 文件夹中。执行 mysqldump 命令可以将数据库备份成一个文本文件。该文件实际上包含多个 CREATE 语句和 INSERT 语句，使用这些语句可以重新创建表和插入数据。

（1）备份数据库或表

使用 mysqldump 命令备份数据库或表的语法格式如下。

```
mysqldump -u user -h host -p[password] dbname[tbname,[tbname…]]>filename.sql
```

微课 8-9：使用
mysqldump 命令
备份数据库

参数说明如下。

① user：用户名称。

② host：登录用户的主机名称。

③ password：登录密码。注意，要使用此参数，–p 和 password 之间不能有空格。该参数可以省略，在执行语句后，根据提示再输入密码。

④ dbname：需要备份的数据库的名称。

⑤ tbname：为 dbname 数据库中需要备份的表，可以指定多个需要备份的表。若省略该参数，则表示备份整个数据库。

⑥ >：将备份表的定义和数据写入备份文件。

⑦ filename.sql：备份文件名称，其中包括该文件所在路径。

> **注意** mysqldump 命令需在【命令提示符】窗口中运行，否则会出现语法错误。

【例 8.14】使用 mysqldump 命令备份数据库 gradem 中的所有表，执行语句如下。

```
mysqldump -u root -h localhost -p gradem>D:\BAK\gradembak.sql
Enter password:******
```

输入密码后，MySQL 便对数据库进行备份，在 D:\BAK 文件夹下查看备份的文件，使用文本查看器打开文件可以看到其内容。

（2）备份多个数据库

使用 mysqldump 命令备份多个数据库，需要使用–databases 参数，其基本语法格式如下。

```
mysqldump -u user -h host -p --databases dbname[ dbname…]]>filename.sql
```

使用–databases 参数之后，必须指定至少一个数据库的名称，多个数据库的名称之间用空格隔开。

【例 8.15】使用 mysqldump 命令备份 gradem 和 mydb 数据库，执行过程如下。

```
mysqldump -u root -h localhost -p --databases gradem mydb>D:\BAK\grademdb.sql
Enter password:******
```

（3）mysqldump 命令中各参数的含义

mysqldump 命令有许多参数，包括用于调试和压缩的参数，在此只列举常用的参数。运行帮助命令 mysqldump –help，可以获得特定版本的完整参数列表。

① --all-databases：备份所有数据库。

② --databases db_name：备份某个数据库。

③ --lock-tables：锁定表。

④ --lock-all-tables：锁定所有的表。

⑤ --events：备份事件的相关信息。

⑥ --no-data：只备份 DDL 语句和表结构，不备份数据。

⑦ --master-data=n：备份的同时导出二进制日志文件和位置；如果 n 为 1，则把信息保存为 CHANGE MASTER 语句；如果 n 为 2，则把信息保存为被注释的 CHANGE MASTER 语句。

⑧ --routines：备份存储过程和存储函数的定义。

⑨ --single-transaction：实现热备份。

⑩ --triggers：备份触发器。

3. 直接复制整个数据库文件夹

因为 MySQL 数据库中的表被保存为文件，所以可以直接复制 MySQL 数据库的存储目录及文件进行备份。这种方法最简单，速度也最快。使用该方法时，最好先停用 MySQL 服务器，这样可以保证在复制期间数据不会发生变化。

这种方法虽然简单快速，但不是最好的备份方法。因为在实际情况下，可能不允许停用 MySQL 服务器。需要注意的是，在复制整个数据库文件之前，需要执行如下 SQL 语句。

```
FLUSH TABLES WITH READ LOCK;
```

也就是把内存中的数据都刷新到磁盘中，同时锁定表，以保证复制过程中不会有新的数据写入。另外，对于 InnoDB 表来说，还需要备份日志文件。因为当 InnoDB 表损坏时，可以依靠这些日志文件来恢复。

（三）数据恢复的方法

数据恢复，就是指让数据库根据备份的数据回到备份时的状态。当数据丢失或被意外破坏时，可以通过数据恢复来恢复已经备份的数据，尽量减少数据丢失和破坏造成的损失。

1. 使用 Navicat 完成数据恢复

使用 Navicat 恢复 gradem 数据库的数据，具体操作步骤如下。

（1）在 Navicat 中连接到 MySQL 服务器。

（2）双击 gradem 数据库使其处于打开状态（若数据库不存在，则需新建一个数据库，并使其处于打开状态），单击【gradem】节点下的【备份】节点或单击工具栏中的【备份】按钮。

微课 8-10：使用 Navicat 恢复 数据库

（3）用鼠标右键单击【备份】节点，选择快捷菜单中的【还原备份从...】命令，弹出【打开】对话框，在此对话框中找到相应的备份文件后，单击【确定】按钮，弹出【还原备份】对话框，如图 8.14 所示。

（4）在此对话框的【对象选择】选项卡中选择要恢复的数据库对象，操作与数据备份过程相同。在【高级】选项卡中设置服务器和数据库对象的选项。单击【还原】按钮后，弹出警告提示对话框，单击【确定】按钮后开始进行数据恢复，显示的信息日志如图 8.15 所示。

图 8.14 【还原备份】对话框

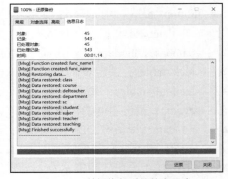

图 8.15 数据恢复时的信息日志

微课 8-11：使用
mysql 命令恢复
数据库

（5）单击【关闭】按钮，完成数据恢复。

2. 使用 mysql 命令完成数据恢复

对于使用 mysqldump 命令备份后生成的 SQL 文件，可以使用 mysql 命令导入数据库。备份的 SQL 文件包含 CREATE 语句、INSERT 语句，也可能包含 DROP 语句。使用 mysql 命令可以直接执行该 SQL 文件中的这些语句，其语法格式如下。

```
mysql -u user -p dbname filename.sql;
```

其中，user 是指用户名，dbname 是指数据库名，filename.sql 是指要恢复的 SQL 文件。

注意 mysql 命令需在【命令提示符】窗口中运行，否则会出现语法错误。

【例 8.16】使用 mysql 命令将备份文件 gradembak.sql 恢复到数据库中，执行语句如下。

```
mysql -u root -p gradem <D:\BAK\gradembak.sql;
Enter password:******
```

注意 执行语句前，必须先在 MySQL 服务器中创建 gradem 数据库，如果数据库不存在，则在数据恢复过程中会出错。命令执行成功之后，gradembak.sql 文件中的语句会在指定的数据库中恢复以前的数据。

微课 8-12：使用
SOURCE 命令恢
复数据库

如果已经通过【命令提示符】窗口登录 MySQL 服务器，则还可以使用 SOURCE 命令导入 SQL 文件。SOURCE 命令的语法格式如下。

```
SOURCE filename.sql
```

【例 8.17】使用 SOURCE 命令将备份文件 gradembak.sql 恢复到数据库中，执行过程如下。

```
mysql -u root -h localhost -p
Enter password: ******
USE gradem;
SOURCE D:/BAK/gradembak.sql
```

注意 SOURCE 命令需在【命令提示符】窗口中运行，否则会出现语法错误。

3. 直接复制到数据库目录

如果通过复制数据库文件备份数据库，则可以直接将备份的文件复制到数据库目录下以实现数据恢复。使用这种方式恢复数据时，必须保证备份的数据库和待恢复数据库的主版本号相同，而且这种方法只对 MyISAM 表有效，对 InnoDB 表不可用。

执行数据恢复前要关闭 MySQL 服务器，使备份的文件覆盖 MySQL 的 data 文件夹，再启动 MySQL 服务器。对于 Linux/UNIX 操作系统来说，复制完文件后需要将文件的用户和组更改为 MySQL 运行的用户和组，通常用户是 MySQL，组也是 MySQL。

（四）数据库迁移

数据库迁移就是把数据从一个系统移动到另一个系统上。数据库迁移分为以下几种情况。

1. 相同版本的 MySQL 数据库之间的迁移

相同版本的 MySQL 数据库之间的迁移就是在主版本号相同的 MySQL 数据库之间移动数据。迁移过程其实就是源数据库备份过程和目标数据库恢复过程的组合。

因此最常用和最安全的方法之一是使用 mysqldump 命令导出数据，然后在目标数据库服务器中使用 mysql 命令导入数据。

2. 不同版本的 MySQL 数据库之间的迁移

数据库升级后，需要将较旧版本的 MySQL 数据库中的数据迁移到较新版本的数据库中。MySQL 升级时，需要先停用服务器，然后卸载旧版本，并安装新版本的 MySQL，这种更新方法很简单。如果想保留旧版本中的用户访问控制信息，则需要备份 MySQL 中的数据库，在新版本 MySQL 安装完成之后，重新读入备份文件中的信息。

新版本对旧版本有一定的兼容性。从旧版本的 MySQL 数据库向新版本的 MySQL 数据库迁移数据时，对于 MyISAM 表，可以直接复制数据库文件，也可以使用 mysqlhotcopy 命令、mysqldump 命令进行导出。对于 InnoDB 表，一般只能使用 mysqldump 命令将数据导出，然后用 mysql 命令将数据导入目标数据库。从新版本 MySQL 数据库向旧版本 MySQL 数据库迁移数据时要特别小心，最好使用 mysqldump 命令导出，然后将数据导入目标数据库。

3. 不同数据库之间的迁移

不同类型的数据库之间的迁移是指把 MySQL 数据库中的数据转移到其他类型的数据库中，例如，从 MySQL 迁移到 Oracle，从 Oracle 迁移到 MySQL，或从 MySQL 迁移到 SQL Server 等。

迁移之前，需要了解不同数据库的架构，比较它们之间的差异。不同数据库中定义相同类型数据的关键字可能会不同。例如，MySQL 中的日期字段分为 DATE 和 TIME 两种，而 Oracle 中的日期字段只有 DATE。

进行数据库迁移时可以使用一些工具，例如，在 Windows 系统下，可以使用 MySQL ODBC 实现 MySQL 和 SQL Server 之间的迁移。使用 MySQL 官方提供的工具 MySQL Migration Toolkit 也可以实现不同数据库之间的迁移。

（五）表的导入与导出

有时需要将 MySQL 数据库中的数据导出到外部存储文件中，MySQL 数据库中的数据可以导出为 SQL 文件、XML 文件、TXT 文件、XLS 文件和 HTML 文件。同样，这些导出文件也可以导入 MySQL 数据库。

微课 8-13：使用 Navicat 导出表

1. 使用 Navicat 导出和导入表

（1）使用 Navicat 导出表。使用 Navicat 导出表的具体操作步骤如下。

① 在 Navicat 中连接到 MySQL 服务器。

② 双击【gradem】数据库使其处于打开状态，选中要导出的表（如 teacher 表），单击窗格上方的【导出向导】按钮，或用鼠标右键单击【teacher】表，在快捷菜单中选择【导出向导】命令，弹出【导出向导第1步——选择导出格式】对话框，如图 8.16 所示。

③ 在【导出向导第1步——选择导出格式】对话框中选择导出的文件格式，默认的文件格式为文本文件。选择后，单击【下一步】按钮，弹出【导出向导第2步——定义附加选项】对话框，如图 8.17 所示。

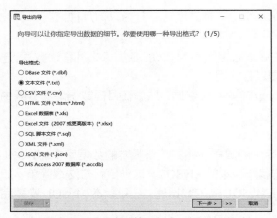

图 8.16　导出向导第1步——选择导出格式

图 8.17　导出向导第2步——定义附加选项

④ 在【导出向导第2步——定义附加选项】对话框中选择导出哪些表，在【导出到】列中设置各表的导出位置，单击某列后，右侧会出现[...]按钮。单击此按钮，弹出【另存为】对话框，设置好导出文件的存储位置，单击【保存】按钮后，返回【导出向导第2步——定义附加选项】对话框，如图 8.18 所示。设置完毕，单击【下一步】按钮，弹出【导出向导第3步——选择导出列】对话框，如图 8.19 所示。

图 8.18　导出向导第2步——定义附加选项（设置文件位置）

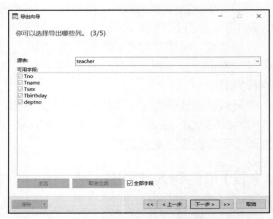

图 8.19　导出向导第3步——选择导出列

⑤ 在【导出向导第3步——选择导出列】对话框中可以选择导出哪些列，默认为全部列，取

消选中【全部字段】复选框，然后选中要添加的列。选好后，单击【下一步】按钮，弹出【导出向导第 4 步 ——定义附加选项】对话框，如图 8.20 所示。

　　⑥ 在【导出向导第 4 步 ——定义附加选项】对话框中，用户可以定义一些附加选项，如在导出时是否包含列的标题，设置记录分隔符、字段分隔符、文本识别符号、日期的排序方式及日期分隔符等。定义完毕，单击【下一步】按钮，弹出【导出向导第 5 步 ——导出收集的信息】对话框，如图 8.21 所示。

图 8.20　导出向导第 4 步 ——定义附加选项

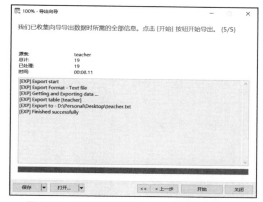

图 8.21　导出向导第 5 步 ——导出收集的信息

　　⑦ 在【导出向导第 5 步——导出收集的信息】对话框中单击【开始】按钮，开始导出选择的表。单击【打开】按钮，可以以记事本的形式看到导出的文本文件的内容。单击【关闭】按钮，结束数据导出的操作。

　　（2）用 Navicat 导入表。MySQL 允许将数据导出到外部文件中，也可以从外部文件中导入数据。MySQL 提供了一些导入数据的工具。

　　使用 Navicat 导入表，具体操作步骤如下。

　　① 在 Navicat 中连接到 MySQL 服务器。

　　② 双击【gradem】数据库使其处于打开状态，单击窗格上方的【导入向导】按钮，或用鼠标右键单击右侧窗格的空白处，或用鼠标右键单击【gradem】数据库下方的【表】节点，在快捷菜单中选择【导入向导】命令，弹出【导入向导第 1 步——导入格式】对话框，如图 8.22 所示。

微课 8-14：使用 Navicat 导入表

　　③ 在【导入向导第 1 步——选择导入格式】对话框中选择导入格式，默认的格式为文本文件，这里选择 Excel 文件。单击【下一步】按钮，弹出【导入向导第 2 步——选择数据源】对话框，如图 8.23 所示。

　　④ 在【导入向导第 2 步——选择数据源】对话框中，先单击▣按钮选择导入的文件，再单击【下一步】按钮，此时，会跳过"导入向导第 3 步——选择分隔符"这一步骤，直接弹出【导入向导第 4 步——定义附加选项】对话框，如图 8.24 所示。如果选择的是文本文件，则弹出【导入向导第 3 步——选择分隔符】对话框，如图 8.25 所示。在此对话框中选择合适的分隔符后，单击【下一步】按钮，进入【导入向导第 4 步——定义附加选项】对话框。

　　⑤ 在【导入向导第 4 步——定义附加选项】对话框中定义一些附加选项，如字段名的行数，第一个数据行、最后一个数据行的日期分隔符和时间分隔符等。定义完毕，单击【下一步】按钮，进入【导入向导第 5 步——选择目标表】对话框，如图 8.26 所示。

图 8.22　导入向导第 1 步——选择导入格式

图 8.23　导入向导第 2 步——选择数据源

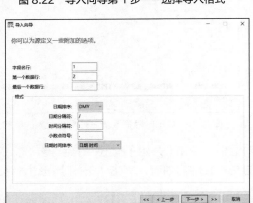

图 8.24　导入向导第 4 步——定义附加选项

图 8.25　导入向导第 3 步——选择分隔符

⑥ 在【导入向导第 5 步——选择目标表】对话框中选择目标表。目标表可以是现有的表，也可以是新建表，在此，目标表为新建表。选择完毕，单击【下一步】按钮，进入【导入向导第 6 步——确认表结构】对话框，如图 8.27 所示。确认目标表的结构，如字段类型和长度、是否设置主键等。各字段默认的类型为 varchar，长度为 255。确认完毕，单击【下一步】按钮，进入【导入向导第 7 步——选择导入模式】对话框，如图 8.28 所示。

图 8.26　导入向导第 5 步——选择目标表

图 8.27　导入向导第 6 步——确认表结构

⑦ 在【导入向导第 7 步——选择导入模式】对话框中，根据需要选择数据的导入模式。选择完

毕，单击【下一步】按钮，进入【导入向导第8步——开始导入】对话框，如图 8.29 所示。在【导入向导第8步——开始导入】对话框中单击【开始】按钮，开始导入数据，导入完毕，单击【关闭】按钮。

图 8.28 导入向导第7步——选择导入模式

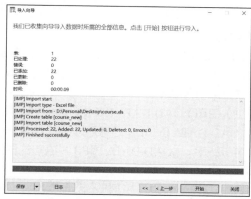

图 8.29 导入向导第8步——开始导入

2. 使用 SELECT 语句和 LOAD 语句导出和导入表

在 MySQL 中，可以使用 SELECT…INTO OUTFILE 语句导出表，使用 LOAD DATA INFILE 语句导入表。

（1）使用 SELECT…INTO OUTFILE 语句导出表

SELECT…INTO OUTFILE '[文件路径]文件名'语句可以把查询结果集写入一个文件中，该文件不能是一个已经存在的文件。SELECT…INTO OUTFILE 语句的语法格式如下。

```
SELECT <输出列表> FROM <表名> [WHERE <条件>] INTO OUTFILE '[文件路径]文件名' [OPTIONS];
```

其中，OPTIONS 有以下参数。

① FIELDS TERMINATED BY 'value'：设置字段之间的分隔符，可以为单个或多个字符，默认情况下为制表符"\t"。

② FIELDS [OPTIONALLY] ENCLOSED BY 'value'：设置字段的包围字符，只能为单个字符。如果使用了 OPTIONALLY，则只能包括 CHAR 和 VARCHAR 类型的字符。

③ FIELDS ESCAPED BY 'value'：设置如何写入或读取特殊字符，只能为单个字符，即设置转义字符，默认值为反斜线"\"。

微课 8-15：使用
SELECT 语句
导出文本文件

④ LINES STARTING BY 'value'：设置每行数据开头的字符，可以为单个或多个字符，默认情况下不使用任何字符。

⑤ LINES TERMINATED BY 'value'：设置每行数据结尾的字符，可以为单个或多个字符，默认值为"\n"。

FIELDS 和 LINES 两个选项都是可选的，但是如果两个都被指定了，FIELDS 就必须位于 LINES 的前面。

【例 8.18】使用 SELECT…INTO OUTFILE 语句将 gradem 数据库中 student 表的数据导出到文本文件中，执行命令如下。

```
USE gradem;
SELECT * FROM student INTO OUTFILE "D:/BAK/person.txt";
```

执行成功后，在 D 盘的 BAK 文件夹下生成一个 person.txt 文件，此文件包括 student 表中的所有数据。

>
> **提示** 上述语句执行后，如果提示"1290 - The MySQL server is running with the --secure-file-priv option so it cannot execute this statement"，则参考任务 5-1 中单表的无条件查询的解决方法。

【强化训练 8-2】

使用 SELECT…INTO OUTFILE 语句将 gradem 数据库中 course 表的数据导出到文本文件中，使用 FIELDS 选项和 LINES 选项，要求字段之间使用逗号分隔，所有字段值用双引号引起来，定义转义字符为单引号"\'"。

（2）使用 LOAD DATA INFILE 语句导入表

LOAD DATA INFILE 语句可以高速地从一个文本文件中读取行，并装入一个表中。文件名必须为文字字符串。LOAD DATA INFILE 语句的语法格式如下。

```
LOAD DATA INFILE 'filename.txt' INTO TABLE tablename [OPTIONS][IGNORE number LINES];
```

其中，filename.txt 表示导入数据的来源。tablename 表示待导入的表名称。OPTIONS 为可选参数，OPTIONS 包括 FIELDS 和 LINES 选项，其常用的参数与 SELECT… INTO OUTFILE 语句的完全相同。IGNORE number LINES 表示忽略文件开始处的行数，number 表示忽略的行数。执行 LOAD DATA INFILE 语句需要 FILE 权限。

微课 8-16：使用 LOAD 语句 导入文件

【例8.19】 使用 LOAD DATA INFILE 语句将 D 盘的 BAK 文件夹中 course.txt 文件的数据导入 gradem 数据库的 course 表中，执行命令如下。

```
USE gradem;
DELETE FROM course;
LOAD DATA INFILE 'D:/BAK/course.txt' INTO TABLE course;
SELECT * FROM course;
```

```
+------+------------------------+
| cno  | cname                  |
+------+------------------------+
| a01  | 大学英语               |
| b02  | 电子技术基础           |
...
+------+------------------------+
18 rows in set
```

可以看到，语句执行成功之后，原来的数据重新恢复到了 course 表中。

【强化训练 8-3】

使用 LOAD DATA INFILE 语句将 D:\BAK\sc.txt 文件中的数据导入 gradem 数据库的 sc 表中，使用 FIELDS 选项和 LINES 选项，要求字段之间使用逗号分隔，所有字段值用双引号引起来，定义转义字符为单引号"\'"。

3. 使用 mysqldump 命令和 mysqlimport 命令导出和导入表

在 MySQL 中，可以使用 mysqldump 命令导出表，使用 mysqlimport 命令导入表。

（1）使用 mysqldump 命令导出表

除了可以使用 SELECT…INTO OUTFILE 语句导出表之外，还可以使用 mysqldump 命令。该命令不仅可以将表中的数据导出为包含 CREATE、INSERT 语句的 SQL 文件，还可以导出为纯文本文件。mysqldump 命令导出文本文件的语法格式如下。

```
mysqldump -u root -p -T path dbname[tables] [OPTIONS]
```

其中，-T 表示导出纯文本文件。path 表示导出文件的路径。tables 为要导出的表的名称，如果不指定，则导出数据库 dbname 中的所有表。

另外，OPTIONS 是可选参数，该参数需要结合–T 参数使用，OPTIONS 常用的参数有以下几项。

① --fields–terminated–by=value：设置字段之间的分隔符，可以为单个或多个字符，默认情况下为制表符"\t"。

② --fields–enclosed–by=value：设置字段的包围字符。

③ --fields–optionally-enclosed-by=value：设置字段的包围字符，只能为单个字符，只能包括 CHAR 和 VARCHAR 等类型的字符。

④ --fields–escaped–by=value：设置如何写入或读取特殊字符，只能为单个字符，即设置转义字符，默认值为反斜线"\"。

⑤ --lines–terminated–by=value：设置每行数据结尾的字符，可以为单个或多个字符，默认值为"\n"。

> 提示 （1）与 SELECT…INTO OUTFILE 语句中 OPTIONS 参数的各个选项不同，这里 OPTIONS 的各个选项等号后面的 value 值不要用引号引起来。
> （2）mysqldump 命令需在【命令提示符】窗口中运行，否则会出现语法错误。

【例 8.20】使用 mysqldump 命令将 gradem 数据库中 teacher 表的数据导出到文本文件中，执行命令如下。

```
mysqldump -u root -p -T D:/BAK gradem teacher
Enter password:******
```

语句执行成功后，会在 D 盘的 BAK 文件夹中生成两个文件，分别为 teacher.sql 和 teacher.txt。teacher.sql 文件包含创建 teacher 表的 CREATE 语句，teacher.txt 文件包含表中的数据。

【强化训练 8-4】

使用 mysqldump 命令将 gradem 数据库中 sc 表的数据导出到文本文件中，要求字段之间使用逗号分隔，所有字符类型的字段值用双引号引起来，定义转义字符为问号，每行数据以回车换行符"\r\n"结尾。

（2）使用 mysqlimport 命令导入表

使用 mysqlimport 命令可以导入表，并且不需要登录 MySQL 客户端。mysqlimport 命令提供许多与 LOAD DATA INFILE 语句相同的功能，大多数参数直接对应 LOAD DATA INFILE 语句的参数。使用 mysqlimport 命令需要指定所需的参数、导入表所在的数据库的名称及导入文件的路径和名称。mysqlimport 命令的语法格式如下。

```
mysqlimport -u root -p dbname filename.txt [OPTIONS]
```

其中，dbname 为导入表所在的数据库的名称。注意，mysqlimport 命令不导入数据库的表名称，表名称由导入文件名确定，即文件名作为表名，导入前该表必须存在。OPTIONS 为可选参数，OPTIONS 参数常用的选项与 mysqldump 命令的大致相同，请参考该命令的相关解释。

> 注意 mysqlimport 命令需在【命令提示符】窗口中运行，否则会出现语法错误。

【例 8.21】使用 mysqlimport 命令将 D:\BAK\sc.txt 文件中的数据导入 gradem 数据库的 sc 表中，字段之间使用逗号分隔，所有字符类型字段值用双引号引起来，定义转义字符为问号，执行命令如下。

```
mysqlimport -u root -p gradem  D:/BAK/sc.txt
```

```
--fields-terminated-by=, --fields-optionally-enclosed-by=\"
--fields-escaped-by=? --lines-terminated-by=\r\n
```

上面语句要在一行中输入，语句执行成功后，将把 sc.txt 文件中的数据导入数据库。

除了前面介绍的几个参数之外，mysqlimport 命令还支持许多参数，常见的参数有以下几项。

① --ignore-lines=n：忽视数据文件的前 *n* 行。

② --compress，-C：压缩客户端和服务器之间发送的所有信息（如果二者均支持压缩）。

③ --columns=column_list，-c column_list：该参数采用以逗号分隔的列名作为其值。列名的顺序指示如何分配数据文件列和表列。

④ --delete，-d：导入文本文件前清空表。

⑤ --force，-f：忽视错误。例如，如果某个文本文件的表不存在，就继续处理其他文件。若不使用--force，则表不存在时，将退出 mysqlimport 命令。

4. 使用 mysql 命令导出表

mysql 是一个功能丰富的命令，使用 mysql 命令可以在命令行模式下执行 SQL 语句，并将查询结果导入文本文件。相比 mysqldump 命令，mysql 命令导出结果的可读性更强。

如果 MySQL 服务器是单独的机器，用户在一个客户端上进行操作，需要把数据结果导入客户端的机器上，就可以使用 mysql -e 语句。

使用 mysql 命令导出文本文件的语法格式如下。

```
mysql -u root -p [OPTIONS] -e|--execute= "SELECT 语句" dbname>filename.txt
```

其中，-e|--execute=表示执行该参数后面的语句并退出，后面的语句必须用双引号引起来，这两个参数任选其一。dbname 为要导出的表所在数据库的名称。导出的表中不同列之间使用制表符分隔，第 1 行包含各字段的名称。

OPTIONS 常用的选项有以下几个。

（1）-E|--vertical：文本文件中每行显示一个字段内容。

（2）-H|--html：导出的文件为 HTML 文件。

（3）-X|--xml：导出的文件为 XML 文件。

（4）-t|--table：以表格的形式导出数据。

> **注意** mysql 命令需在【命令提示符】窗口中运行，否则会出现语法错误。

【例 8.22】使用 mysql 命令将 gradem 数据库中 teacher 表的数据导出到文本文件，执行命令如下。

```
mysql -u root -p --execute="SELECT * FROM teacher;"
gradem>D:/BAK/teatxt.txt
    Enter password:******
```

或使用如下命令。

```
mysql -u root -p -e "SELECT * FROM teacher;"
gradem>D:/BAK/teatxt.txt
    Enter password:******
```

命令执行完毕,在 D 盘的 BAK 文件夹中会生成文件 teatxt.txt，其内容如图 8.30 所示。

可以看到，文件中包含每个字段的名称和各项数据，该显示

图 8.30　teatxt.txt 文件中的内容

格式与 MySQL 命令行下 SELECT 语句的查询结果的显示格式相同。

【例 8.23】使用 mysql 命令将 gradem 数据库中 sc 表的数据导出到 HTML 文件中，执行命令如下。

```
mysql -u root -p --html -e "SELECT * FROM sc;" gradem>D:/BAK/sc.html
Enter password:******
```

或使用如下命令。

```
mysql -u root -p -H --execute= "SELECT * FROM sc;" gradem>D:/BAK/sc.html
Enter password:******
```

【任务实施】

王宁选择在命令行下使用 mysqldump 命令备份数据库 gradem 中的 student 表和 sc 表，具体代码如下。

```
mysqldump - u root - h localhost - p gradem student sc>D:\BAK\grademtb.sql
Enter password:******
```

输入密码后，MySQL 便对数据库进行备份，在 D:\BAK 文件夹下查看备份的文件，使用文本查看器打开文件，可以看到其中的内容。

任务 8-4 使用 MySQL 日志

【任务提出】

了解 MySQL 的日志分类，可以在数据库不能正常启动时，根据错误日志信息的提示，解决遇到的问题。王宁需掌握日志的分类，并能看懂日志信息，了解服务器的运行状态，为成为一名优秀的数据库管理员打下坚实的基础。

【知识储备】

（一）MySQL 日志简介

MySQL 日志主要记录数据库运行期间发生的变化。当数据库遭到意外损害时，可以通过日志文件查询出错原因，并且可以通过日志文件进行数据恢复。

MySQL 日志主要分为 5 类，分别是二进制日志、错误日志、通用查询日志、慢查询日志和中继日志。

（1）二进制日志：以二进制文件的形式记录数据库中所有更改数据的语句。

（2）错误日志：记录 MySQL 服务器的启动、关闭和运行错误等信息。

（3）通用查询日志：记录用户登录和查询的信息。

（4）慢查询日志：记录执行时间超过指定时间的查询操作或不使用索引的查询。

（5）中继日志：在从服务器上同步主服务器的操作日志。

除二进制日志和中继日志的日志文件外，其他日志的日志文件都是文本文件。日志文件通常存储在 MySQL 数据库的数据目录下。

> 说明　如果 MySQL 意外停止服务，则可以通过错误日志查看出现错误的原因，并且可以通过二进制日志查看用户执行了哪些操作、对数据库文件做了哪些修改等，然后根据二进制日志的记录来修复数据库。

但是，启用日志功能会降低 MySQL 的性能。

（二）二进制日志

二进制日志主要记录数据库的变化情况，以一种有效的格式记录所有更新了的数据或者已经潜在更新了的数据，以及每个更新数据库语句的执行时间信息。但是，它不包含没有修改任何数据的语句的信息。如果要记录所有语句，就需要使用通用查询日志。

1. 启动和设置二进制日志

在默认情况下，二进制日志是开启的，并保存在数据库的数据目录下。可以通过修改 MySQL 的配置文件来启动和设置二进制日志。

在 MySQL 8.0 中，以下几个参数是二进制日志中常用的参数。

```
log-bin[=path/[filename]]
expire_logs_days=0
binlog_expire_logs_seconds=2592000
max_binlog_size=100M
```

log-bin 用于开启二进制日志。path 表示二进制日志文件所在的路径，path 的默认值为"C:\ProgramData\MySQL\MySQL Server 8.0\Data"。filename 指定了二进制日志文件的名称，如filename.000001、filename.000002 等。除了上述文件之外，还有一个名为 filename.index 的文件，其内容为所有日志的清单，可以使用记事本打开该文件。

expire_logs_days 和 binlog_expire_logs_seconds 定义了 MySQL 清除过期日志的时间。expire_logs_days 代表二进制日志文件自动删除的天数，默认值为 0，表示"没有自动删除"。当 MySQL 启动或刷新二进制日志时可能删除该文件。binlog_expire_logs_seconds 代表二进制日志文件自动删除的秒数，默认值为 2592000，即 30 天。

在 my.ini 配置文件的[mysqld]组下，修改或添加以下几个参数值。

```
[mysqld]
log-bin="DESKTOP-CN56GUR-bin"
expire_logs_days=10
binlog_expire_logs_seconds=2592000
max_binlog_size=100M
```

修改完成后保存 my.ini 文件，并重新启动 MySQL 服务器，即可在默认的目录下查看二进制日志文件，然后可以通过 SHOW VARIABLES 语句查询日志设置。

如果想改变二进制日志文件的路径和名称，则可以修改 my.ini 文件中的 log-bin 参数。

```
[mysqld]
log-bin="D:/MySQL/log/binlog"
```

重新启动 MySQL 服务器之后，新的二进制日志文件将出现在 D:\MySQL\log 文件夹下，名称为binlog.000001 和 binlog.index。读者可以根据情况灵活设置。

> **提示** 数据库文件最好不要与二进制日志文件放在同一个磁盘上，这样，当数据库文件所在的磁盘发生故障时，可以使用二进制日志文件恢复数据。

2. 查看二进制日志

服务器在创建二进制日志文件时，会先创建一个以"filename"为名称，以".index"为扩展名的文件；再创建一个以"filename"为名称，以".000001"为扩展名的文件。服务器重新启动一次，以".000001"为扩展名的文件就会增加一个，并且扩展名加 1 递增。如果二进制日志文件的长度超过了 max_binlog_size 的值（默认值为 1GB），服务器会创建一个新的二进制日志文件。

使用 SHOW BINARY LOGS 语句可以查看当前的二进制日志文件数及它们的名称。MySQL 的二进制日志文件并不能直接查看，而要使用 mysqlbinlog 命令查看。

3. 删除二进制日志

可以通过删除二进制日志文件删除二进制日志。MySQL 的二进制日志文件可以设置为自动删除，MySQL 也提供了安全的手动删除二进制日志文件的方法。

（1）使用 RESET MASTER 语句删除二进制日志文件。RESET MASTER 语句的语法格式如下。

```
RESET MASTER;
```

执行完该语句后，所有二进制日志文件都将被删除，MySQL 会重新创建二进制日志文件，新的二进制日志文件的扩展名将重新从 000001 开始编号。

（2）使用 PURGE MASTER LOGS 语句删除指定的二进制日志文件。PURGE MASTER LOGS 语句的语法格式如下。

```
PURGE {MASTER|BINARY} LOGS TO 'log_name';
```

或使用如下语句。

```
PURGE {MASTER|BINARY} LOGS BEFORE 'date';
```

其中，MASTER 和 BINARY 是等效的。第 1 种方法指定文件名，执行该语句将删除文件名编号比指定文件名编号小的所有二进制日志文件。第 2 种方法指定日期，执行该语句将删除指定日期以前的所有二进制日志文件。

【例 8.24】使用 PURGE MASTER LOGS 语句删除创建时间比 binlog.000003 早的所有二进制日志文件，执行命令如下。

```
PURGE MASTER LOGS TO 'binlog.000003';
```

【例 8.25】使用 PURGE MASTER LOGS 语句删除 2013 年 8 月 30 日前创建的所有二进制日志文件，执行命令如下。

```
PURGE MASTER LOGS BEFORE '20130830';
```

4. 使用二进制日志文件恢复数据库

如果 MySQL 服务器启用了二进制日志，则在数据库出现意外而丢失数据时，可以使用 mysqlbinlog 命令从二进制日志文件中恢复数据。

要想从二进制日志中恢复数据，需要知道当前二进制日志文件的路径和名称。一般可以从配置文件（my.cnf 或 my.ini 文件，文件名取决于 MySQL 服务器所在的操作系统）中找到路径。

使用 mysqlbinlog 命令恢复数据的语法格式如下。

```
mysqlbinlog [option] filename|mysql -u user -p
```

其中，filename 是二进制日志文件名，option 是可选参数。option 常用的参数有以下两对。

（1）start–date 和––stop–date：指定恢复数据库的起始时间点和结束时间点。

（2）start–position 和––stop–position：指定恢复数据库的开始位置和结束位置。

【例 8.26】使用 mysqlbinlog 命令将 MySQL 数据库恢复到 2021 年 5 月 31 日 17:32:59 时的状态，执行命令如下。

```
mysqlbinlog --stop-datetime="2021-05-31 17:32:59" "C:/ProgramData/MySQL/MySQL
Server 8.0"/Data/DESKTOP-CN56GUR-bin.000006 | mysql -u root -p
Enter password: ******
```

上述命令执行成功后，会根据 DESKTOP-CN56GUR-bin.000006 日志文件恢复 2021 年 5 月 31 日 17:32:59 以前的所有操作。这种方法对于处理意外操作非常有效，比如因操作不当误删了表。

注意　（1）mysqlbinlog 命令需在【命令提示符】窗口中运行，否则会出现语法错误。
　　　　（2）在【命令提示符】窗口中，默认以空格为分隔符，而路径 "C:/ProgramData/MySQL/
MySQL Server 8.0" 中包含空格，为了使该路径成为一个整体，需要用双引号将其引起
来，否则会出现语法错误。

5. 暂停二进制日志

如果在 MySQL 的配置文件中启动了二进制日志，MySQL 会一直记录二进制日志。修改配置文件可以暂停二进制日志，但是需要重启 MySQL。MySQL 提供了暂停二进制日志的功能。使用 SET sql_log_bin 命令可以使 MySQL 暂停或者启动二进制日志。

SET sql_log_bin 命令的语法格式如下。

```
SET sql_log_bin={0|1};
```

执行下列命令可暂停记录二进制日志。

```
SET sql_log_bin=0;
```

执行下列命令可启动记录二进制日志。

```
SET sql_log_bin=1;
```

（三）错误日志

错误日志文件包含服务器启动、停止及运行过程中发生的任何严重错误的相关信息。在 MySQL 中，错误日志是非常有用的。

1. 启动和设置错误日志

在默认情况下，错误日志会被记录到数据库的数据目录下。如果没有在配置文件中指定其名称，则其名称默认为 hostname.err。如果执行了 FLUSH LOGS 语句，错误日志文件就会重新加载。

错误日志的启动和停止及命名错误日志文件，都可以通过修改 my.ini 文件或者 my.cnf 文件来完成。错误日志的配置项是 log-error。在[mysqld]组下配置 log-error，可以启动错误日志。如果需要指定文件名，则配置项如下。

```
[mysqld]
log-error[=path/[filename]]
```

log-error 用于开启错误日志。path 表明错误日志文件所在的路径。filename 指定了错误日志文件的名称。修改配置项后，需要重启 MySQL 服务器使其生效。

2. 查看错误日志

MySQL 的错误日志是以文本文件的形式存储的，可以使用文本编辑器直接查看错误日志。

3. 删除错误日志

MySQL 的错误日志可以直接删除。在运行状态下删除错误日志后，MySQL 并不会自动创建新的错误日志文件。使用 FLUSH LOGS 语句重新加载错误日志时，如果错误日志文件不存在，则会自动创建。所以在删除错误日志之后，如果需要重建错误日志文件，就需要在服务器上执行以下命令。

```
mysqladmin -u root -p flush-logs
```

或者在客户端上登录 MySQL 数据库，执行 FLUSH LOGS 语句。

```
FLUSH LOGS;
```

（四）通用查询日志

通用查询日志记录了 MySQL 的所有用户操作，包括启动与关闭服务、执行查询和更新操作等。

1. 启动和设置通用查询日志

在默认情况下，MySQL 服务器并没有开启通用查询日志。如果需要使用通用查询日志，则可以通过修改 my.ini 文件或者 my.cnf 文件的 general-log 参数来开启，具体相关项如下所示。

```
[mysqld]
general-log=0
general_log_file[=path/[filename]]
```

其中，path 表明通用查询日志文件所在的路径。filename 为通用查询日志文件名。如果不指定目录和文件名，则通用查询日志文件将默认存储在 MySQL 数据目录的 hostname.log 文件中。hostname 是 MySQL 数据库的主机名。开启通用查询日志需将 general-log 的值设置为 1。

```
[mysqld]
log-output=FILE
general-log=1
general_log_file="DESKTOP-CN56GUR.log"
```

2. 查看通用查询日志

通用查询日志是以文本文件的形式存储的，可以使用文本编辑器直接查看。

3. 删除通用查询日志

数据库管理员可以定期删除比较早的通用查询日志，以节省磁盘空间。

可以用删除通用查询日志文件的方式删除通用查询日志。要重新建立新的通用查询日志文件，可使用 mysqladmin –u root –p flush –logs 命令。

（五）慢查询日志

慢查询日志主要用来记录执行时间较长的查询语句。通过慢查询日志，可以找出执行时间较长、执行效率较低的语句，然后对其进行优化。

1. 启动和设置慢查询日志

在默认情况下，MySQL 中的慢查询日志是关闭的，可以通过修改配置文件 my.ini 或者 my.cnf 中的 slow–query–log 参数将其打开，也可以在 MySQL 服务器启动时使用–slow–query–log [=filename] 启动慢查询日志。启动慢查询日志时，需要在 my.ini 或者 my.cnf 文件中配置 long_query_time，指定记录阈值，如果某条查询语句的查询时间超过了这个值，这个查询语句就会被记录到慢查询日志文件中。

在 my.ini 或者 my.cnf 文件中开启慢查询日志的配置如下。

```
[mysqld]
slow-query-log=1
slow_query_log_file[=path/[filename]]
long_query_time=10
```

其中，path 为慢查询日志文件所在的路径，filename 为慢查询日志文件名。如果不指定目录和慢查询日志文件名，慢查询日志就默认存储在 MySQL 数据目录中的 hostname-slow.log 文件中。hostname 是 MySQL 数据库的主机名。如果没有设置 long_query_time，则默认值为 10。

2. 查看慢查询日志

慢查询日志是以文本文件的形式存储的，可以使用文本编辑器直接查看。

> **提示** 借助慢查询日志分析工具，可以更加方便地分析慢查询语句。比较有名的慢查询日志分析工具有 MySQL Dump Slow、MySQL SLA、MySQL Log Filter 和 MyProfi 等。这些慢查询日志分析工具的用法，可以参考相关软件的帮助文档。

3. 删除慢查询日志

和通用查询日志一样，慢查询日志也可以直接删除。删除后在不重启服务器的情况下，需要执行 mysqladmin –u root –p flush–logs 命令重新生成慢查询日志文件，或者在客户端上登录到服务器，执行 FLUSH LOGS 语句重建慢查询日志文件。

（六）中继日志

中继日志与主从架构的分布式数据库有关，从服务器从主服务器上的二进制日志中取数据，然后写入中继日志文件中。这样在从服务器上执行中继日志的 SQL 语句，从服务器就会得到和主服务器一样的内容。所以我们通常采取的操作是关闭从服务器的中继日志，打开主服务器的中继日志。

1. 启动和设置中继日志

在默认情况下，MySQL 服务器并没有开启中继日志。如果需要使用中继日志，可以通过修改 my.ini 文件或者 my.cnf 文件来开启。在[mysqld]组下加入日志相关信息，配置项如下。

```
[mysqld]
relay_log=[=path/[filename]]
relay_log_index=[=path/[filename]]
host_name-relay-bin.index
relay_log_purge={ON|OFF}
relay_log_space_limit=0
```

其中，path 表明中继日志文件所在的路径。filename 为日志文件名称。如果不指定目录和文件名，则中继日志将默认存储在 MySQL 数据目录的 hostname.log 文件中。hostname 是 MySQL 数据库的主机名。

relay_log_purge 用于设置是否自动清空中继日志，默认值为 ON。relay_log_space_limit 用于设置所有中继日志文件的可用空间大小，0 表示不限制。

2. 查看中继日志

中继日志不能直接查看，通常使用 mysqlbinlog 命令查看。

3. 删除中继日志

删除中继日志的方法可参考本任务中删除二进制日志的方法，此处不赘述。

【任务实施】

王宁使用 SHOW VARIABLES LIKE 'log_error'命令查询错误日志的存储路径，命令执行结果如图 8.31 所示。

从结果可以看出，错误日志文件的名称是 DESKTOP-CN56GUR.err，位于 MySQL 默认的数据目录 C:\ProgramData\MySQL\MySQL Server 8.0\Data 下。王宁使用记事本打开该文件，看到了 MySQL 的具体错误日志信息。

图 8.31 错误日志

```
140212 16:43:59 InnoDB: Mutexes and rw_locks use Windows interlocked functions
140212 16:43:59 InnoDB: Compressed tables use zlib 1.2.3
140212 16:44:00 InnoDB: Initializing buffer pool, size = 47.0M
140212 16:44:00 InnoDB: Completed initialization of buffer pool
InnoDB: The first specified data file .\ibdata1 did not exist:
InnoDB: a new database to be created!
```

项目小结

通过学习本项目，王宁了解了 MySQL 的权限系统，掌握了管理用户和用户权限的方法，能够根据日志分类找到日志文件，从而为定位问题和解决问题打下良好的基础。王宁针对本项目的知识点，整理出了图 8.32 所示的思维导图。

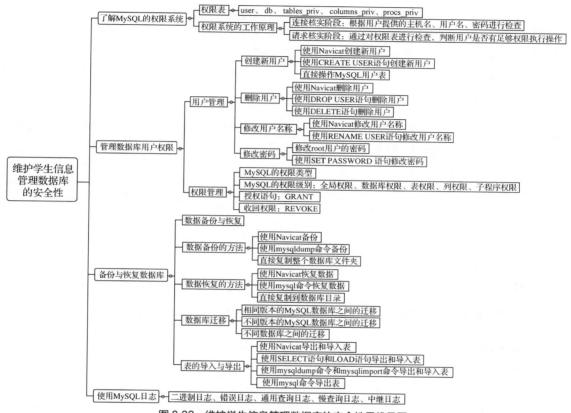

图 8.32　维护学生信息管理数据库的安全性思维导图

项目实训 8：维护 MySQL 数据库的安全性

（一）用户管理与权限管理

1. 实训目的

（1）理解 MySQL 权限系统的工作原理。

（2）理解用户及权限的概念。

（3）掌握管理用户和权限的方法。

（4）学会创建和删除普通用户的方法和管理密码的方法。

（5）学会如何进行权限管理。

2. 实训内容和要求

（1）使用 Navicat 实现下述操作

① 使用 root 用户创建 aric 用户，初始密码设置为 abcdef。让该用户对 gradem 数据库拥有 SELECT、UPDATE 和 DROP 权限。

② 使用 root 用户将 aric 用户的密码修改为 123456。

③ 查看 aric 用户的权限。

④ 以 aric 用户登录，将其密码修改为 aaabbb，并查看自己的权限。

⑤ 利用 aric 用户验证自己是否有 GRANT 权限和 CREATE 权限。

⑥ 以 root 用户登录，收回 aric 用户的 DELETE 权限。

⑦ 删除 aric 用户。

⑧ 修改 root 用户的密码。

（2）使用命令实现下述操作

① 使用 root 用户创建 exam1 用户，初始密码设置为 123456。让该用户对所有数据库拥有 SELECT、CREATE、DROP、SUPER 和 GRANT 权限。

② 创建 exam2 用户，该用户没有初始密码。

③ 以 exam2 用户登录，将其密码设置为 000000。

④ 以 exam1 用户登录，授予 exam2 用户 CREATE 和 DROP 权限。

⑤ 以 exam2 用户登录，验证其拥有的 CREATE 和 DROP 权限。

⑥ 以 root 用户登录，收回 exam1 用户和 exam2 用户的所有权限。

⑦ 删除 exam1 用户和 exam2 用户。

⑧ 修改 root 用户的密码。

（二）数据库的备份与恢复

1. 实训目的

（1）理解数据备份的基本概念。

（2）掌握数据备份的各种方法。

（3）掌握如何从备份中恢复数据。

（4）掌握数据库迁移的方法。

（5）掌握表的导入与导出方法。

2. 实训内容和要求

首先在指定位置建立备份文件的存储文件夹，如 D:\mysqlbak。

（1）使用 Navicat 实现数据的备份与恢复

① 对 gradem 数据库进行备份，备份文件名为 gradembak。

② 备份 gradem 数据库中的 student 表。备份文件存储在 D:\mysqlbak 文件夹下，文件名称为 studbak.txt。

③ 将原有的 gradem 数据库删除，然后利用备份文件 gradembak 恢复 gradem 数据库。

④ 将 gradem 数据库中的 student 表删除，然后利用备份文件 studbak.txt 将 student 表恢复到数据库中。

（2）使用命令备份和恢复数据

① 使用 mysqldump 命令备份 gradem 数据库，生成的 gbak.sql 文件存储在 D:\mysqlbak 文件

夹中。

② 使用 mysqldump 命令备份 gradem 数据库中的 course 表和 sc 表，生成的 cs.sql 文件存储在 D:\mysqlbak 文件夹中。

③ 使用 mysqldump 命令同时备份两个数据库，具体数据库自定。

④ 将 gradem 数据库删除，分别使用 mysql 命令和 SOURCE 命令将 gradem 数据库的备份文件 gbak.sql 中的数据恢复到数据库中。

⑤ 将数据库中的 course 表和 sc 表删除，分别使用 mysql 命令和 SOURCE 命令将备份文件 cs.sql 中的数据恢复到 gradem 数据库中。

（3）表的导入与导出

① 使用 Navicat 分别将 gradem 数据库中的 student 表导出为 TXT 文件、Word 文件、Excel 文件和 HTML 文件。在导出 TXT 文件时，根据个人需求设置不同的字段分隔符、记录分隔符及文本标识符，导出的文件存储在 D:\mysqlbak 文件夹中。

② 使用 Navicat 将导出的 student 表的 TXT 文件和 Excel 文件导入数据库 gradem，表名分别为 stud1 和 stud2。

③ 使用 SELECT…INTO OUTFILE 语句导出 sc 表的数据，数据存储在 D:\mysqlbak\ scbak.txt 文件中。

④ 删除 sc 表中的所有数据，然后利用 LOAD DATA INFILE 命令将 scbak.txt 文件中的数据加载到 sc 表中。

⑤ 使用 mysqldump 命令将 gradem 数据库中 teacher 表的数据导出到文本文件 teacherbak.txt 中，要求字段之间使用空格分隔，所有字符类型的字段值用单引号引起来，定义转义字符为星号"*"，每行数据以回车换行符"\r\n"结尾，文件存储在 D:\mysqlbak 文件夹中。

⑥ 删除 gradem 数据库中的 teacher 表，然后使用 mysqlimport 命令将 D:\BAK\teacherbak.txt 文件中的数据导入 gradem 数据库的 teacher 表中，字段之间使用逗号分隔，所有字符类型的字段值用双引号引起来，定义转义字符为单引号"\'"。

⑦ 使用 mysqldump 和 mysql 命令将 student 表中的记录导出到 XML 文件中，文件名分别为 stud1.xml 和 stud2.xml。文件存放在 D:\mysqlbak 文件夹中。

（三）MySQL 日志的综合管理

1. 实训目的

（1）理解 MySQL 日志的作用。

（2）掌握设置、查看、删除各种日志的方法。

（3）掌握使用二进制日志恢复数据库的方法。

2. 实训内容和要求

首先在指定位置建立日志文件的存储文件夹，如 D:\mysql\log。

（1）二进制日志

① 启动二进制日志，并将二进制日志文件存储到 D:\mysql\log 文件夹中。

② 启动服务后，查看二进制日志。

③ 向 gradem 数据库的 student 表中插入两行数据。

④ 暂停二进制日志，再次删除 student 表中的所有数据（注意做好备份工作）。

⑤ 重新开启二进制日志。

⑥ 使用二进制日志文件恢复 student 表中的数据。

⑦ 删除二进制日志。

（2）错误日志、通用查询日志和慢查询日志

① 将错误日志文件的存储位置设置为 D:\mysql\log 目录。

② 开启通用查询日志，并设置该日志文件存储在 D:\mysql\log 目录中。

③ 开启慢查询日志，并设置该日志文件存储在 D:\mysql\log 目录中。

④ 查看错误日志、通用查询日志和慢查询日志。

⑤ 删除错误日志。

⑥ 删除通用查询日志和慢查询日志。

3. 实训反思

（1）使用 mysqladmin 命令能不能修改普通用户的密码？为什么？

（2）创建用户的方法有哪几种？

（3）如何选择备份数据库的方法？

（4）使用 mysqldump 命令备份的文件只能在 MySQL 中使用吗？

（5）平时应该开启哪些日志？

（6）如何使用二进制日志和慢查询日志？

课外拓展：备份和还原网络玩具销售系统

操作内容及要求如下。

1. 数据库的备份和还原

首先在指定位置建立备份文件的存储文件夹，如 D:\ GlobalToysbak。

（1）利用 Navicat 实现数据的备份与恢复

① 对 GlobalToys 数据库进行备份，备份文件名为 GlobalToysbak。

② 备份 GlobalToys 数据库中的 Toys 表。备份文件存储在 D:\ GlobalToyslbak 文件夹中，文件名称为 Toysbak.txt。

③ 将原有的 GlobalToys 数据库删除，然后利用备份文件 GlobalToysbak 恢复 GlobalToys 数据库。

④ 将 GlobalToys 数据库中的 Toys 表删除，然后利用备份文件 Toysbak.txt 将 Toys 表恢复到数据库中。

（2）使用命令备份和恢复数据

① 使用 mysqldump 命令备份 GlobalToys 数据库，生成的 gbak.sql 文件存储在 D:\ GlobalToysbak 文件夹中。

② 使用 mysqldump 命令备份 GlobalToys 数据库中的 Toys 表和 Orders 表，生成的 bak.sql 文件存储在 D:\GlobalToysbak 文件夹中。

③ 将 GlobalToys 数据库删除，分别使用 mysql 命令和 SOURCE 命令将 GlobalToys 数据库的备份文件 gbak.sql 中的数据恢复到数据库中。

④ 将 GlobalToys 数据库中的 Toys 表和 Orders 表删除，分别使用 mysql 命令和 SOURCE 命令将备份文件 bak.sql 中的数据恢复到 GlobalToys 数据库中。

2. 日志的综合管理

首先在指定位置建立日志文件的存储文件夹，如 D:\ GlobalToys\log。

（1）二进制日志

① 启动二进制日志，并将二进制日志文件存储到 D:\ GlobalToys\log 文件夹中。

② 启动服务后，查看二进制日志。

③ 向 GlobalToys 数据库的 Toys 表中插入行数据。

④ 暂停二进制日志，然后删除 Toys 表中的所有数据（注意做好备份工作）。

⑤ 重新开启二进制日志。

⑥ 使用二进制日志文件恢复 Toys 表。

（2）错误日志、通用查询日志和慢查询日志

① 将错误日志文件的存储位置设置为 D:\ GlobalToys\log 目录。

② 开启通用查询日志，并设置该日志文件存储在 D:\ GlobalToys\log 目录中。

③ 开启慢查询日志，并设置该日志文件存储在 D:\ GlobalToys\log 目录中。

④ 查看错误日志、通用查询日志和慢查询日志。

习题

1. 选择题

（1）用户的身份由（　　）决定。

    A. 用户的 IP 地址和主机名

    B. 用户使用的用户名和密码

    C. 用户的 IP 地址和使用的用户名

    D. 用户用于连接的主机名和使用的用户名、密码

（2）保护数据库，防止未经授权的或不合法的使用造成的数据泄露、更改破坏。这是指数据的（　　）。

    A. 安全性　　　　　　B. 完整性　　　　　　C. 并发控制　　　　　D. 恢复

（3）收到用户的访问请求后，MySQL 最先在（　　）表中检查用户的权限。

    A. host　　　　　　　B. user　　　　　　　C. db　　　　　　　　D. priv

（4）在数据库管理系统中，对存取权限的定义称为（　　）。

    A. 命令　　　　　　　B. 授权　　　　　　　C. 定义　　　　　　　D. 审计

（5）要想删除用户，应使用（　　）语句。

    A. DELETE USER　　　　　　　　　　　B. DROP USER

    C. DELETE PRIV　　　　　　　　　　　D. DROP PRIV

（6）（　　）中提供了执行 mysqldump 命令之后对数据库的更改进行复制所需的信息。

    A. 二进制日志文件　　　　　　　　　　B. MySQL 数据库

    C. MySQL 配置文件　　　　　　　　　　D. bin 数据库

（7）使用 SELECT 语句将表中数据导出到文件，可以使用哪一子句？（　　）。

    A. TO FILE　　　　B. INTO FILE　　　　C. OUTTO FILE　　　D. INTO OUTFILE

（8）以下哪个表不用于 MySQL 的权限管理表？（　　）。

    A. user　　　　　　　　　　　　　　　B. db

    C. columns_priv　　　　　　　　　　　D. manager

（9）（　　　）备份是指在某一次完整备份的基础上，只备份其后数据的变化。

  A．比较   B．检查   C．增量   D．二次

（10）下述哪个是 SQL 中的数据控制命令？（　　　）

  A．GRANT   B．COMMIT   C．UPDATE   D．SELECT

2．填空题

（1）MySQL 的权限表共有 5 个，分别是_____、_____、_____、_____和_____。

（2）MySQL 的访问控制分为两个阶段，分别是_____和_____。

（3）在 MySQL 中，授权使用_____命令，收回权限使用_____命令。

3．简答题

（1）什么是数据库的安全性？

（2）MySQL 的请求核实阶段的过程是什么？

（3）使用 GRANT 语句授予用户权限时，可以分为哪些层级？

（4）MySQL 的日志有哪几类？作用分别是什么？

（5）简述备份数据库的重要性。

（6）在 MySQL 中备份数据库的方法分为哪几类？简单描述这些方法。